Untersuchung an Leistungsverstärkern mit Gegenkopplung

Robert Paulo

Untersuchung an Leistungsverstärkern mit Gegenkopplung

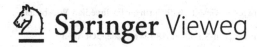
Springer Vieweg

Robert Paulo
Elsterheide, Deutschland

Beim vorliegenden Text handelt es sich um einen Abdruck einer an der Technischen Universität Dresden im Jahr 2021 eingereichten Dissertation mit dem Titel „Untersuchungen an Leistungsverstärkern mit Gegenkopplung".

ISBN 978-3-658-41748-2   ISBN 978-3-658-41749-9   (eBook)
https://doi.org/10.1007/978-3-658-41749-9

Die Deutsche Nationalbibliothek verzeichnet diese Publikation in der Deutschen Nationalbibliografie; detaillierte bibliografische Daten sind im Internet über http://dnb.d-nb.de abrufbar.

Große Teile der Arbeit beruhen auf Forschungsarbeiten des Autors in den Forschungsprojekten aus dem CoolSilicon-Cluster namens CoolRelay und CoolBaseStations, welche durch das BMBF (Bundesministerium für Bildung und Forschung) gefördert wurden.

Planung/Lektorat: Stefanie Probst
Springer Vieweg ist ein Imprint der eingetragenen Gesellschaft Springer Fachmedien Wiesbaden GmbH und ist ein Teil von Springer Nature.
Die Anschrift der Gesellschaft ist: Abraham-Lincoln-Str. 46, 65189 Wiesbaden, Germany

Danksagung

Diese Stelle möchte ich nutzen, um denen zu danken, die es mir ermöglicht haben, diese Arbeit zu schreiben. Dazu zählt zunächst Herr Prof. Dr. sc. tech. Frank Ellinger, welcher mir dazu an der Technischen Universität Dresden die Chance einräumte. Mit seinem kritischen Auge hat er mir viel Anregung für die Verbesserung der wissenschaftlichen Schwerpunkte dieser Arbeit gegeben. Herrn Prof. Dr.-Ing. habil. Udo Jörges danke ich für die vielen Denkanstöße für meine Arbeit, besonders bei Betrachtungen komplizierter theoretischer Aspekte. Gleiches gilt für Dr. Robert Wolf, David Fritsche und die vielen anderen Kollegen, die mir in fachlichen Fragen immer gern und schnell zur Seite standen.

Ich möchte auch denen danken, die in der Zeit der Doktorarbeit, insbesondere nach dem Ausscheiden aus der Universität, immer hinter mir standen, mich gestützt haben, wenn Berechnungen oder Simulationen nicht so funktionierten, wie erhofft. Die Motivation hat mir dazu verholfen, Mut zu haben für neue Denkrichtungen. Hier sei vordergründig meine Familie genannt. Meine Frau, meine Kinder, meine Eltern und mein Bruder haben mir immer wieder Kraft zum Durchhalten gegeben. Sie haben mich getragen und ertragen, wenn ich vom Schreiben übernächtigt war und Dinge nicht so liefen, wie ich es mir wünschte. Ihnen steht der größte Dank zu und ihnen schulde ich eine aufrichtige Entschuldigung für die harte Zeit.

Meiner Frau gilt ein ganz besonderer Dank, da sie viele Tage damit verbracht hat, meine Arbeit hinsichtlich der sprachlichen Korrektheit zu optimieren, ebenso meinen Eltern. Trotz der langen Zeit, in der diese Arbeit auch nach dem Austritt aus der Universität meinen Alltag bestimmte, bin ich nun dankbar dieses Ergebnis vorlegen zu dürfen.

Diese Phase meines Lebens hat mich stärker gemacht und meinen Horizont nicht nur in Hinsicht auf das vorliegende Thema maßgeblich erweitert.

Vielen Dank allen, die ihren Beitrag hierfür geleistet haben.

Dresden   Robert Paulo
19.10.2021

Zusammenfassung

Die vorliegende Arbeit untersucht Leistungsverstärker mit einer Parallelgegenkopplung im Hochfrequenzbereich. Zwei Themen befinden sich dabei im Zentrum der Betrachtung:

1. Der weitgehend automatisch optimierte Entwurfsprozess und
2. die Betrachtung der Stabilität.

Für Punkt 1 wurde ein Ablauf weiterentwickelt, der mit Hilfe eines Satzes an schnellen Wechselspannungssimulationen im Kleinsignalbereich einen Leistungsverstärker in Emitterschaltung hinsichtlich der Effizienz optimiert. Genutzt wurde das Verfahren der Transistortransferkennlinienanpassung basierend auf [HE11]. Hierbei genügt eine einmalige Analyse des Transistorblocks des Verstärkers, welcher aus einem Einzeltransistor oder einer Kaskode bestehen kann. Es können ebenfalls beliebig viele Transistoren oder Kaskoden aufgestapelt werden. Die Weiterentwicklung besteht darin, dass nach erfolgter Analyse des Transistorblocks, ein definiertes Netzwerk aus passiven Bauelemente rein analytisch, d. h. ohne eine weitere Simulation, über die Messtore aufgespannt werden kann. Damit kann dem Verstärker eine beliebige Signalrückführung hinzugefügt werden. In der Arbeit zeigte sich, dass für jeden Leistungsverstärker mit vorgegebenem Arbeitspunkt eine, bezogen auf die Effizienz im 1 dB-Kompressionspunkt oder in einem vorgegebenen *Backoff*, optimale Rückführung in Kombination mit einem Eingangsserienwiderstand existiert. Die Rückführung der daraus entstandenen Parallelgegenkopplung tritt am Verstärkerausgang zwar als Last auf, was die maximale Effizienz reduziert, durch die Verbesserung der Linearität wird der 1 dBKompressionspunkt bzw. der *Backoff*-Punkt jedoch zu einer höheren Effizienz hin verschoben.

Punkt 2 untersucht die Empfindlichkeit optimierter Leistungsverstärker hinsichtlich ihrer Stabilität. Es zeigte sich, dass eine monolithische Schleife in Kombination mit einem kompakten Transistorfeld eher zur Schwingung neigt als diese große Einzelschleife in kleinen äquivalenten Parallelschleifen in das Transistorfeld zu implantieren. Für die Bewertung wurde die Schleifenanalyse herangezogen. Die in [Mid75] für monolithische Schleifen vorgestellte Analyse wurde in dieser Dissertationsschrift so weiterentwickelt, dass eine beliebige Vermaschung der Rückführung, bei korrekter Positionierung der Messpunkte, analysierbar ist. Die Anzahl der Messpunkte ist dabei abhängig von der Aufteilung der Rückführungsschleife. Genau wie in [Mid75] kann die Stabilität mit nur zwei Wechselspannungsanalysen im Kleinsignalbereich für einen vorgegebenen Arbeistpunkt überprüft werden.

Die Schritte der beiden aufgeführten Punkte sind jeweils in einem Skript in der *Cadence*®- eigenen Skriptsprache „*Skill*" zusammengefasst worden.

Zur Verifizierung der oben aufgeführten theoretischen und simulierten Ansätze wurden drei Leistungsverstärker für das 2,6 GHz-LTE-Band entworfen:

1. Ein einfacher Kaskode-Leistungsverstärker mit monolithischer Schleife als Parallelgegenkopplung,
2. Ein einfacher Kaskode-Leistungsverstärker mit dreifach geteiltem Transistorfeld und vierfach geteilter Schleife als Parallelgegenkopplung und
3. Ein transistorgestapelter Kaskode-Leistungsverstärker mit geteiltem Transistorfeld und mit zwei geteilten Schleifen als Parallelgegenkopplungen sowie einer automatischen Basisspannungsanpassung am aufgestapelten Transistor.

Leistungsverstärker Nummer 1 begann vor dem Erreichen des Arbeitspunktes im Bereich von 20 GHz zu schwingen. Hier zeigt sich die Empfindlichkeit gegenüber großen Schleifen.

Durch die Teilung der Rückführungsschleife zeigte sich Verstärker 2 stabil und lieferte im 1 dB-Kompressionspunkt eine Ausgangsleistung von 25,4 dBm bei einer leistungsbezogenen Effizienz (*PAE*) von 27,3 %. Die hohen Bandbreiten von 1,8 GHz im Kleinsignalbereich und von 1,4 GHz über den 1 dB-Kompressionspunkt überlappen sich in einem Bereich von 1 GHz. Die Messergebnisse entsprechen qualitativ den Simulationsergebnissen.

Der dritte Verstärker demonstriert die Optimierung unter Verwendung von Transistorstapelung und Signalrückführung. Zusätzlich sind diesem ein Vorverstärker mit einer Bandbreitenanpassung und eine Totem-Pole-Stufe als Treiber vorangestellt. Die Effizienz des Gesamtverstärkers erreicht nur einen Wert von

11,9 % bei 2,6 GHz. Hier zeigt sich ein deutlicher Optimierungsbedarf aller Komponenten, inklusive der optimalen Rückführung.

Mit dem Auslegungsskript und den darin enthaltenen und in dieser Arbeit erweiterten Optimierungsschritten sowie dem Skript zur erweiterten Stabilitätsprüfung werden dem Entwickler von Leistungsverstärkern hilfreiche Werkzeuge zur Verfügung gestellt. Die entwickelten Leistungsverstärker verstehen sich eher als sogenanntes „*proof of concept*" und erfüllen unter diesem Aspekt in der vorliegenden Arbeit ihren Zweck. Künftig können mit den erstellten Entwicklungswerkzeugen optimierte Leistungsverstärker mit einer gezielten Parallelgegenkopplung entworfen und analysiert werden.

Abstract

The present thesis investigates power amplifiers with parallel feedback at high frequency. Two topics are in the main focus:

1. The extensively auto-optimised design process
2. and the investigation of stabilit.

For point 1 a workflow was enhanced. With the help of a set of fast AC simulations in the small signal domain a power amplifier in common emitter topology is optimised regarding efficiency. This optimisation procedure is based on the transistor transfer curve matching described in [HE11]. A single analysis of the transistor block of the amplifier is enough for the optimisation. The transistor block can contain many single transistors or cascode amplifiers in parallel. Theoretically, any number of transistors or cascode amplifiers can be additionally stacked. The enhancement belongs to the analytical inclusion of a well-known passive network parallel to the simulation ports. A new simulation is not necessary. As result it is possible to include any parallel feedback to the amplifier. It can be shown that for each power amplifier with a given operating point it exists an optimal loop resistance in combination with a serial input resistance regarding the efficiency at the 1 dB compression point or in any given backoff. The optimum is reached if the parallel feedback perfectly balances the load seen by the output and the linearity enhancement of the amplifier.

Main topic 2 investigates the sensitivity of optimised amplifiers to stability. It is shown that a large monolithic feedback loop together with a single compact transistor block tends to oscillate with higher risk then a split loop included into a split transistor block. This was analysed with the help of the loop stability analysis. The in [Mid75] described procedure for single monolithic loops was enhanced in this thesis to cope with any meshed feedback structure. Only important condition is the correct placement of all necessary measurement points. Although the number of measurement points is not limited the whole analysis for a given operating point can be done equally to [Mid75] by two fast small signal AC simulations.

Both introduced points which are the automated design optimisation and the stability investigation are separately summarised in the *Cadence*® own script language *"Skill"*. This helps the user to simplify the complex procedure.

To verify the correctness of the above-mentioned theoretical and simulated procedures three power amplifiers for the 2.6 GHz LTE band were developed:

1. a simple cascode power amplifier with a monolithic loop as parallel feedback,
2. an to point 1 equivalent amplifier with a three times divided transistor block and a four times divided feedback loop
3. an to point 2 equivalent amplifier with one stacked transistor and with auto-adjustment of the base voltage of the upper transistor.

Power amplifier number 1 began to oscillate at a frequency of about 20 GHz before reaching the aimed operating point. This is a good demonstration of the sensitivity to stability for amplifiers with a monolithic feedback loop.

Simply by dividing the single feedback loop amplifier 2 could be stabilised. Measurements showed an output power of 25.4 dBm at the 1 dB compression point together with a power added efficiency (*PAE*) of 27.3 %. The high small signal bandwidth of 1.8 GHz is overlapping with the high bandwidth of 1.4 GHz over the 1 dB compression point by 1 GHz. The measurement results are widely similar to the simulation results.

The third amplifier shows the optimisation by usage of transistor stacking and parallel feedback. Additionally a pre-amplifier for bandwidth correction and a totem-pole driver were put in front of the main amplifier. With that, a poor efficiency of only 11.9 % at 2.6 GHz could be reached. It shows that all components have to be optimised.

With the design script that includes the in this thesis enhanced optimisation steps and the script with the enhanced stability investigation the designer of power amplifiers receives a helpful tool. The developed power amplifiers can be seen as proof of concept. Under this aspect those fulfilled there aim. In the future, optimised power amplifiers with an optimised parallel feedback can be developed and analysed with the help of those development tools.

Inhaltsverzeichnis

Abkürzungsverzeichnis

3G, 4G, 5G	Mobilfunkstandards der 3., 4., 5. Generation
AC / DC	*Alternate Current / Direct Current*, Wechselstrom / Gleichstrom
AP	Arbeitspunkt
Backoff	Generatorleistung im Bezug auf den 1 dB-Kompressionspunkt
BiCMOS	Integration von Bipolar- und MOS-Transistoren
CAD	*Computer-aided Design*, computergestütztes *Design*
Cadence®	CAD-Software für integriertes *Design*
CMOS	*Complementary Metal Oxide Semiconductor*
csv	Dateityp (*Comma-separated Values*)
DAC	*Digital Analog Converter*, Digital-Analog-Wandler
dB	Dezibel
dBm	Dezibel bezogen auf Milliwatt
DUT	*Device Under Test*, Testobjekt
EDGE	*Enhanced Data Rates for GSM Evolution* Mobilfunkstandard der 2. Generation
EM	Elektromagnetisch
EV	Eingangsverstärker
FDD	*Frequency Devision Duplex*, Frequenz-Duplex-Verfahren
FDMA	*Frequency Devision Multiple Access*, Frequenzmultiplex-Verfahren

FET	Feldeffekttransistor
FPGA	*Field Programmable Gate Array*, Programmierbare Logikgatter
FR4	Bezeichnung für ein epoxidharzbasierendes Trägermaterial für Leiterplatten
GMSK	*Gaussian Minimum Shift Keying*, Gauss-Modulation
GPRS	*General Packet Radio Service* Mobilfunkstandard der 2. Generation
GSM	*Global System for Mobile Communications* Mobilfunkstandard der 2. Generation
HF / NF	Hochfrequenz / Niederfrequenz
HSDPA	*High Speed Downlink Packet Access* Datenübertragungsverfahren von UMTS
HSUPA	*High Speed Uplink Packet Access* Datenübertragungsverfahren von UMTS
IC	*Integrated Circuit*, Integrierter Schaltkreis
IHP®	Halbleiterhersteller in Frankfurt/Oder
IIP, OIP	Eingangsbezogener bzw. ausgangsbezogener *Intercept Point*
IIP3, IIP5	Eingangsbezogener *Intercept Point* 3. bzw. 5. Ordnung
IM	Intermodulationsprodukt
IM3, IM5	Intermodulationsprodukt 3. bzw. 5. Grades
IOT	*Internet of Things*, Internet der Dinge
IP	*Intercept Point*, Schnittpunkt der Kennlinien von Intermodulationsprodukt und Grundfrequenz
iprb, diffstbprobe	In *Cadence*® verfügbare Messpunkte zur Stabilitätsuntersuchung
IQ	*In-Phase Quadrature*, Verfahren zur Modulation bzw. Demodulation von Amplitude und Phase eines Signals
K-Faktor	Rollett's-Faktor
LG	*Loop Gain*, Schleifenverstärkung
LINC	*Linear Amplification with Non-linear Components*, Lineare Verstärkung mit nichtlinearen Komponenten

LTE(-A)	*Long Term Evolution (-Advanced)*, Mobilfunkstandard der 4. Generation und Bestandteil von 5G
Maxima®	freie Computer-Algebra-Software
MIM	Metall-Isolator-Metall
MOS	*Metal Oxide Semiconductor*
MOSFET	MOS-Feldeffekttransistor
MP	Messpunkt
$npnVh$	Hochspannungs-npn-Transistoren aus der *IHP*®-Technologie SGB25V
$npnVp$	performante npn-Transistoren aus der *IHP*®-Technologie SGB25V
$npnVs$	Standard-npn-Transistoren aus der *IHP*®-Technologie SGB25V
NRP-Z55	Leistungstastkopf von *Rohde&Schwarz*®
OIP3, OIP5	Ausgangsbezogener *Intercept Point* 3. bzw. 5. Ordnung
PA_{100mA}, PA_{120mA}, PA_{180mA}	Leistungsverstärker mit einem Arbeitspunktstrom von 100 mA, 120 mA, 180 mA
PAE	*Power Added Efficiency*, Effizienz unter Berücksichtigung der eingangsseitig eingetragenen Leistung
PCB	*Printed Circuit Board*, gedruckte Leiterplatte
PDK	Process Design Kit
PID	Regelung bestehend aus einem Proportional, einem Integrier- und einem Differenzierglied
PMOS	p-Kanal MOS
PSK	*Phase Shift Keying*, Phasenmodulation
pss	Großsignalsimulation, Leistungssimulation
QAM	Quadraturamplitudenmodulation
QPSK	*Quadrature Phase Shift Keying*, Phasenmodulation mit 4 Phasen
RC	Kombination aus einem Widerstand und einem Kondensator
RCN	*Resistance Compression Network*, Netzwerk bestehend aus reaktiven Bauelementen
S-Parameter	Kleinsignalparameter
SGB25V	250 nm-BiCMOS-Technologie von *IHP*®

SiGe	Silizium-Germanium
Skill	Skriptsprache von *Cadence*®, *Ocean Skill*
Sonnet®	2.5D Feldsimulator-Software
TDD	*Time Devision Duplex*, Zeit-Duplex-Verfahren
TDMA	*Time Devision Multiple Access*, Zeitmultiplex-Verfahren
TP	Totem-Pole
WCDMA	*Wideband Code Division Multiple Access* Breitband-Codemultiplex-Verfahren
ZVA67	Netzwerkanalysator von *Rohde&Schwarz*®

Symbolverzeichnis

λ	Wellenlänge
$f_{T,max}$	maximale Transitfrequenz
ω	Kreisfrequenz bei Eintonanregung
$\omega_1\ \omega_2$	Kreisfrequenzen bei Zweitonanregung
$\underline{\Gamma}_L$	Reflektionsfaktor der Last
$S_{11}\ S_{12}\ S_{21}\ S_{22}$	Kleinsignalparameter
$a_0\ a_1\ a_2\ a_3\ a_n$	Wichtungsfaktoren der Taylor-Entwicklung bei Eintonanregung
a_i	Wichtungsfaktoren der Taylor-Entwicklung bei Eintonanregung
$b_0\ b_1\ b_2\ b_3\ b_n$	Wichtungsfaktoren der Taylor-Entwicklung bei Eintonanregung
c_n	Wichtungsfaktoren der Taylor-Entwicklung bei Zweitonanregung
$e_0\ e_1\ e_2\ e_3$	Wichtungsfaktoren der Taylor-Entwicklung bei Zweitonanregung
e_i	Wichtungsfaktoren der Taylor-Entwicklung bei Zweitonanregung
m_{Wahl}	gewählte Anzahl an Elementartransistoren für den unteren Kaskodetransistor
m_{min}	Mindestanzahl an Elementartransistoren für den unteren Kaskodetransistor
m_{max}	Maximalanzahl an Elementartransistoren für den unteren Kaskodetransistor
N	Anzahl der gestapelten Transistoren

N_{TP}	Faktor zwischen Stromspiegel und Totem-Pole-Treiber
N_{PA}	Faktor zwischen Stromspiegel und Leistungsverstärker
$MP_{A,n}\ MP_{B,n}\ MP_{C,n}$	Messpunkte an Knoten A, B bzw. C ($n \in \mathbb{N}$)
$T_{m,n}$	Transistoren am OPV ($m, n \in \mathbb{N}$)
$T_{m,P}\ T_{m,N}$	Transistoren ($m \in \mathbb{N}$)
$T_{m,x,TP}$	Stromspiegeltransistoren für den Totem-Pole-Treiber ($x \in \mathbb{N}$)
$T_{m,x,PA}$	Stromspiegeltransistoren für den Leistungsverstärker ($x \in \mathbb{N}$)
d_{EIN}	Substitution für das Verhältnis aus R_P zu $R_{EIN,s}$
d_{AUS}	Substitution für das Verhältnis aus R_P zu R_{RF}
K	Konstanter Substitutionsfaktor für die Transistortransferkennlinienanpassung mit Parallelrückführung
$\mathbf{M}$	Matrixsubstitution für die Berechnung der Transistortransferkennlinienanpassung
ϕ_{LG}	Phasenverschiebung der Schleifenverstärkung
A	Leistungsverstärkung
A_{dB}	Leistungsverstärkung in dB
A_V	Spannungsverstärkung
$\underline{A}_V$	Spannungsverstärkung im Frequenzbereich
$\underline{\mathbf{A}}_{vZ1}$	NxN-Matrix bestehend aus NxN Elementen $\underline{A}_V \cdot \underline{Z}_1$
B_F	Stromverstärkung am Transistor
g_m	Transkonduktanz
$\underline{LG}$	Schleifenverstärkung im Frequenzbereich
$\underline{LG}_u$	Schleifenspannungsverstärkung im Frequenzbereich
$\underline{LG}_i$	Schleifenstromverstärkung im Frequenzbereich
LG	Betrag der Schleifenverstärkung
$\underline{V}_{CE,m,n}$	Spannungsverhältnis zwischen Testspannung und Kollektor-Emitter-Spannung im Frequenzbereich
$\underline{\mathbf{V}}_{CE}$	Matrix der Spannungsverstärkungen zwischen Testspannung und Kollektor-Emitter-Spannung im Frequenzbereich
$\underline{V}_{TF,EIN}$	Spannungsverhältnis zwischen Eingangsspannung und Transistortransferspannung im Frequenzbereich

$\underline{V}_{TF,AUS}$	Spannungsverhältnis zwischen Ausgangsspannung und Transistortransferspannung im Frequenzbereich
$\underline{V}_{TF,m,n}$	Spannungsverhältnis zwischen Spannung an Tor (m, n) und Transistortransferspannung im Frequenzbereich $(m, n \in \mathbb{N})$
$\underline{\mathbf{V}}_{TF}$	Matrix aller $\underline{V}_{TF,m,n}$ $(m, n \in \mathbb{N})$
$x\ x_n$	Maximal angenommene Stromexpansion
$\vec{I}_0$	Testvektor zur Ermittlung der Schleifenverstärkung im Frequenzbereich
$\vec{I}_{n,A}\ \vec{I}_{n,B}$	Vektor der Ströme für Simulation A bzw. Simulation B im Frequenzbereich $(n \in \mathbb{N})$
$\vec{I}_{n,A}{}^{\mathsf{T}}\ \vec{I}_{n,B}{}^{\mathsf{T}}$	Transponierte Form von $\vec{I}_{n,A}$, $\vec{I}_{n,B}$ $(m, n \in \mathbb{N})$
$\underline{I}_{n,m,A}\ \underline{I}_{n,m,B}$	Strom für Simulation A bzw. Simulation B im Frequenzbereich $(m, n \in \mathbb{N})$
I_{AUS}	Betrag des der Last zur Verfügung gestellten Stroms
$\underline{I}_{AUS}$	Der Last zur Verfügung gestellter Strom im Frequenzbereich
i_{AUS}	Der Last zur Verfügung gestellter Strom im Zeitbereich
I_B	Basisstrom
I_{B3}	Basisstrom an T_3
I_C	Kollektorstrom
$I_{C,1dBCP}$	Kollektorstrom im 1 dB-Kompressionspunkt
$I_{C,AP}\ I_{C,AP,n}$	Arbeitspunktstrom $(n \in \mathbb{N})$
$I_{C,max}$	Maximaler Kollektorstrom
$I_{C,min}$	Minimaler Kollektorstrom
$I_{C,mirr}$	Eingeprägter Strom am Stromspiegel für den Leistungsverstärker
$\vec{I}_e$	Vektor der Ströme an der Testspannungsquelle für die Transistortransferkennlinienanpassung im Frequenzbereich
$\underline{I}_{e,n,opt}$	Strom an der Testspannungsquelle für die Transistortransferkennlinienanpassung im Frequenzbereich
$\vec{I}_{e,opt}$	Vektor optimaler Ströme an der Testspannungsquelle für die Transistortransferkennlinienanpassung im Frequenzbereich

I_{EIN}	In den Eingang des Verstärkers eingeprägter Strombetrag
$\underline{I}_{EIN}$	In den Eingang des Verstärkers eingeprägter Strom im Frequenzbereich
$I_{IA,mirr}$	Eingeprägter Strom am Stromspiegel für Eingangsverstärker
I_{m3}	Strom durch den Entlastungstransistor im Stromspiegel
I_{TF}	Betrag des Stroms an der Transferspannungsquelle
$\underline{I}_{TF}$	Strom an der Transferspannungsquelle im Frequenzbereich
$\vec{\underline{I}}_{TF}$	Vektor der Ströme an der Transferspannungsquelle im Frequenzbereich
$I_{TP,mirr}$	Eingeprägter Strom am Stromspiegel für Totem-Pole-Treiber
$\vec{\underline{U}}_0$	Testvektor zur Ermittlung der Schleifenverstärkung im Frequenzbereich
$\underline{U}_{1,RF}$	Spannung in der Rückführung zur Berechnung der Schleifenverstärkung im Frequenzbereich
$U_{3N}\ U_{3P}$	Kollektor-Emitter-Spannung des unteren Transistors der Kaskode-Schaltung
$\underline{U}_{n,m,A}\ \underline{U}_{n,m,B}$	Spannung für Simulation A bzw. Simulation B im Frequenzbereich $(m, n \in \mathbb{N})$
$\vec{\underline{U}}_{n,A}\ \vec{\underline{U}}_{nB}$	Vektor der Spannungen für Simulation A bzw. Simulation B im Frequenzbereich $(n \in \mathbb{N})$
U_{AUS}	Am Ausgang anliegende Gleichspannung
$\underline{U}_{AUS}$	Am Ausgang anliegende Spannung im Frequenzbereich
u_{AUS}	Am Ausgang anliegende Kleinsignalspannung
$U_{AUS,P}\ U_{AUS,N}$	Am Ausgang anliegendes differentielles Gleichspannungspaar
U_{B1}	Spannung an der Basis von Transistor 1
U_{B1}'	Transformierte Spannung an der Basis von Transistor 1
U_{B2}	Spannung an der Basis von Transistor 2
U_{B2}'	Transformierte Spannung an der Basis von Transistor 2
U_{B3}	Spannung an der Basis von Transistor 3

U'_{B3}	Transformierte Spannung an der Basis von Transistor 3
$U'_{B1,TT}$ $U'_{B2,TT}$	Basisspannungen am Totem-Pole Treiber
U_{BE}	Betrag der Spannung zwischen Basis und Emitter
u_{BE}	Kleinsignalspannung zwischen Basis und Emitter
U_{CC} $U_{CC,1}$ $U_{CC,2}$	Versorgungsspannung
U_{CE}	Betrag der Spannung zwischen Kollektor und Emitter
$\underline{U}_{CE}$ $\underline{U}_{CE,n}$	Kollektor-Emitter-Spannung im Frequenzbereich ($n \in \mathbb{N}$)
$U_{CE,sat}$ $U_{CE,sat,n}$	Sättigungsspannung zwischen Kollektor und Emitter ($n \in \mathbb{N}$)
$\vec{\underline{U}}_{CE}$	Vektor der Kollektor-Emitter-Spannungen im Frequenzbereich
$\hat{U}_{CE,max}$	Amplitude der maximalen Aussteuerung der Kollektor-Emitter-Spannung
$U_{DB,CE}$	Durchbruchspannung der Kollektor-Emitter-Strecke
$U_{DB,CE0}$	Durchbruchspannung der Kollektor-Emitter-Strecke bei offener Basis
$U_{DB,CB}$	Durchbruchspannung der Kollektor-Basis-Strecke
$U_{DB,CB0}$	Durchbruchspannung der Kollektor-Basis-Strecke bei offenem Emitter
$U_{DB,EB}$	Durchbruchspannung der Emitter-Basis-Strecke
$U_{DB,EB0}$	Durchbruchspannung der Emitter-Basis-Strecke bei offenem Kollektor
$\underline{U}_{e,n}$	Testspannung für die Transistortransferkennlinienanpassung im Frequenzbereich ($n \in \mathbb{N}$)
$\vec{\underline{U}}_e$	Vektor der Testspannungen für die Transistortransferkennlinienanpassung im Frequenzbereich
$\vec{\underline{U}}_{e,opt}$	Vektor optimaler Testspannungen für die Transistortransferkennlinienanpassung im Frequenzbereich
$\underline{U}_{e,n,opt}$	Optimale Testspannung für die Transistortransferkennlinienanpassung im Frequenzbereich ($n \in \mathbb{N}$)
U_{EIN}	Am Eingang anliegende Gleichspannung

$\underline{U}_{EIN}$	Am Eingang anliegende Spannung im Frequenzbereich
u_{EIN}	Am Eingang anliegende Kleinsignalspannung
$\hat{u}_{EIN}$	Am Eingang anliegende Kleinsignalspitzenspannung
U'_{EIN}	Am Eingang anliegende transformierte Gleichspannung
$U_{EIN,P}\ U_{EIN,N}$	Am Eingang anliegendes differentielles Gleichspannungspaar
$u_{EIN,A}$	Substituierte Funktion von der Kleinsignaleingangsspannung als Vereinfachung
U_{Kas}	Kaskodespannung
$U_{Kas,OPV}$	Kaskodespannung am OPV
U_{Komp}	Kompensationsspannung am Emitter des aufgestapelten Transistors
$U_{Komp,N}\ U_{Komp,P}$	Differentielle Kompensationsspannung am Emitter des aufgestapelten Transistors
U_m	Spannung am gemeinsamen Referenzknoten des Stromspiegels
U_{TF}	Betrag der Spannung an der Transferspannungsquelle
$\underline{U}_{TF}$	Spannung an der Transferspannungsquelle im Frequenzbereich
$\vec{\underline{U}}_{TF}$	Vektor der Spannungen der Teilerverhältnisse zwischen Stromspiegel und Transferspannungsquelle im Frequenzbereich
P_{DC}	Gleichspannungsleistung
$P_{G,v}$	Betrag der vom Generator zur Verfügung gestellten Leistung am Eingang
$\underline{P}_{G,v}$	Vom Generator zur Verfügung gestellte Leistung am Eingang im Frequenzbereich
$P_{G,v,1dBCP}$	Verfügbare Generatorleistung im 1 dB-Kompressionspunkt
$P_{G,v,PAEmax}$	Verfügbare Generatorleistung bei maximaler PAE
P_L	Betrag der Ausgangsleistung
$\underline{P}_L$	Ausgangsleistung im Frequenzbereich
$P_{L,1dBCP}$	Betrag der Ausgangsleistung im 1 dB-Kompressionspunkt
$P_{L,Harm}$	Betrag der Ausgangsleistung der Harmonischen

$P_{L,PAEmax}$	Betrag der Ausgangsleistung bei maximaler PAE
P_{L1}	Betrag der Leistung der 1. Harmonischen / Grundfrequenz
η	Wirkungsgrad
η_{max}	maximaler Wirkungsgrad
PAE	*Power Added Efficiency* Leistungsaddierte Effizienz
PAE_{1dBCP}	PAE im 1 dB-Kompressionspunkt
PAE_{3dBBO}	PAE im 3 dB-*Backoff*
PAE_{max}	Maximale PAE
$C_{AUS,s}$	Serienkapazität zur DC-Entkopplung am Ausgang des Verstärkers
C_{B2}	Parallelkapazität an der Basis von T_2
C_{B3}	Parallelkapazität an der Basis von T_3
C_{BE}	Basis-Emitter-Kapazität
C_{CE}	Kollektor-Emitter-Kapazität
C_{Komp}	DC-Entkopplung des Kompensationszweigs bei nicht-differentiellen transistorgestapelten Leistungsverstärkern
C_{E1} C_{E2}	Kondensatoren für die Verstärkungsanpassung des Eingangsverstärkers
$C_{EIN,s}$	Serienkapazität für eingangsseitige Anpassung
C_{P1} C_{P2}	Parasitäre Parallelkapazitäten mit dem Bezug zu Masse
C_{RF} $C_{RF,m,n}$	Rückführungskapazität zur Gleichspannungsentkopplung $(m, n \in \mathbb{N})$
$C_{RF,P}$	Parasitäre Kapazität parallel zum Rückführungswiderstand
L_C	Speisespule für den Leistungsverstärker
$L_{C,opt}$	Optimale Speisespule für den Leistungsverstärker
L_{E1}	Spule für die Verstärkungsanpassung des Eingangsverstärkers
$L_{EIN,p}$	Parallelinduktivität für eingangsseitige Anpassung
L_{Komp}	Spule zur Blindleistungskompensation zwischen den aufeinandergestapelten Transistoren
L_L	Induktive Last
$L_{L,opt}$	Optimale Induktive Last
L_{RF}	Induktivität in der Rückführung
$L_{RF,P}$	Parasitäre Induktivität parallel in der Rückführung
$L_{RF,11,opt}$	Optimale Induktivität parallel zu Basis-Emitter

R_{B1}	Serienwiderstand an der Basis von T_1
R_{B2}	Serienwiderstand an der Basis von T_2
R_{B3}	Serienwiderstand an der Basis von T_3
R_{BE}	Basis-Emitter-Widerstand im linearisierten Kleinsignalbereich
r_{BE}	dynamischer Basis-Emitter-Widerstand
$R_{BE,AP}$	Basis-Emitter-Widerstand im Arbeitspunkt
R_C	Widerstand am Kollektor vom Transistor des Eingangsverstärkers
r_{CE}	dynamischer Kollektor-Emitter-Widerstand
$R_{CE,AP}$	Kollektor-Emitter-Widerstand im Arbeitspunkt
R_{E1}	Widerstand am Emitter vom Transistor des Eingangsverstärkers
R_{E2}	Widerstand für die Verstärkungsanpassung des Eingangsverstärkers
$R_{EIN,diff}$	Widerstand zwischen den Basen der unteren Transistoren der differentiellen Signalpfade
$R_{EIN,s}$	Eingangsserienwiderstand
R_L	Ohmsche Last
$R_{L,opt}$	Optimale Ohmsche Last
R_{m1}	Serienwiderstand an der Basis des Transistor im Leistungspfad des Stromspiegels
$R_{m1p}\ R_{m1n}$	Serienwiderstände an den Basen der Transistoren im differentiellen Leistungspfad des Stromspiegels
R_{m2}	Serienwiderstand an der Basis des Transistor im Einspeisungspfad des Stromspiegels
R_P	Zusammengefasster Parallelwiderstand
$R_{RF}\ R_{RF,m,n}$	Rückführungswiderstand ($m, n \in \mathbb{N}$)
$R_{RF,11,opt}$	optimaler Widerstand parallel zu Basis und Emitter
$R_{TF}\ R_{TF,n}$	Last an der Transferstromquelle ($n \in \mathbb{N}$)
$X_{L,opt}$	Optimale Reaktanz
$\underline{Y}_e\ \underline{Y}_{e,m,n}$	Y-Parameter in Emitterschaltung ($m, n \in \mathbb{N}$)
$\underline{\mathbf{Y}}_e$	Matrix der Y-Parameter in Emitterschaltung
$\underline{Y}_{EIN}$	Eingangsadmittanz
$\underline{Y}_{EIN,opt}$	optimale Eingangsadmittanz
$\underline{Y}_{EIN,opt,Trans}$	optimale Eingangsadmittanz am Verstärker mit offener Schleife
$\underline{Y}_L$	Lastadmittanz
$\underline{Y}_{L,opt}\ \underline{Y}_{L,n,opt}$	optimale Lastadmittanz ($n \in \mathbb{N}$)

$\underline{Y}_{L,opt,Trans}$ $\underline{Y}_{L,n,opt,Trans}$	optimale Lastadmittanz am Verstärker mit offener Schleife ($n \in \mathbb{N}$)
$\underline{Y}_{RF}$ $\underline{Y}_{RF,n}$ $\underline{Y}_{RF,m,n}$	Admittanz der Rückführung ($m, n \in \mathbb{N}$)
$\mathbf{\underline{Y}_{RF}}$	Matrix der Admittanzen der Rückführungen
$\underline{Y}_{TF,m,n}$	Y-Parameter zwischen Testspannungsquelle und Transferstromquelle ($m, n \in \mathbb{N}$)
$\underline{Y}_{TF,AUS}$	Y-Parameter zwischen Ausgang und Transferstromquelle
$\underline{Y}_{TF,EIN}$	Y-Parameter zwischen Eingang und Transferstromquelle
$\mathbf{\underline{Y}_{TF}}$	Matrix aller Y-Parameter zwischen Testspannungsquellen und Transferstromquellen
$\underline{Z}_0$	Systemimpedanz
$\mathbf{\underline{Z}_1}$ $\mathbf{\underline{Z}_2}$	Matrizen aller Impedanzen links bzw. rechts vom Messelement zur Stabilitätsmessung
$\underline{Z}_{BE}$	Impedanz parallel zur Basis-Emitter-Strecke
$\underline{Z}_{CE}$	Impedanz parallel zur Kollektor-Emitter-Strecke
$\underline{Z}_L$	Lastimpedanz
$\underline{Z}_{L,opt}$ $\underline{Z}_{L,n,opt}$	optimale Lastimpedanz ($n \in \mathbb{N}$)
$\underline{Z}_{RF}$	Impedanz der Rückführung

Abbildungsverzeichnis

Tabellenverzeichnis

Einleitung

1

Die heutige Gesellschaft verlangt im Beruf und in der Freizeit nach immer höherer Flexibilität. Die Menschen wollen möglichst unabhängig sein. Unabhängig sein bedeutet, egal ob in der Straßenbahn, im Café oder in der Besprechung, kabellos zu jeder Zeit erreichbar zu sein, Informationen zu beschaffen oder Neuigkeiten mit anderen weltweit zu teilen. Dies verlangt nach immer leistungsfähigeren mobilen Endgeräten und verbunden damit zu immer höheren Datenraten. Mit dem Anstieg der Datenraten wächst die Akzeptanz in der Bevölkerung mit Endgeräten, wie Smartphones, Tablets und Notebooks mobil online zu sein. Der Anstieg der Anzahl von Endgeräten und das Verlangen des Einzelnen, noch schneller im Internet zu agieren, verlangt nach noch höheren Datenraten.

Die drahtlose Vernetzung von Geräten hat in den letzten Jahrzehnten deutlich an Bedeutung gewonnen. Das Internet der Dinge (*IOT - Internet of Things*) zusammen mit den neuen Funkstandards 4G und 5G sind die wichtigsten Motoren dieser Entwicklung.

Maßgeblich entscheidend für die Mobilität von Endgeräten ist neben der Größe vor Allem die Laufzeit der Energieversorgung. Wenn von Laufzeit die Rede ist, gilt es immer einen Zusammenhang zwischen der Bereitstellung und der Abnahme der Energie, d. h. von der Erzeugung und vom Verbrauch, zu knüpfen. Auf der Erzeugerseite steht die Akkumulatortechnik, die mit der Entwicklung der lithiumbasierten Speicherzelle tragbares Equipment mit akzeptablen Laufzeiten erst ermöglichte. Dem gegenüber steht die Verbraucherseite. Die Verdichtung der Transistorzahlen brachte nicht nur einen enormen Gewinn an Kompaktheit, sondern die Rechenkapazitäten wurden deutlich effizienter - gemessen an der notwendigen Energie pro Rechenoperation. Heutige Smartphones überbieten die Rechenkapazität der gesamten ersten Mondmission. Ein weiterer großer Verbraucher sind die Leistungs-

R. Paulo, *Untersuchung an Leistungsverstärkern mit Gegenkopplung*, https://doi.org/10.1007/978-3-658-41749-9_1

verstärker im HF-Frontend, besonders in der Funkübertragung. Eine Steigerung der
Effizienz dieser Baugruppe erreicht einen enormen Gewinn an Laufzeit.

1.1 Einordnung der Arbeit in den aktuellen wissenschaftlichen Kontext

Mobilfunkanbieter arbeiten an immer neuen Konzepten für eine schnelle drahtlose
Kommunikation. Mussten die ersten Mobiltelefone nur wenige Kilobyte pro Sekun-
den an Sprachdaten übertragen, werden heute ganze Filme in hoher Auflösung im
*Livestream*aus dem Internet bezogen. Der Kunde möchte dabei ein flüssiges Bild
und keine ständigen Unterbrechungen.

Datenraten können durch die Nutzung größerer Bandbreiten oder durch Verbesserung des Modulationsverfahrens erhöht werden. Während der Mobilfunkstandard GSM mit GPRS und EDGE noch mit nur 200 kHz auskommt [Wikb],
steht dem Mobilfunkstandard 4G-LTE eine Bandbreite von bis zu 100 MHz zur
Verfügung[Wikc]. 5G soll im Frequenzbereich 1 (FR 1) mit einer Bandbreite von bis
zu 900 MHz bedient werden [Wika]. Mit 3G-HSDPA beginnt die Verwendung von
Quadraturamplitudenmodulation (QAM) [Wikd]. LTE kann bereits auf ein Modulationsverfahren von bis zu 64-QAM zurückgreifen, was in 5G bis auf 256-QAM
gesteigert werden kann. Als Multiplexverfahren kommt in LTE bereits unter anderem OFDM zum Einsatz. Während alternativ bei LTE auch noch FDMA zur Verfügung steht, wird 5G nur noch mit OFDM ausgestattet. Eine Übersicht über die
Entwicklung der Mobilfunkstandards liefert Tabelle 1.1.

Tabelle 1.1 Evolution der Mobilfunktechnik. [Wikb][Wikd][Wikc][Wika]

Generation	Standard	Multiplex	Modulation	Bandbreite (MHz)	Up-/Downlink (Bits/s)
2 G	GSM	FDMA/TDMA	GMSK	0,2	9,6 k/14,4 k
2 G	GPRS	FDMA/TDMA	GMSK	0,2	9,6 k/115 k
2 G	EDGE	FDMA/TDMA	8-PSK	0,2	384 k/384 k
3 G	WCDMA	FDMA/CDMA	QPSK	5	64 k/2 M
3 G	HSDPA	FDMA/CDMA	16-QAM	5	384 k/14,4 M
3 G	HSUPA	FDMA/CDMA	QPSK	5	5,76 M/14,4 M
4 G	LTE	FDMA/OFDM	64-QAM	20	50 M/100 M
4 G	LTE-A	FDMA/OFDM	64-QAM	100	500 M/1 G
5 G	–	OFDM	256-QAM	900	>500 M/>1 G

Bandbreiten und Modulationsverfahren stellen besondere Ansprüche an die Sende- und Empfangseinheiten in den mobilen Geräten. Der Anspruch langer Betriebszeiten der Geräte durch energiesparende Technik erhöht die Voraussetzungen insbesondere für die Sendeeinheit. In einer Sendeeinheit stellt der Leistungsverstärker dabei den größten Verbraucher dar. Leistungsverstärker sind die Schnittstelle zwischen HF-Vorverarbeitung und der Antenne. Ohne eine adäquate Umsetzung des HF-Signals in einen höheren Leistungsbereich können keine ausreichenden Entfernungen bei der drahtlosen Kommunikation gewährleistet werden. Besonders die Technologien QAM und OFDM stellen zudem hohe Ansprüche an die Linearität.

Im Projekt „CoolRelay" aus dem Projekt-*Cluster* „Cool Silicon" sollten die im neuen LTE-Standard eingeführten *Relay*-Stationen untersucht und hinsichtlich der Energieeffizienz optimiert werden. Die Arbeit wurde zwischen den Projektpartnern National Instruments Dresden GmbH (NI Dresden), der MUGLER AG und der Technischen Universität Dresden mit den Lehrstühlen für Mobile Nachrichtensysteme (MNS) und für Schaltungstechnik und Netzwerktheorie (CCN) aufgeteilt. Im Fokus der MUGLER AG lag dabei das Energiemanagement [Bie14], welches Komponenten bedarfsgerecht hinzu- oder abschaltet und gleichzeitig verschiedene Energieversorgungskonzepte unterstützt. Durch NI Dresden und MNS wurde die Datenverarbeitung [UD14][PPE15], beginnend von der Datengewinnung über Mehrantennen bis hin zur Aussendung über Mehrantennen, den Erfordernissen in *Relay*-Stationen angepasst und Teile davon optimiert. In diesem Zusammenhang wurde auch an *Beamforming*-Algorithmen geforscht und Effizienzgewinne daraus bewertet.

Neben der digitalen Basisbandverarbeitung wurde im CoolRelay-Projekt an Konzepten für leistungseffiziente und lineare Leistungsverstärker für den Mobilfunkstandard 4G (Long Term Evolution, LTE und LTE-Advanced) geforscht [PPE15]. Laut einer Studie der MUGLER AG aus dem Projekt „CoolBasestations" [Mü13], bezogen auf Femto-Basisstationen mit ähnlichen Erfordernissen wie *Relay*-Stationen, verursacht die Basisbandverarbeitung den größten, die Leistungsverstärker den zweitgrößten Anteil am Leistungsumsatz.

Die Arbeiten von CCN konzentrierten sich in der Projektlaufzeit auf die Verbesserung von Leistungsverstärkern [PPE15]. Ansätze wie der Doherty-Verstärker in [Doh36] [HDL+14] [HB10] oder Verstärker mit Amplitudenverfolgung in [HKLA10] [MRS14] [MBE12] bieten sehr gute Werte für Effizienz und Linearität. Allerdings besitzen diese Technologien topologiebedingt eine sehr eingeschränkte Bandbreite. Zudem ist der Aufbau sehr komplex und bedarf einer großen Fläche auf dem *Chip.* "*Harmonic Trapping*" beschreibt eine Technik, die eine hohe Bandbreite bei gleichzeitig guter Effizienz und Linearität verspricht [FR15]. Die LC-Netzwerke werden so dimensioniert, dass die Harmonische zweiter Ordnung gegen Masse abgeleitet wird. Gleichzeitig wird der Harmonischen dritter Ordnung eine hohe Impedanz gegen Masse geboten, um der starken Nichtlinearität der Gate-Source-Kapazität der verwendeten FETs entgegenzuwirken. Insbesondere das Netzwerk für die Harmonische dritter Ordnung muss sehr genau dimensioniert werden, um zusätzliche Störungen zu unterbinden. Zusätzliche LC-Filter fordern ebenfalls eine zusätzliche *Chip*-Fläche.

Ein Ansatz aus nichtlinearen Bauteilen einen linearen Verstärker zu kreieren, bietet das LINC-Konzept, welches einer der Leistungsverstärkerentwicklungen im „CoolRelay"-Projekt entspricht. Dieser wird in Abschnitt 2.3.2 ausreichend behandelt.

Die vorliegende Doktorarbeit, die als Parallelentwicklung zum LINC-Leistungsverstärker (Abschnitt 2.3.2) im Projekt CoolRelay verstanden werden kann, widmet sich einem bereits alten Konzept aus der Niederfrequenzelektronik und beleuchtet es neu im Lichte der Hochfrequenztechnik. Ganz selbstverständlich werden Verstärker mit Gegenkopplung, egal ob Eintransistorverstärker oder komplexe Verstärker wie Operationsverstärker, in vielen Bereichen der Elektronik eingesetzt. Gegenkopplung wird genutzt, um Verstärkern eine definierte Verstärkung zu geben und um deren Bandbreite zu verbessern. In der Hochfrequenztechnik werden Gegenkopplungen nur bei Verstärkern mit geringer Ausgangsleistung eingesetzt. Leistungsverstärker hingegen werden nahezu ausschließlich als *open-loop*-Version ausgeführt. Oft kommt Gegenkopplung nur dort zum Einsatz, wo durch eine leichte Erniedrigung der Verstärkung die Stabilität des Verstärkers verbessert werden kann.

1.2   Systemspezifikationen für den Schaltungsentwurf

Tabelle 1.2 zeigt zusammengefasst die Systemspezifikationen, auf die sich die Projektpartner in der ersten Phase des Projekts verständigt haben. Dabei wurde sich in CoolRelay für das Frequenzband LTE-Band 7 mit 2,6 GHz entschieden, da sich hier mit Hilfe des Frequenzduplex bei einem Duplex-Abstand von 120 MHz Uplink und Downlink zugleich realisieren lassen. Als Ausgangsleistung wurden maximal 30 dBm, aber mindestens 25 dBm festgelegt. Eingangsseitig erfolgt eine Anpassung auf 50 Ω. Ausgangsseitig wurde 50 Ω als optimale Verstärkerlast festgesetzt, um eine möglichst große Breite an Anwendungsszenarien (Chipantenne, Patch-Antenne, Kabel + Antenne) zu gewährleisten.

Tabelle 1.2 Zusammenfassung der Systemspezifikationen aus dem Projekt CoolRelay

Systemspezifikation	Wert
Frequenzband	LTE-Band 7 (2600 MHz)
Duplex	FDD
Frequenzen	2500..2570 MHz, 2620..2690 MHz
Ausgangsleistung	>25..30 dBm

1.3 Einteilung und Aufbau der Arbeit

Zu Beginn der Arbeit werden grundlegende Eigenschaften und Konzepte für die Leistungsverstärkung diskutiert. Dazu werden in Kapitel 2 die Grundlagen von Leistungsverstärkern betrachtet. Besonderer Schwerpunkt ist dabei die Schleifenstabilität. Hier wird neben der Erläuterung der ursprünglichen Theorie von Middlebrook [Mid75] eine vollständig hergeleitete Erweiterung zum Gebrauch für Anwendungen mit vermaschten Schleifen vorgestellt (Abschnitt 2.5).

Im darauffolgenden Kapitel 3 werden Konzepte für einen optimierten Verstärkerentwurf vorgestellt. Das Hauptaugenmerk liegt hier auf der Transistortransferkennlinienanpassung in Abschnitt 3.3, in der ebenfalls zu Beginn die Grundlagen gezeigt werden. Als Teil der Doktorarbeit wird dieses Konzept um die Nutzung einer beliebigen Parallelrückführung erweitert. Der Vorteil der Erweiterung ist die getrennte Betrachtung von Verstärkerelementen und dem Rückführungsnetzwerk.

In Kapitel 4 werden die Messabläufe genau betrachtet. Dazu zählt auch eine Betrachtung der möglichen Messfehler.

In dieser Arbeit wurden zwei Leistungsverstärker mit Gegenkopplung erstellt, ein einfacher Leistungsverstärker mit Gegenkopplung (Abschnitt 5.2) und einer mit zusätzlicher Transistorstapelung (Abschnitt 5.3). Beide werden in den Unterabschnitten Abschnitt 5.2.1 bis Abschnitt 5.2.3 bzw. Abschnitt 5.3.1 bis Abschnitt 5.3.3 theoretisch betrachtet, dimensioniert, simuliert und die Ergebnisse werden anschließend ausgewertet.

Die Abschnitte 5.2.4 und 5.2.5 konzentrieren sich auf die Erstellung eines stabilen Leistungsverstärkers. Unter Hinzunahme einer Rückführung kann allein das *Layout* einen entscheidenden Beitrag zur Stabilität liefern. Was zunächst empirisch erfolgte, wurde durch die in Abschnitt 2.5 erweiterte Stabilitätsanalyse simulativ untersucht. Die dabei entstandenen Messergebnisse der hergestellten Schaltungen werden gezeigt und ausgewertet.

In das *Design* des transistorgestapelten Leistungsverstärkers in Abschnitt 5.3.4 sind die Erkenntnisse aus dem einfachen Leistungsverstärker eingeflossen, um von Anfang an einen stabilen Entwurf zu erhalten. Neben der Stapelung zeichnet sich dieser zusätzlich durch eine mehrstufige Verstärkerkette aus. Der Eingangsverstärker hat die Aufgabe die Verstärkungsbandbreite und die Bandbreite über den 1 dB-Kompressionspunkt möglichst aufeinander anzugleichen. Die Endstufe wird durch einen Totem-Pole-Verstärker zusätzlich getrieben. Um die Arbeitspunkteinstellung zu vereinfachen, ist ein einfacher Operationsverstärker auf dem *Chip* implementiert worden, der unabhängig von Versorgungsspannung und Arbeitspunktstrom automatisch die richtige Basisspannung am oberen Transistor einstellt.

Kapitel 6 vergleicht die entworfenen Verstärker mit anderen Arbeiten auf dem Gebiet der Leistungsverstärkerentwicklung. Es zeigt sich dabei, dass beide Entwürfe dieser Doktorarbeit ein deutliches Optimierungspotential bieten. Welche Verbesserungen möglich sind, beleuchtet Abschnitt 6.2.

Im Kapitel 7 werden ein Fazit zu den entstandenen Verstärkern gezogen und ein Ausblick auf eine Weiterentwicklung der Konzepte und der wissenschaftlichen Relevanz gegeben.

Es wird an dieser Stelle darauf hingewiesen, dass Teile dieser Arbeit bereits in verschiedenen *IEEE*-Konferenzen veröffentlicht wurden. Das betrifft Abbildungen, Tabellen und Textpassagen. Entsprechende Stellen in dieser Dissertationsschrift werden entsprechend den *Copyright*-Bestimmungen des *IEEE* ausgewiesen.

1.4   Transistoren der 250 nm *IHP*®-BiCMOS-Technologie

In der 250 nm SiGe-BiCMOS-Technologie von *IHP*® [IHP17], die im Projekt Cool-Relay als Halbleitertechnologie zur Verfügung stand, werden für den Verstärkerentwurf drei npn-Bipolartransistoren angeboten. Im *Cadence*®-*PDK* werden diese als $npnVp$-, $npnVs$- und $npnVh$-Typ zur Verfügung gestellt. Die wesentlichen Unterschiede liegen in der Spannungsverträglichkeit und in den Grenzfrequenzen. Der $npnVp$ steht für den performanten Typen und bietet niedrige Durchbruchspannungen, aber eine hohe Transitfrequenz. Das Kürzel „h" in $npnVh$ steht für hohe Durchbruchspannungen, bedeutet aber eine deutlich niedrigere Transitfrequenz gegenüber $npnVp$. Zwischen den beiden befindet sich der Standardtyp $npnVs$.

Der kritischste Parameter ist der Spannungsdurchbruch $U_{DB,CE}$ vom Kollektor zum Emitter. In der Tabelle 1.3 wird die Durchbruchspannung $U_{DB,CE0}$ bei offener Basis angegeben. In realen Schaltungen wird die Basis des Transistors im Prinzip immer mit einem endlich hohen Widerstand auf eine Bezugsspannung gelegt. Höhere Basis-Emitter-Spannungen erhöhen die Durchbruchspannung. Wird

Tabelle 1.3 Übersicht der Transistorparameter aus der *IHP*® BiCMOS-Techologie SGB25V [IHP17].

	NPN1 (*npnVp*)	NPN2 (*npnVs*)	NPN3 (*npnVh*)
$U_{DB,CE0}$ (V)	2,4	4,0	7,0
$U_{DB,CB0}$ (V)	7	15	20
f_T (GHz)	75	45	25
f_{max} (GHz)	95	90	70

der Arbeitspunkt über einen asymmetrischen Stromspiegel (Abbildung 5.4) vorgegeben, stellt sich bei beginnendem Durchbruch, aufgrund des kleiner werdenden Basisstroms I_B, automatisch eine steigende Basis-Emitter-Spannung ein. Dies verschiebt den Effekt topologiebedingt zu höheren Kollektor-Emitter-Spannungen.

Beachtet werden muss beim Verstärker-*Design* ebenso die Sättigungsspannung $U_{CE,sat}$. Diese ist keine Konstante, sondern steigt mit steigendem Kollektorstrom I_C. Zudem ist diese für die drei npn-Transistoren sehr unterschiedlich. $U_{CE,sat}$ liefert keinen Beitrag zur Ausgangsspannung. Sobald ein Strom fließt, erzeugt die Sättigung eine Verlustleistung. Eine niedrige Sättigung ist daher wünschenswert, um gute Effizienzwerte zu erzielen. Eine Unterschreitung der Sättigungsspannung verzerrt das zu verstärkende Signal und führt zu erheblichen Einbußen bei der Linearität.

Grundlagen von Leistungsverstärkern

Leistungsverstärker finden sich überall dort, wo analoge Signale gesendet werden sollen. Sie bilden das Verbindungsglied zwischen diesen analogen Signalen und dem Übertragungsmedium. Das kann ein Datenkabel oder aber auch die Antenne sein. Je nach Übertragungsstandard unterliegen Leistungsverstärker verschiedenen Anforderungen z. B. hinsichtlich Sendeleistung, Frequenz, Linearität und Effizienz. Innerhalb eines Standards kann ebenso zwischen mobilen Endgeräten und Basisstationen unterschieden werden. Für mobile Endgeräte spielen vor allem die Akkulaufzeit und eine niedrige Abwärme eine wesentliche Rolle, sodass eine niedrige Sendeleistung und eine hohe Effizienz gefordert werden. Basisstationen hingegen, die sich aus dem öffentlichen Netz versorgen können, arbeiten zumeist mit höheren Sendeleistungen. Abwärme kann besser abgeführt werden. Effizienz ist daher nicht im gleichen Maße kritisch. Dafür steigen je nach Mobilfunkstandard die Anforderungen an die Linearität und Bandbreite. Im Folgenden sollen die für die Arbeit wichtigsten Eigenschaften näher beleuchtet werden. Es werden verschiedene Technologien und Topologien vorgestellt, für die sich diese Eigenschaften unterschiedlich gut erreichen lassen.

Hier werden ebenfalls erweiterte Betrachtungen zu den Themen Linearität (Abschnitt 2.1.5) und Stabilität (Abschnitt 2.5) bezogen auf Leistungsverstärker mit Parallelgegenkopplung angestellt. Insbesondere Abschnitt 2.5 zur erweiterten Untersuchung der Schleifenverstärkung bei mehrfachverzweigten Rückführungen

Ergänzende Information Die elektronische Version dieses Kapitels enthält Zusatzmaterial, auf das über folgenden Link zugegriffen werden kann https://doi.org/10.1007/978-3-658-41749-9_2.

zeigt eine in dieser Arbeit zentrale Weiterentwicklung des bisherigen Ansatzes von Middlebrook ([Mid75]).

2.1 Verstärkereigenschaften

In den folgenden Abschnitten sollen für den weiteren Verlauf der Arbeit wichtige Eigenschaften zusammengefasst werden. Dazu werden Formelzeichen, Formeln und teilweise knapp formulierte Herleitungen für das Verständnis vorgestellt.

2.1.1 Leistung, Leistungsverstärkung

Leistung ist generell das Produkt aus einer Spannung und einem Strom. Dabei ist entweder die Spannung oder der Strom das eigentliche Ursprungssignal. Erst durch eine, wie auch immer erzeugte Last, bildet sich der zugehörige Strom bzw. die zugehörige Spannung aus. Nur dann wird eine Leistung umgesetzt. Zur Vereinfachung wird in der Hochfrequenztechnik davon ausgegangen, dass sowohl Strom als auch Spannung existieren. Es wird nur noch von Leistungen gesprochen. Der Vorteil darin liegt in der topologie- und technologieübergreifenden Vergleichbarkeit von Verstärkern.

In dieser Arbeit werden verschiedene Leistungen verwendet:

- $P_{G,v}$ ist die verfügbare Generatorleistung als Eingangssignal am Leistungsverstärker.
- P_L stellt die von der Last aufgenommene Leistung bzw. die vom Leistungsverstärker am Ausgang verfügbare Leistung dar.
- P_{DC} gilt als umgesetzte Gleichstromleistung im Leistungsverstärker. Sie entspricht der von den Versorgungsquellen gelieferten Leistung, z. B. nach der Einstellung des Arbeitspunkts.
- P_{L1} steht für die an der Last umgesetzte Leistung für die Grundfrequenz.

Neben der Beschreibung der Leistung ist auch die Angabe der Leistungsverstärkung ein wichtiges Merkmal eines Leistungsverstärkers. Die Leistungsverstärkung bildet das Verhältnis zwischen P_L und $P_{G,v}$:

$$A = \frac{P_L}{P_{G,v}} \tag{2.1}$$

oder in logarithmischer Schreibweise:

$$A_{dB} = 10 \cdot log\left(\frac{P_L}{P_{G,v}}\right) = P_L[dBm] - P_{G,v}[dBm] \qquad (2.2)$$

2.1.2 Effizienz (Wirkungsgrad, PAE)

Bei Halbleiterverstärkern werden zwei Arten von Effizienzangaben unterschieden, der Wirkungsgrad η und die leistungsaddierte Effizienz (*Power Added Efficiency*) *PAE*. Beim Wirkungsgrad wird die Leistung des Nutzsignals, d. h. die gewünschte Grundfrequenz P_{L1}, ins Verhältnis zur zugeführten Gleichspannungsleistung P_{DC} gesetzt:

$$\eta = \frac{P_{L1}}{P_{DC}} \qquad (2.3)$$

Bei Leistungsverstärkern mit beschränkter Verstärkung A muss auch die Eingangsleistung berücksichtigt werden. Dazu wurde die *PAE* mit folgender Gleichung eingeführt:

$$PAE = \frac{P_{L1} - P_{G,v}}{P_{DC}} = \eta\left(1 - \frac{1}{A}\right) \qquad (2.4)$$

Die Formel zeigt, dass bei einer sehr großen Verstärkung die *PAE* dem Wirkungsgrad η entspricht. Allgemein kann mit Hilfe der Gleichung qualitativ gezeigt werden, dass die Effizienzen bei Leistungsverstärkern im Klasse A- bzw. AB-Betrieb bei kleinen Leistungen sehr gering sind. Mit zunehmender Ausgangsleistung steigt die Effizienz an. Durch Kompressionseffekte steigt bei hohen Ausgangsleistungen auch der Gleichanteil der Ausgangsleistung. Dadurch erreicht die Effizienz ein Maximum, bevor sie wieder abfällt. Ein Beispiel findet sich in Abbildung 5.12.

2.1.3 Bandbreite

Ein wichtiges Merkmal von Verstärkern ist das Einhalten festgelegter maximaler Abweichungen, z. B. der Verstärkung, innerhalb eines bestimmten Frequenzbereichs. Im Allgemeinen wird hier, ausgehend vom Maximalwert der Verstärkung, der Bereich rechts und links bis zu einem Abfall von 3 dB als obere bzw. untere Grenzfrequenz definiert. Besonders interessant sind bei Leistungsverstärkern neben der Kleinsignalbandbreite die Großsignaleigenschaften in Abhängigkeit von der Frequenz.

Kleinsignalbandbreite:
Die Kleinsignalbandbreite beschreibt die frequenzabhängige Kleinsignalverstär-
kung. Der Kleinsignalbereich liegt dort, wo die Aussteuerung des Ausgangssignals
vernachlässigbare Änderungen der Verstärkereigenschaften zur Folge hat. Es darf
zu keiner Verschiebung des Arbeitspunktes kommen. Die Leistungsverstärker dieser
Arbeit erfüllen diese Bedingung bei einer Generatorleistung von $-20\,\mathrm{dBm}$ sehr gut.
Stellvertretend für die Kleinsignalbandbreite wird oft die S_{21}-Bandbreite gewählt.
Diese ist der Kleinsignalbandbreite in den meisten Fällen nahezu identisch.

Großsignalbandbreite:
Eine weitere wichtige Größe ist das Frequenzverhalten der Großsignalausgangsleis-
tung am 1 dB-Kompressionspunkt. Ebenfalls dazu zählt der *Backoff*-Bereich von
beispielsweise -3 und $-6\,\mathrm{dB}$ ausgehend vom 1 dB-Kompressionspunkt.
    Der Aufwand für Simulation und Messung (Kapitel 4) gestaltet sich unterschied-
lich. Im Fall der Kleinsignalbandbreite wird der Arbeitspunkt vorgegeben bzw.
eingestellt und anschließend ein Frequenzdurchlauf mit einer sehr niedrigen Eingangsleistung durchgeführt (Abschnitt 4.3). Die S21-Bandbreite resultiert direkt
aus der *S*-Parameter-Messung. Beiden Methoden für Simulationen/Messungen der
Kleinsignalbandbreite ist gemein, dass eine hohe Frequenzauflösung erzielt werden
kann.
    Die Ermittlung der Großsignalbandbreiten hingegen ist hinsichtlich Aufbau
und Zeitbedarf deutlich komplexer. Hierbei muss zunächst eine Leistungsmessung
(Abschnitt 4.4) bei jeder gewünschten Frequenz durchgeführt und daraus resultierend die Kennwerte für den 1 dB-Kompressionspunkt und ggf. die *Backoff*-Werte
im Frequenzbereich abgetragen werden. Die dabei ebenso ermittelbare Verstärkung
bei sehr niedrigen Generatorleistungen kann ebenfalls über die Frequenz visualisiert werden. Durch den hohen zeitlichen Aufwand ist die Frequenzauflösung in
der Regel deutlich niedriger, sodass ggf. das Maximum abgeschätzt werden muss.
Alternativ kann auch die Dichte der Messungen um das Maximum herum erhöht
werden, um so iterativ an das Maximum zu gelangen. Die Grenzfrequenzen lassen
sich durch eine Approximation zwischen den Messwerten ermitteln.

2.1.4 Linearität

Die Linearität beschreibt das proportionale Verhalten einer Ausgangsgröße zu
einer Eingangsgröße. Es lässt sich dabei eine lineare Funktion abbilden. In der
HF-Technik lässt sich folgende Taylor-Reihe für periodische Ausgangssignale
aufstellen:

$$u_{AUS} = a_0 + a_1 \cdot u_{EIN} + a_2 \cdot u_{EIN}^2 + a_3 \cdot u_{EIN}^3 + ... + a_n \cdot u_{EIN}^n \qquad (2.5)$$

mit

$$u_{EIN} = \hat{u}_{EIN} \cdot \cos(\omega t) \qquad (2.6)$$

Als linear wird ein Leistungsverstärker bezeichnet, dessen Koeffizienten der Übertragungsfunktion a_i für $i > 1$ zu Null werden. Wird Gleichung 2.6 in Gleichung 2.5 eingesetzt, kann durch Umformung und durch die Nutzung von Additionstheoremen eine Formel mit einer übersichtlichen Darstellung der Frequenzanteile aufgestellt werden:

$$u_{AUS} = b_0 + b_1 \cdot \cos(\omega t) + b_2 \cdot \cos(2\omega t) + b_3 \cdot \cos(3\omega t) + ... + b_n \cdot \cos(n\omega t) \qquad (2.7)$$

Die Herleitungen dazu bis zum dritten Grad finden sich in [Ell08], [TSG12] und weitere.

Für eine Bewertung der Linearität wurden beispielhaft die Größen 1 dB-Kompressionspunkt und der *Intercept Point* eingeführt.

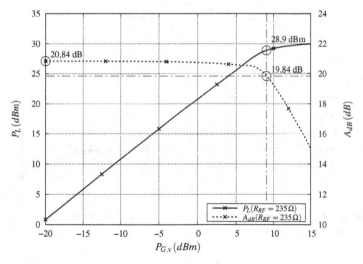

Abbildung 2.1 Darstellung des 1 dB-Kompressionspunkts anhand der Ausgangsleistung und der Verstärkung

1 dB-Kompressionspunkt:
Der 1 dB-Kompressionspunkt stellt eine Vergleichskenngröße dar. In einem Bereich sehr kleiner Eingangsleistungen liefert ein linearer Leistungsverstärker eine konstante Verstärkung. Die Harmonischen liefern einen vernachlässigbaren Anteil. In diesem Bereich ist eine sehr gute Linearität vorhanden. Ab einem bestimmten Eingangsleistungspegel beginnt die Verstärkung abzusinken, d. h. sie wird komprimiert. Der Einfluss der Harmonischen nimmt zu. Der Punkt, an dem die Verstärkung um 1 dB gegenüber der Kleinsignalverstärkung absinkt, wird als 1 dB-Kompressionspunkt bezeichnet [Gol08]. Es ist dabei zu berücksichtigen, dass eine Kompression von 1 dB eine Reduzierung der Verstärkung um ca. 20 % bedeutet. Der Kompressionspunkt ließe sich aus den Gleichungen 2.5 und 2.6 mathematisch ermitteln. Darauf wird an dieser Stelle verzichtet. Abbildung 2.1 soll den Effekt jedoch graphisch verdeutlichen (Abbildung 2.2).

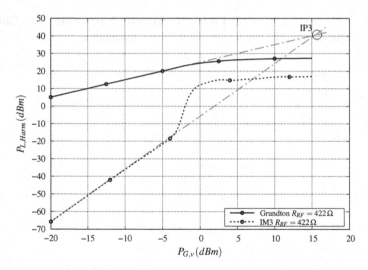

Abbildung 2.2 Darstellung des *Intercept Point*s durch Extrapolation der Harmonischen und der Intermodulationsprodukte

Intercept Point:
Bei dem *Intercept Point* handelt es sich um einen Schnittpunkt als Resultat der Untersuchung mit Zweitoneinspeisung. Dabei werden gleichzeitig zwei nah beieinander liegende Frequenzen mit gleicher Amplitude in den Leistungsverstärker induziert:

$$u_{EIN} = \hat{u}_{EIN} \cdot (\cos(\omega_1 t) + \cos(\omega_2 t)) \qquad (2.8)$$

Gemäß der Systemtheorie werden an nichtlinearen Verstärkern nicht nur die beiden Frequenzen verstärkt, es bilden sich sogenannte Intermodulationsprodukte aus. Wird Gleichung 2.8 in Gleichung 2.5 eingesetzt, zeigt sich, dass sich eine Reihe von zusätzlichen Frequenzen ergibt. In [Ell08] und [TSG12] wird die Formel zur systemtheoretischen Berechnung der Intermodulationsprodukte hergeleitet. In beiden Quellen wird ebenfalls eine Gegenüberstellung zwischen der Ordnung der Intermodulationsprodukte und deren Frequenzanteilen aufgezeigt. Ausgehend davon wurde die Übersicht in Tabelle 2.1 zusammengestellt.

Tabelle 2.1 Die Ordnung der Intermodulationsprodukte und deren Frequenzanteile

Ordnung n	Frequenzanteile
0	0
1	ω_1, ω_2
2	$2\omega_1, \omega_2 \pm \omega_1, 2\omega_2$
3	$3\omega_1, 2\omega_1 \pm \omega_2, 2\omega_2 \pm \omega_1, 3\omega_2$
4	$4\omega_1, 3\omega_1 \pm \omega_2, 2\omega_2 \pm 2\omega_1, 3\omega_2 \pm \omega_1, 4\omega_2$
5	$5\omega_1, 4\omega_1 \pm \omega_2, 3\omega_2 \pm 2\omega_1, 3\omega_2 \pm 2\omega_1, 4\omega_2 \pm \omega_1, 5\omega_2$
...	...
n	$\lvert (n-m) \cdot \omega_1 \pm m \cdot \omega_2) \rvert, \quad m = 0 ... n, \ m \in \mathbb{N}$

Eine zusammengefasste Gleichung für die Intermodulation lässt sich wie folgt aufstellen:

$$u_{AUS} = \sum_{n=0}^{\infty} \left(c_n \cdot \sum_{m=0}^{n} \cos((n-m) \cdot \omega_1 \pm m \cdot \omega_2)) \right) \qquad (2.9)$$

Darin enthalten sind alle positiven Frequenzanteile. Durch die Symmetrie der Kosinusfunktion werden negative Frequenzanteile wie positive behandelt. Es ist erkennbar, dass Frequenzen gleicher Ordnung bei identischen Amplituden von ω_1 und ω_2 ebenfalls gleich groß sind.

Besonders interessant in der Praxis sind die Intermodulationsprodukte 3. und 5. Ordnung oder kurz IM3 bzw. IM5. Konkret handelt es sich um die Frequenzanteile $2\omega_1 - \omega_2$ und $2\omega_2 - \omega_1$ bzw. $3\omega_2 - 2\omega_1$ und $3\omega_2 - 2\omega_1$. Diese liegen im Frequenzspektrum sehr nahe bei den Grundfrequenzen und lassen sich mit einem Filter nur sehr schwer oder gar nicht eliminieren. Eine Filterung würde sehr schmalbandige Filter voraussetzen. Diese würden auch den Verstärker selbst sehr schmalbandig machen. Im Kleinsignalbereich gehen die Intermodulationsprodukte noch im Rauschen unter, im Großsignalbereich können diese jedoch für erhebliche Störungen und Signalabweichungen sorgen. [Ell08] und [TSG12] führen einen Beweis, um die Anstiege der Intermodulationsprodukte unter einer Reihe von Annahmen nachzuweisen. Demnach ergibt sich in doppelt logarithmischer Darstellung für die Intermodulationsprodukte 3. Ordnung ein Anstieg von 3 dB und für die 5. Ordnung von 5 dB pro dB Eingangsleistung der Grundfrequenzen. Die beiden Grundfrequenzen ω_1 und ω_2 selbst wachsen mit 1 dB pro dB Eingangsleistung. Durch die unterschiedlichen Anstiege ergibt sich bei einer Extrapolation der Geraden des Leistungsverlaufs der Intermodulationsprodukte gleicher Ordnung und der Grundfrequenz über die Kompression hinaus ein Schnittpunkt. Dieser wird *Intercept Point* oder kurz IP der jeweiligen Ordnung genannt. In Empfängern wird der IP über die Eingangsleistung definiert und als IIP bezeichnet. In Leistungsverstärkern spielt der ausgangsbezogene IP (OIP) eine entscheidende Rolle. Der OIP steht immer im Zusammenhang mit dem 1 dB-Kompressionspunkt. Laut [Ell08] ist ein üblicher Wert für den Abstand zwischen 1 dB-Kompressionspunkt und dem OIP3 9,6 dB. Unter den bereits oben erwähnten Annahmen wird dieser Wert dort auch qualitativ nachgewiesen. Größere Werte sprechen für eine bessere, niedrigere Werte für eine schlechtere Linearität.

Neben dem durch Extrapolation gefundenen *Intercept Point* spielen auch die Abstände der Grundfrequenzen zu den Intermodulationsprodukten eine wichtige Rolle. Ausgehend von dem beispielsweise 3 dB-Anstieg der IM3 und den 9,6 dB-Abstand zwischen 1 dB-Kompressionspunkt und dem *Intercept Point* kann die Differenz zwischen Grundfrequenz und IM3 mit Hilfe der Strahlensätze hergeleitet werden. Dazu ist es zweckmäßig den *Intercept Point* als Bezugspunkt zu wählen.

2.1.5 Erweiterung der Linearität auf Verstärker mit geschlossener Schleife

Aus den vielfachen Messungen dieser Arbeit ließ sich feststellen, dass nicht nur der 1 dB-Kompressionspunkt entscheidend für die Linearität ist, sondern auch der Anstieg der Harmonischen höherer Ordnung. Leistungsverstärker deren Kompressionsverlauf allmählich ablief, zeigen zwar für die Grundfrequenz eine schlechtere Linearität über den Generatorleistungsbereich bis zum 1 dB-Kompressionspunkt, lassen jedoch wenig Aussagen zum Verlauf der Harmonischen höherer Ordnung zu. Umgekehrt lässt sich die Aussage auch so formulieren, dass eine hohe Linearität der Grundfrequenz dennoch bedeuten kann, dass die Harmonischen höherer

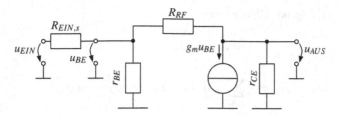

Abbildung 2.3 Einfache Spannungsgegenkopplung an Leistungsverstärkern in Emitterschaltung

Ordnung frühzeitig zu ernst zu nehmenden Störern werden können. Im folgenden Abschnitt wird das Verhalten der Ausgangsleistung des Leistungsverstärkers mit einer Gegenkopplung in einer Taylor-Reihenentwicklung untersucht. Dazu wird der Einfluss der Harmonischen über die Taylor-Reihe bei geschlossener Schleife hergeleitet. Grundlage dieser Betrachtung ist die Taylor-Reihe aus Gleichung 2.5. Durch den invertierenden Charakter der Emitterschaltung ergibt sich jedoch eine negative Summe der Terme (Abbildung 2.3):

$$u_{AUS} = -\sum_{i=0}^{n} e_i \cdot u_{BE}{}^{i} \qquad (2.10)$$

Aus den Maschen- und Knotensätzen lässt sich der Zusammenhang für u_{BE} herleiten:

$$u_{BE} = \frac{-\frac{u_{AUS}}{R_{RF}} + \frac{u_{EIN}}{R_{EIN,s}}}{\frac{1}{r_{BE}} + \frac{1}{R_{EIN,s}} + \frac{1}{R_{RF}}} \qquad (2.11)$$

Mit

$$\frac{1}{R_P} = \frac{1}{r_{BE}} + \frac{1}{R_{EIN,s}} + \frac{1}{R_{RF}}$$

$$d_{EIN} = \frac{R_P}{R_{EIN,s}} \qquad (2.12)$$

$$d_{AUS} = \frac{R_P}{R_{RF}}$$

ergeben sich folgende Gleichungen:

$$u_{BE} = d_{EIN} \cdot u_{EIN} - d_{AUS} \cdot u_{AUS} \qquad (2.13)$$

$$u_{AUS} = - \sum_{i=0}^{n} e_i \cdot (d_{EIN} \cdot u_{EIN} - d_{AUS} \cdot u_{AUS})^i \qquad (2.14)$$

Zur Veranschaulichung der Systematik wird an dieser Stelle die Anzahl der Harmonischen auf Drei festgelegt, sodass Gleichung 2.14 ausgeschrieben wird zu:

$$
\begin{aligned}
-u_{AUS} &= \sum_{i=0}^{3} e_i \cdot (d_{EIN} u_{EIN} - d_{AUS} u_{AUS})^i \\
&= e_0 + e_1 d_{EIN} u_{EIN} + e_2 d_{EIN}^2 u_{EIN}^2 + e_3 d_{EIN}^3 u_{EIN}^3 \\
&\quad - (e_1 + 2 \cdot e_2 d_{EIN} u_{EIN} + 3 \cdot e_3 d_{EIN}^2 u_{EIN}^2) \cdot d_{AUS} u_{AUS} \\
&\quad + (e_2 + 3 \cdot e_3 d_{EIN} u_{EIN}) \cdot d_{AUS}^2 u_{AUS}^2 \\
&\quad - e_3 \cdot d_{AUS}^3 u_{AUS}^3
\end{aligned}
\qquad (2.15)
$$

Übersichtlicher lässt sich diese Gleichung als Matrizenschreibweise darstellen:

$$
-u_{AUS} = \begin{pmatrix} 1 \\ d_{AUS} u_{AUS} \\ d_{AUS}^2 u_{AUS}^2 \\ d_{AUS}^3 u_{AUS}^3 \end{pmatrix}^T \cdot \begin{pmatrix} e_0 & e_1 & e_2 & e_3 \\ -e_1 & -2e_2 & -3e_3 & 0 \\ e_2 & 3e_3 & 0 & 0 \\ -e_3 & 0 & 0 & 0 \end{pmatrix} \cdot \begin{pmatrix} 1 \\ d_{EIN} u_{EIN} \\ d_{EIN}^2 u_{EIN}^2 \\ d_{EIN}^3 u_{EIN}^3 \end{pmatrix} \qquad (2.16)
$$

Nach dem Einsetzen von Gleichung 2.6 entsteht:

$$
-u_{AUS} = \begin{pmatrix} 1 \\ d_{AUS} u_{AUS} \\ d_{AUS}^2 u_{AUS}^2 \\ d_{AUS}^3 u_{AUS}^3 \end{pmatrix}^T \cdot \mathbf{E'} \cdot \begin{pmatrix} 1 \\ cos(\omega t) \\ cos(2\omega t) \\ cos(3\omega t) \end{pmatrix} \qquad (2.17)
$$

mit

$$
\mathbf{E'} = \begin{pmatrix} e_0 + \frac{1}{2}e_2 d_{EIN}^2 \ \hat{u}_{EIN}^{\ 2} & e_1 d_{EIN} \ \hat{u}_{EIN} + \frac{1}{4}e_3 d_{EIN}^3 \ \hat{u}_{EIN}^{\ 3} & \frac{1}{2}e_2 d_{EIN}^2 \ \hat{u}_{EIN}^{\ 2} & \frac{3}{4}e_3 d_{EIN}^3 \ \hat{u}_{EIN}^{\ 3} \\ e_1 - \frac{3}{2}e_3 d_{EIN}^2 \ \hat{u}_{EIN}^{\ 2} & -2e_2 d_{EIN} \ \hat{u}_{EIN} & -3e_3 d_{EIN}^2 \ \hat{u}_{EIN}^{\ 2} & 0 \\ e_2 & 3e_3 d_{EIN} \ \hat{u}_{EIN} & 0 & 0 \\ -e_3 & 0 & 0 & 0 \end{pmatrix}
$$

$$(2.18)$$

Folgende qualitative Erkenntnisse lassen sich aus dieser Darstellung schnell ableiten:

1. Die erste Zeile von $\mathbf{E'}$ in Gleichung 2.18 entspricht den Koeffizienten eines nicht-gegengekoppelten Verstärkers. Dann wird d_{AUS} zu Null. Beläuft sich zudem der Serieneingangswiderstand $R_{EIN,s}$ gegen Null, dann wird d_{EIN} Eins. Es ergibt sich dieselbe Gleichung wie aus [Ell08].

2. Durch die Rückführung des Eingangssignals entsteht am Eingang des Verstärkers eine Mehrfrequenzanregung, was zu Intermodulationserscheinungen führt. Wenn das originale Eingangssignal nur eine Frequenz enthält, entstehen Intermodulationsprodukte in Form von Harmonischen. Die Intermodulationsprodukte werden wiederum zurückgeführt und bilden neue Intermodulationen. Es kommt zu einer unendlichen Anzahl von harmonischen Intermodulationen.

3. Ungerade Zeilen der Matrix $\mathbf{E'}$ (Gleichung 2.18) liefern einen positiven Beitrag zum Ausgangsergebnis. Gerade Zeilen gehen negativ ein. Da e_0 bis e_3 abhängig vom Verstärker mit offener Schleife sind, kann die Höhe des Beitrags nur über $R_{EIN,s}$ und R_{RF} beeinflusst werden.

Zur konkreten Berechnung von u_{AUS} muss die Gleichung 2.14 entsprechend umgestellt werden:

$$
\begin{aligned}
0 = \ & e_0 + e_1 d_{EIN} u_{EIN} + e_2 d_{EIN}^2 u_{EIN}^2 + e_3 d_{EIN}^3 u_{EIN}^3 \\
& - \left(e_1 - \frac{1}{d_{AUS}} + 2 \cdot e_2 d_{EIN} u_{EIN} + 3 \cdot e_3 d_{EIN}^2 u_{EIN}^2 \right) \cdot d_{AUS} u_{AUS} \\
& + (e_2 + 3 \cdot e_3 d_{EIN} u_{EIN}) \cdot d_{AUS}^2 u_{AUS}^2 \\
& - e_3 \cdot d_{AUS}^3 u_{AUS}^3
\end{aligned}
$$

$$(2.19)$$

Unter der Hinzunahme des Computeralgebrasystems *Maxima*® wurde die Gleichung auf u_{AUS} umgestellt. Als Ergebnis des Polynoms dritten Grades werden drei Ergebnisse geliefert. Da die Taylor-Reihe im Zeitbereich liegt, können die beiden komplexen Ergebnisse ignoriert werden. Es bleibt:

$$u_{AUS} = \frac{R_{RF}}{R_{EIN,s}} \cdot u_{EIN} + \frac{e_2}{3 \cdot d_{AUS} \cdot e_3} + \frac{u_{EIN,A}}{d_{AUS}} + \frac{1}{u_{EIN,A}} \cdot \frac{e_2{}^2 - 3 \cdot e_3 \cdot \left(e_1 - \frac{1}{d_{AUS}}\right)}{9 \cdot d_{AUS} \cdot e_3{}^2}$$

$$(2.20)$$

$$u_{EIN,A} = \sqrt[3]{h_1 \cdot u_{EIN} + h_0 + \sqrt{k_2 \cdot u_{EIN}{}^2 + k_1 \cdot \hat{u}_{EIN} + k_0}} \tag{2.21}$$

$$h_1 = \frac{R_{RF}}{R_{EIN,s}} \cdot \frac{1}{2 \cdot e_3} \tag{2.22}$$

$$h_0 = \frac{e_0}{2 \cdot e_3} + \frac{e_2{}^3}{27 \cdot e_3{}^3} - \frac{e_2}{6 \cdot e_3{}^2} \cdot \left(e_1 - \frac{1}{d_{AUS}}\right) \tag{2.23}$$

$$k_2 = h_1{}^2 \tag{2.24}$$

$$k_1 = 2 \cdot h_0 \cdot h_1 \tag{2.25}$$

$$k_0 = \frac{e_0{}^2}{4 \cdot e_3{}^2} + \frac{e_0 \cdot e_2{}^3}{27 \cdot e_3{}^4} - \frac{e_0 \cdot e_2}{6 \cdot e_3{}^3} \cdot \left(e_1 - \frac{1}{d_{AUS}}\right) + \frac{1}{27 \cdot e_3{}^3} \cdot \left(e_1 - \frac{1}{d_{AUS}}\right)^3$$

$$(2.26)$$

$$- \frac{e_2{}^2}{108 \cdot e_3{}^4} \cdot \left(e_1 - \frac{1}{d_{AUS}}\right)^2$$

$$= \frac{e_0}{e_3} \cdot h_0 - \frac{e_0{}^2}{4 \cdot e_3{}^2} + \frac{1}{27 \cdot e_3{}^3} \cdot \left(e_1 - \frac{1}{d_{AUS}}\right)^3 - \frac{e_2{}^2}{108 \cdot e_3{}^4} \cdot \left(e_1 - \frac{1}{d_{AUS}}\right)^2$$

Etwas ausführlicher findet sich die Herleitung im Nachtrag (A) des elektronischen Zusatzmaterials. Zunächst fällt an Gleichung 2.20 der lineare Anteil $\frac{R_{RF}}{R_{EIN,s}} \cdot u_{EIN}$ auf. Durch Einsetzen von $\hat{u}_{EIN} \cdot \cos(\omega t)$ und unter Berücksichtigung von Gleichung 2.12 bleibt die durch das Widerstandsverhältnis R_{RF} zu $R_{EIN,s}$ unverzerrt verstärkte Grundfrequenz. Die erste Oberwelle verschwindet unter der doppelten Wurzel in $u_{EIN,A}$ wie Gleichung 2.21 zeigt. Doch auch in dieser Gleichung findet sich ein linearer Anteil wieder. Erst durch den letzten Term in Gleichung 2.20, d. h. durch den Einfluss von $\frac{1}{u_{EIN,A}}$, entstehen Oberwellen höherer Ordnung. Der Effekt wird dann deutlich, wenn $u_{EIN,A}$ kleiner wird als Eins. Dann nämlich steigt der Einfluss der Störfrequenzen deutlich an. Bei Erreichen von Null entstehen Spitzen mit einem Wert gegen unendlich um die Sprungstellen herum. Werte kleiner Null sind im Zeitbereich nicht definiert.

Die Bewertung der genannten Sprungstellen kann durch das Zusammenfügen der Gleichungen 2.21 bis 2.25 vereinfacht werden:

$$u_{EIN,A} = \sqrt[3]{h_1 \cdot u_{EIN} + h_0 + \sqrt{(h_1 \cdot u_{EIN} + h_0)^2 - h_0{}^2 + k_0}} \qquad (2.27)$$

$$0 \geq h_1 \cdot u_{EIN} + h_0 + \sqrt{(h_1 \cdot u_{EIN} + h_0)^2 - h_0{}^2 + k_0} \qquad (2.28)$$

Für den Fall $h_1 \cdot u_{EIN} + h_0 < 0$ muss die Bedingung $h_0{}^2 \leq k_0$ erfüllt sein, da sonst die Ungleichung 2.28 nicht eingehalten werden kann. Die Parameter h_0 und h_1 sowie k_0, k_1 und k_2 sind statischer Natur. Deren Werte sind innerhalb des Bereichs der Reihenentwicklung unveränderlich. u_{EIN} hingegen entspricht zumeist einem Sinussignal, dessen Funktionswert positiv oder negativ sein kann. Für den Sonderfall $h_0{}^2 = k_0$ gilt:

$$u_{EIN,A} = \sqrt[3]{h_1 \cdot u_{EIN} + h_0 + |h_1 \cdot u_{EIN} + h_0|} \qquad (2.29)$$

Dann wird $u_{EIN,A}$ für alle $h_1 \cdot u_{EIN} + h_0 < 0$ zu Null. Es handelt sich dann beim Term unter der dritten Wurzel um eine Einweggleichrichtung des Sinussignals. Streng genommen entspricht das ebenfalls dem Verhalten eines Klasse-B-Leistungsverstärkers (Abbildung 2.4). Das Ergebnis für $\frac{1}{u_{EIN,A}}$ liegt solange im Unendlichen. Für ein endliches Ergebnis ist es zweckmäßig, wenn $h_0{}^2 < k_0$ eingehalten werden kann.

2.1.6 Anpassung von Leistungsverstärkern

Genau wie alle Module eines HF-Systems müssen auch Leistungsverstärker dem Gesamtsystem angepasst werden. Auf der einen Seite soll das Gesamtsystem ungestört bleiben, auf der andere Seite stehen neben der Linearität maximale Leistung und Effizienz im Vordergrund. Eingangsseitig muss ein Leistungsverstärker daher immer auf die Systemimpedanz von $50\,\Omega$ eingestellt werden. Das bedeutet allgemein eine Anpassung im Kleinsignalbereich. Dazu wird der Verstärker gemäß den

ermittelten Werten für S_{11} auf die Systemimpedanz transformiert. Bei Leistungsverstärkern kann die große Anzahl von parallelen Transistoren dazu führen, dass
ein negativer Realteil kompensiert werden muss. Hier kann ein Serienwiderstand
zwischen Transistorbasis und Kompensation Abhilfe schaffen. Andernfalls werden
sehr große Spulen bzw. Kapazitäten im Kompensationsnetzwerk notwendig. Dies
benötigt *Chip*-Fläche und reduziert die Bandbreite.

Ausgangsseitig sind vor allem Blindleistungskompensation und maximale Aussteuerung zur Erreichung einer bestmöglichen Effizienz entscheidend. Eine Transformation nach S_{22} bringt hier nur zufällig das Optimum. Die Blindleistung wird
hier durchaus kompensiert, jedoch nicht unbedingt die maximale Aussteuerung
erreicht. Diese wird nur durch die arbeitspunktabhängige optimale Last realisiert.
Darauf wird ausführlich in Kapitel 3 eingegangen.

2.2   Unterteilung der Leistungsverstärker

Zur Einordnung der erforschten Leistungsverstärker werden hier die wichtigsten
Ausführungen vorgestellt und kurz erläutert. Grundsätzlich lässt sich eine Einteilung in lineare und nichtlineare Leistungsverstärker vornehmen. Eine Technik, die
sowohl bei linearen als auch bei nichtlinearen Verstärkern Anwendung findet, ist
die Transistorstapelung (Abschnitt 2.2.3). In dieser Arbeit wird sie vorwiegend in
Bezug auf lineare Leistungsverstärker näher betrachtet.

2.2.1   Lineare Leistungsverstärker

Lineare Leistungsverstärker zeichnen sich, wie vom Begriff bereits abzuleiten, durch
ihre Linearität (siehe Abschnitt 2.1.4) aus. Das verstärkte Ausgangssignal ist das
lineare Abbild eines Eingangssignals. Hierzu gibt es unterschiedliche Ansätze, die
prinzipiell die gleiche Grundschaltung besitzen. Sie unterscheiden sich allein im
eingestellten Arbeitspunkt. Je nach Lage des Arbeitspunktes wird zwischen den
Klassen A, B, AB und C unterschieden. Dazu zeigt Abbildung 2.4b wie die Basis-
Emitter-Spannung gewählt sein muss, damit die verschiedenen Arbeitspunkte vorgegeben werden.

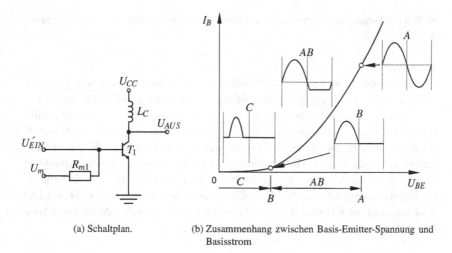

(a) Schaltplan.   (b) Zusammenhang zwischen Basis-Emitter-Spannung und
                                    Basisstrom

Abbildung 2.4 Einteilung der Klassen linearer Verstärker

Klasse A

Klasse-A-Leistungsverstärker besitzen eine hohe Linearität, insbesondere bei kleinen Aussteuerungen. Durch den gewählten Arbeitspunkt liefern sie bis zur Vollaussteuerung ein symmetrisches Ausgangssignal, d. h. sowohl die positive als auch die negative Halbwelle des Sinussignals werden identisch verstärkt. Prinzipbedingt sind bei diesem Typen jedoch keine Wirkungsgrade von über 50 % bei induktiver Speisung über L_C erreichbar.

Klasse B

Einen guten maximalen Wirkungsgrad von theoretisch 78,5 % bei Verwendung von L_C bieten Klasse-B-Leistungsverstärker. Ihr Arbeitspunkt wird so gewählt, dass am Ausgang gerade noch kein Strom fließt (Abbildung 2.4b). Der Ruhestrom ist demnach nahezu Null. Positive Eingangssignale können verstärkt werden, negative Eingangssignale werden ignoriert. Das führt bei Sinussignalen zu einer Verstärkung der positiven Halbwelle. Durch eine Gegentaktansteuerung mittels zweier Klasse-B-Verstärker können positive und negative Halbwelle getrennt voneinander verstärkt und anschließend miteinander kombiniert werden. Theoretisch wird so das verstärkte Sinussignal ausgegeben. In der Praxis kommt es jedoch zu stärkeren Verzerrungen im Nulldurchgang, da die Kennlinie aus Abbildung 2.4b nicht übergangsfrei ist. Bei der Gegentaktansteuerung wird dabei von Übernahmeverzerrungen gesprochen.

Klasse AB

Der Arbeitspunkt von Klasse-AB-Verstärkern liegt zwischen denen von Klasse A und Klasse B (Abbildung 2.4b). Das führt dazu, dass die negative Halbwelle des Eingangssignal ab einer bestimmten Aussteuerung nur teilweise verstärkt wird. Während nun also bei Klasse A beide Halbwellen vollständig und bei Klasse B nur die positive Halbwelle verstärkt wird, werden alle Verstärker, die dazwischen verstärken, in die Klasse AB eingeordnet. In der Regel wird der Arbeitspunkt so gewählt, dass er sich bereits im weitgehend linearen Bereich befindet. In Gegentaktverstärkern werden auf diese Weise die Übernahmeverzerrungen stark reduziert. Der Wirkungsgrad von Klasse-AB-Verstärkern liegt ebenso zwischen denen von Klasse A und B.

Klasse C

Steht ein hoher Wirkungsgrad, theoretisch bis zu 100 %, im Vordergrund, können Klasse-C-Verstärker genutzt werden. Der Arbeitspunkt liegt unter dem des Klasse-B-Verstärkers. Es fließt kein Ruhestrom. Denkbar ist auch eine negative Basis-Emitter-Spannung. Verstärker der Klasse C können bei zu niedrigen Amplituden des Eingangssignals kein Ausgangssignal liefern. Sie werden dennoch zu den linearen Verstärkern gezählt, weil für Signale, die verstärkt werden, ein linearer Zusammenhang zum Eingangssignal hergestellt werden kann.

2.2.2 Nichtlineare Leistungsverstärker

Nichtlineare Verstärker bieten hohe Effizienzwerte. Allerdings sind diese allein für eine lineare Verstärkung ungeeignet. Neben der im Folgenden beispielhaft vorgestellten Klasse E existieren noch eine Reihe weiterer Klassen.

Klasse E

In Leistungsverstärkern der Klasse E ([SS75][Raa77][KEN10]) wird nur ein Leistungsschaltelement verwendet. Im integrierten Schaltungsentwurf kann dadurch auf eine günstigere Technologie zurückgegriffen werden. Die Grundidee liegt darin den Schalttransistor in Resonanz mit einem Schwingkreis zu betreiben. Geschaltet wird dabei in den Nulldurchgängen. So fließen nahezu keine Umschaltströme. Der Wirkungsgrad erreicht auch hier einen rechnerischen Wert von bis zu 100 %. Das Ausgangssignal wird vor der Last mit einem schmalbandigen Bandpass sehr

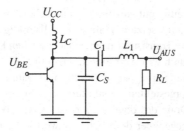

Abbildung 2.5 Klasse-E

genau auf die Grundfrequenz eingestellt. Dadurch und mittels eines Resonanzkreises ist diese Verstärkerklasse nahezu unproblematisch hinsichtlich Störausstrahlung, jedoch auch sehr schmalbandig, was ihren Einsatzzweck begrenzt (Abbildung 2.5 und 2.6).

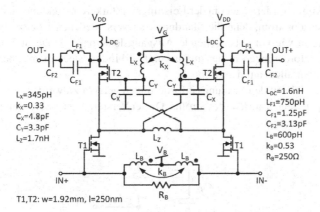

Abbildung 2.6 Neuartiger   transistorgestapelter,   differentieller   Klasse-E-Leistungsverstärker von M. Kreißig [KKP+16]

In einer studentischen Arbeit von Martin Kreißig [KKP+16] [Kre12] wurde ein differentieller, gestapelter Klasse-E-Leistungsverstärker entworfen. Mit Hilfe der Stapelung konnten so die Versorgungsspannung angehoben und die notwendigen Ströme gesenkt werden. Auch hinsichtlich der Ausgangsanpassung bieten gestapelte Verstärker bei den heute üblichen Durchbruchspannungen der Halbleitertechnologien große Vorteile. Darüber wird ausführlicher in Abschnitt 2.2.3 berichtet.

Mittels eines von Kreißig entwickelten analytischen Verfahrens wird ein Eingangsnetzwerk für den aufgesetzten Transistor vollständig dimensioniert. Dieses stellt sicher, dass der obere Transistor im nahezu identischen Klasse-E-Betrieb arbeitet, wie der untere. Dadurch wird verhindert, dass einer der Transistoren über dem Wert für die technologisch vorgegebene Durchbruchspannung betrieben wird. Die Ausgangsleistung des vorgestellten Verstärkers erreicht einen Wert von 21,7 dBm, der Wirkungsgrad am Drain des oberen Transistors liegt bei ca. 41,5 %. Es zeigt sich, dass dieser Wert gegenüber dem Effizienzwert bei einem Aufbau ohne das neuartige reaktive Eingangsnetzwerk um etwa 8 % gesteigert werden konnte.

2.2.3 Transistorstapelung

Transistorstapelung ist genau genommen keine Art von Leistungsverstärker, sondern eher ein Verfahren, um den heute üblichen niedrigen Durchbruchspannungen zu begegnen. Die für hohe Frequenzen ausgelegten Technologien mit ihren immer feineren Strukturen fordern daher in der Leistungsverstärkerentwicklung einen immer höheren Betriebsstrom, denn die Standards der verschiedenen Übertragungsarten erfordern nach wie vor entsprechende Ausgangsleistungen. Hohe Ströme stellen besondere Anforderungen an die Aufbau- und Verbindungstechniken außerhalb des *Chips*, aber vor allem auf dem *Chip*.

Eine Möglichkeit den Leistungsanforderungen gerecht zu werden, ist die Erhöhung der Spannungen anstelle des Stroms. Dieser Verstärker ist eine Erweiterung des

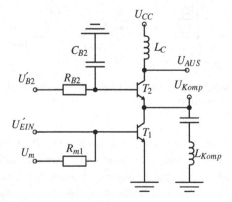

Abbildung 2.7 Transistorgestapelter Leistungsverstärker

herkömmlichen Transistorverstärkers in Emitterschaltung für bipolare Transistoren bzw. in Source-Schaltung für MOSFETs. Verstärker mit Transistorstapelung besitzen einen oder mehrere zusätzlich aufgesetzte Transistoren (Abbildung 2.7). Theoretisch ließe sich die Versorgungsspannung mit der Anzahl der aufeinandergesetzten Transistoren multiplizieren. Bei einer Verdopplung der Versorgungsspannung beispielsweise kann bei gleicher Ausgangsleistung die Stromstärke so halbiert werden. Dies führt zu geringeren Verlustleistungen durch die Serienwiderstände in Leitungen und den nichtidealen passiven Bauelementen. Systemtheoretisch kommt zudem die verbesserte Möglichkeit hinzu, bei höheren Ausgangsleistungen die optimale Lastimpedanz durch verlustärmere Transformationsnetzwerke auf die Systemimpedanz abzustimmen. Nachteilig ist das aufwendigere *Design*, da die Ansteuerung der aufgesetzten Transistoren sehr genau erfolgen muss, um eine gleichmäßige Aussteuerung aller Transistoren zu gewährleisten. Durch Abweichungen bei der Ansteuerung können Transistoren zu hohe Kollektor-Emitter-Spannungen erfahren. Dies führt zu einer Reduzierung ihrer Lebensdauer. Ein Ungleichgewicht wirkt sich stark negativ auf den Wirkungsgrad aus. Zusätzlich negativ an der Transistorstapelung ist, dass hohe Wirkungsgrade nur durch eine Blindleistungskompensation (L_{Komp}) an jedem Kollektorknoten der zur Ausgangsspannung beitragenden Transistoren erreicht werden können. Dies erhöht den Flächenbedarf, je nach Anzahl der aufgesetzten Transistoren, erheblich. Ein Aufsummieren der Spulentoleranzen kann schnell zu merklichen Effizienzeinbußen führen.

In Kapitel 5 wird ein Klasse-E-Leistungsverstärker von Kreißig [Kre12] [Kre13] angesprochen, der mit Hilfe eines reaktiven Netzwerks dafür sorgt, dass unterer wie oberer Transistor mit identischen Aussteuerungen zur Ausgangsspannung beitragen.

Einen weiteren Ansatz zur Dimensionierung einer Transistorstapelung in Klasse-A(B)-Leistungsverstärkern liefern Fritsche [Fri11] und Sobotta [Sob13]. Mittels eines analytischen Verfahrens optimieren sie die Ansteuerung und die Lasten in gegenseitiger Abhängigkeit, sodass eine maximale symmetrische Aussteuerung beider Transistoren ermöglicht wird. Dieser Ansatz, der im Abschnitt 3.3.3 genauer betrachtet wird, verhilft den Leistungsverstärkern zugleich eine maximale Effizienz zu erzielen. In Abschnitt 3.3.4 wird als Teil dieser Doktorarbeit auf diese beiden Arbeiten aufgebaut und eine vollautomatische Dimensionierung und Optimierung mit zusätzlicher Spannungsgegenkopplung vorgestellt.

2.3 Methoden zur Steigerung der Effizienz und Linearität von Leistungsverstärkern

Die Verbesserung der Effizienz und der Linearität von Leistungsverstärkern ergibt sich einerseits aus den Ansprüchen an die Linearität der verwendeten Übertragungsart bzw. des verwendeten Funkstandards, aber auch aus der Diskrepanz zwischen beiden Kennwerten. In herkömmlichen Verstärkertopologien, wie sie im Abschnitt 2.2 vorgestellt werden, können entweder gute Werte für die Linearität oder gute Werte für den Wirkungsgrad erzielt werden. Mittels einer Verschaltung und geeigneter Maßnahmen werden in der Literatur [RAC+02] eine Reihe von verbreiteten Lösungen vorgestellt. Grundsätzlich gibt es dabei zwei Vorgehensweisen:

- Erhöhung der Effizienz an linearen Leistungsverstärkern
- Erhöhung der Linearität an nichtlinearen Leistungsverstärkern

Beide Ansätze benötigen jedoch zusätzlichen Aufwand hinsichtlich Beschaltung und/oder Ansteuerung. Zu den effizienzsteigernden Maßnahmen zählen unter anderem:

- Arbeitspunktnachregelung [KJH+06] [JKK+09]
- Vorverzerrung [Sun94] [MGB+07]
- Doherty [Doh36]

Eine Verbesserung der Linearität wird z. B. erreicht in den Verstärkertopologien:

- LINC/Chireix [Chi35] [Cox74]
- Khan [Kah52]

Aus beiden Gruppen soll hier stellvertretend je ein Ansatz näher betrachtet werden, zum einen der Doherty-Verstärker und zum anderen der LINC-Verstärker.

2.3.1 Doherty

Der Grundgedanke des von Doherty [Doh36] entworfenen Verstärkerkonzepts ist ein Zusammenspiel zweier linearer Leistungsverstärker bei unterschiedlichen Eingangsleistungen. Dazu verwendet er, wie Abbildung 2.8a zeigt, als Hauptverstärker einen Klasse-AB-Leistungsverstärker. Bevor dessen Ausgang zu sättigen beginnt,

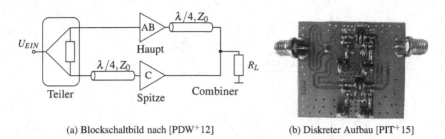

(a) Blockschaltbild nach [PDW+12]   (b) Diskreter Aufbau [PIT+15]

Abbildung 2.8 Doherty-Leistungsverstärker

unterstützt ein zweiter Leistungsverstärker, der sogenannte Spitzenverstärker. Dieser wird im Klasse-B- oder Klasse-C-Modus betrieben. Ein üblicher Punkt zum Einsetzen der Unterstützung ist 6 dB vor dem 1 dB-Kompressionspunkt des Gesamtverstärkers. Während bei hohen Eingangsleistungen der Hauptverstärker in Sättigung betrieben wird, liefert der Spitzenverstärker die für die Linearität notwendige zusätzliche Ausgangsleistung. Der Beitrag des Spitzenverstärkers zur Ausgangsleistung führt gleichzeitig zu einer Erhöhung der vom Hauptverstärker gesehenen Last. In der Sättigung kann der Hauptverstärker seinen Beitrag zur Ausgangsleistung nur durch Erhöhung des Stroms steigern. Der Beitrag der Lastimpedanz aus Sicht des Hauptverstärkers muss demnach sinken. Das wird durch eine Lasttransformation mittels einer $\lambda/4$-Streifenleitung zwischen Last und Hauptverstärker erreicht. Es entsteht für den Hauptverstärker eine virtuelle Last. Der Ausgang des Spitzenverstärkers soll nicht auf diese Weise transformiert werden. Er liegt direkt an der Last. Für eine phasenkorrekte Ansteuerung benötigt dieser eingangsseitig ebenfalls eine $\lambda/4$-Streifenleitung. Anstelle einer Streifenleitung kann auch ein geeignetes Netzwerk aus Spulen und Kondensatoren verwendet werden. Eine vollständige Integration ist nur so möglich. Nachteil der Lasttransformation ist eine verringerte Bandbreite. Die *PAE* jedoch liegt im Bereich der maximalen *PAE* des Hauptverstärkers. Diese Effizienz erreicht der Doherty-Verstärker über einen weiten Leistungsbereich (Abbildung 2.9).

Im Zuge einer studentischen Arbeit im Projekt „CoolBaseStations" [EP13] durch Drechsel und Ihle [PDW+12] [PIT+15] entstand ein diskreter Doherty-Aufbau (Abbildung 2.8b). Dazu wurden Haupt- und Spitzenverstärker identisch aufgebaut und nur durch den Arbeitspunkt in ihrer Klasse definiert. Neben den $\lambda/4$-Streifenleitungen wurden auch der Leistungsteiler und der Leistungs-*Combiner* in Streifentechnologie ausgeführt. Anfänglich wurde noch mit einem keramischen PCB-Substrat Rogers, später dann mit dem deutlich günstigeren Epoxid-Substrat

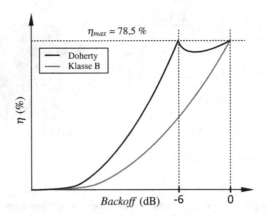

(a) Theoretischer Verlauf der Effizienz.

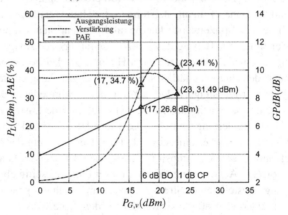

(b) Messung des Testmusters mit 110° Phasenverschiebung am Eingang des Spitzenverstärkers [PIT+15].

Abbildung 2.9 Theoretischer Verlauf der Effizienz und Messung des Doherty-Leistungsverstärkers

FR4 gearbeitet. Ausgehend von Untersuchungen zur Phasendifferenz zwischen den beiden Teilverstärkern [PIT+15] zeigte sich eine Phasenverschiebung von ca. 110° am Eingang des Spitzenverstärkers als am wirkungsvollsten. Zusätzlichen Einfluss dürften die Toleranzen des FR4-Substrats, die Fertigungsungenauigkeiten sowie die Toleranzen der verwendeten Widerstände, Kondensatoren, Spulen und Verbinder gehabt haben. Die anfängliche Modulbauweise (Hauptverstärker, Spitzenverstärker, Leistungsteiler, Leistungs-*Combiner*) half bei einer schnellen und reproduzierbaren Analyse dieses Problems. Das finale Ergebnis wurde dann zu einer einzigen Leiterplatte zusammengefasst (Abbildung 2.8b). Die Messergebnisse zeigen sehr gute Eigenschaften hinsichtlich Linearität und *PAE*. Die Verstärkung genügt einer Treiberstufe. Der Einfluss von Vorverstärkern auf die Gesamteffizienz ist gering.

2.3.2   LINC/Chireix

LINC steht für *Linear Amplification with Nonlinear Components* [Chi35]. Es werden nichtlineare Leistungsverstärker und zusätzliche Komponenten so miteinander verschaltet, dass das entstehende Ausgangssignal eine lineare Abbildung des Eingangssignals ist. Das analoge Eingangssignal wird dazu in [Ell08], [Chi35] und [Cox74] zunächst mit einer Phasendifferenz von 180° aufgeteilt. Im nächsten Schritt werden Phasenschieber eingesetzt. Neben einem gemeinsamen Phasenversatz für das Ausgangssignal wird die Phasendifferenz der beiden Signal zueinander modifiziert, ohne dabei die Amplituden der einzelnen Signalpfade zu beeinflussen. Beide Signale werden anschließend mittels identischer nichtlinearer Leistungsverstärker verstärkt und durch einen Leistungs-*Combiner* wieder zusammengesetzt. Nur durch die Phasendifferenz der Phasenschieber ergibt sich eine Amplitudenänderung des Ausgangssignals. Solange die an den Teilverstärkern anliegenden Eingangssignale eine Phasendifferenz von 180° aufweisen, ergibt sich eine Amplitude von Null. Bei einer Phasendifferenz von 0° wird die Maximalaussteuerung erreicht. Für eine hohe Linearität müssen jedoch beide Teilverstärker genau charakterisiert sein oder eine Rückkopplung wird benötigt. Eine weitere Herausforderung stellt der *Combiner* dar. Er muss linear sein, sollte eine möglichst gute Bandbreite besitzen und muss eine gute Isolation beider Verstärker zueinander erreichen [Ell08]. Angepasste *Combiner* sorgen für nahezu gleichbleibende Lasten an den Ausgängen der Verstärkerpfade. Solche Netzwerke weisen jedoch hohe Verluste über den gesamten Leistungsbereich auf. Nichtangepasste *Combiner*, wie der Chireix-*Combiner* [Chi35], liefern Lastimpedanzen abhängig von Phase und Ausgangsleistung, erreichen aber einen theoretischen Wirkungsgrad von 100 %. Allerdings produzieren die Leistungsverstärker auf Grund der nichtrealen Last große Blindleistungsanteile. Zusätzliche Blindschalt-

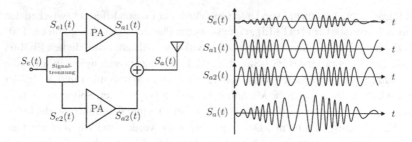

Abbildung 2.10 LINC-Konzept nach [Chi35] (Abbildung aus [Kre13])

elemente als parallele Last direkt am Ausgang der Verstärker sollen den gesehenen Imaginärteil der Lastimpedanz kompensieren. Dies gilt jedoch nur für eine einzige Kombination aus Phase und Leistung. Adaptive Blindschaltelemente können einen größeren Bereich abdecken, vergrößern aber auch den Schaltungs- und Ansteuerungsaufwand (Abbildung 2.10).

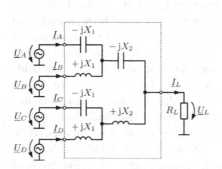
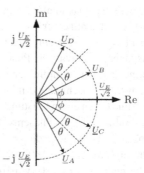
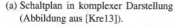

(a) Schaltplan in komplexer Darstellung   (b) Eingangsspannungen im Zeigerdiagramm
(Abbildung aus [Kre13]).   (Abbildung aus [Kre13]).

Abbildung 2.11 RCN-*Combiner* nach [Per11]

Einen vielversprechenden Ansatz bietet der von Perreault in [Per11] vorgestellte *Combiner*. Dieser arbeitet mit vier LINC-Pfaden, in denen in Abhängigkeit von der Phase und der Leistung an der Last vorgeschriebene Phasenwinkel mittels eines Phasensteuerungsplans zueinander eingestellt werden. Ziel dabei ist es eine reale Last an allen Verstärkerausgängen zu projizieren. Der *Combiner*, bestehend aus einem

Resistance Compression Network (RCN), kommt allein mit reaktiven Serienelementen aus (Abbildung 2.11a). Der theoretische Verlust bei idealen Bauelementen
ist auch hier Null. Dies gilt ebenso über einen weiten Einstellbereich für die Blindleistungsanteile.

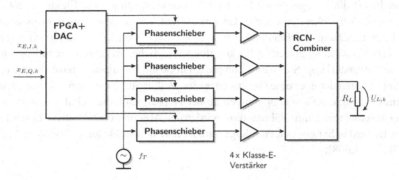

Abbildung 2.12 4-Wege-LINC-Konzept mit Hilfe von vier direkt angesteuerten Phasen-
schiebern ([Pro14])

In zwei aufeinander aufbauenden studentischen Arbeiten stellen Kreißig [Kre13]
und Protze [Pro14] ein grundlegendes Konzept eines LINC-Leistungsverstärkers für
2,6 GHz vor (Abbildung 2.12). Hierzu wurde von Kreißig ein differentieller Klasse-
E-Leistungsverstärker entworfen und eine Platinen-Variante eines RCN-*Combiners*
erstellt ([Kre13]). Aus messtechnischen Gründen wurden für den RCN-*Combiner*
die *S*-Parameter aufgenommen und mit denen aus der Simulation verglichen. Unge-
wöhnlich sind hierbei die bei dieser Messmethode fest eingestellten Abschlusswi-
derstände von 50 Ω. Grundsätzlich ist ein solcher Vergleich jedoch legitim. Da es
sich um rein passive Strukturen handelt, lässt ein Vergleich einen Rückschluss auf
ein identisches Verhalten zu. Eine Erweiterung des Konzepts, einhergehend mit
einer vollständigen Umsetzung der Ansteuerung, zeigt Protze in seiner Diplom-
arbeit [Pro14]. Diese umfasst die vollständige Phasenansteuerung direkt aus dem
Basisband heraus. Mit Hilfe eines 2,6 GHz-Lokaloszillators und vier, durch einen
FPGA einstellbare Phasenschieber, werden die Klasse-E-Leistungsverstärker so
angesteuert, dass ein QAM-Ausgangssignal erzeugt wird. In diesem Fall genügt
dem FPGA der Bitstrom für die Datenübertragung. Aufgrund fehlender Phasenschieber mit direkter digitaler Ansteuerung und ausreichend Auflösung werden in
der Umsetzung noch immer DACs benötigt. Mischer, IQ-Modulatoren und weitere
Baugruppen entfallen stattdessen.

2.3.3   Leistungsverstärker mit Gegenkopplung (allgemein)

Die vorgestellten linearen Verstärkerklassen liefern eine Übertragungsfunktion mit einer guten Linearität ohne das Ausgangssignal mit dem Eingangssignal zu vergleichen. In der HF-Technik ist es üblich diese Klassen mit einer offenen Schleife zu betreiben [Ell08]. Dagegen wird in der NF-Technik schon seit der Elektronenröhre als aktives Verstärkerelement eine Gegenkopplung zur Verbesserung der Linearität und zur Erhöhung der Bandbreite verwendet. Dies wird jedoch durch eine verringerte Verstärkung erkauft. Rückkopplungen jeglicher Art erzeugen zudem eine Schleifenverstärkung. Sie ist eine komplexe Größe mit Betrag und Phase, deren Verhältnis zueinander über eine Gegen- oder eine Mitkopplung entscheidet. Es ist also beim Umgang mit Gegenkopplungen immer zu prüfen, ob die Schaltung stabil ist oder anschwingen kann. Näheres dazu wird in den Abschnitten 2.4 und 2.5 beschrieben. Es wird in Serien- und Parallelgegenkopplung unterschieden (Abbildung 2.13) [TSG12] [Ell08].

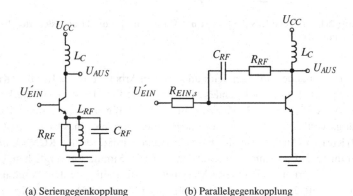

(a) Seriengegenkopplung   (b) Parallelgegenkopplung

Abbildung 2.13 Gegenkopplung an Transistorverstärker in Emitterschaltung

Die Seriengegenkopplung (Abbildung 2.13a) besitzt im Leistungspfad mindestens ein zusätzliches passives Element. Dabei kann es sich um einen Widerstand R_{RF} handeln, der jedoch im Leistungsverstärkerbereich auf Grund des hohen durch ihn fließenden Stroms große Verlustleistungen erzeugt. Eine weitere Möglichkeit ist die Verwendung einer Induktivität L_{RF} am Emitter, die in ein Verhältnis zur Induktivität L_C am Kollektor gesetzt wird. Der theoretische Vorteil hierbei ist das frequenzunabhängige Teilerverhältnis zwischen L_C und L_{RF}. Das hat einen positiven Effekt auf die Verstärkungsbandbreite. Die Spulen sollten sehr hohe Güten besitzen, damit die Verluste gering ausfallen, sollten gleichzeitig aber eine vertretbare *Chip*-Fläche einnehmen. Im integrierten Schaltungsentwurf liegen die Werte für die Spulengüte jedoch auf einem sehr niedrigen Niveau, sodass der Serienwiderstand zu nicht vernachlässigbaren Verlusten führt. Bei einem differentiellen Verstärkeraufbau erschwert die Auftrennung der differentiellen Leistungspfade von den Emittern bis an die Spulen ein niederohmiges *Design* gemäß Abschnitt 5.2.1 und 5.3.1. Schnell können dadurch erzeugte Verbindungswiderstände den Wirkungsgrad weiter negativ beeinflussen. Mittels einer zu L_{RF} zusätzlichen parallelen Kapazität C_{RF} lässt sich eine Bandsperre einstellen, die ggf. die Verstärkung einer bestimmten Frequenz ausschließt. Eine Verwendung von C_{RF} birgt aber auch immer die Gefahr einer Instabilität und aus dem Verstärker wird dann ein Oszillator.

Jedes Element am Emitter des Transistors hat einen Einfluss auf die eingangs- und ausgangsseitige Anpassung bzw. Lasttransformation. Eingangsseitig ist die Anpassung nicht nur frequenzabhängig, sondern auch abhängig von der Transkonduktanz des Bipolartransistors. Bei einem Feldeffekttransistor, dessen Eingang nahezu rein kapazitiver Natur ist, transformiert eine Emitterspule diesen in einen transkonduktanzunabhängigen Imaginärteil. Nur der Realanteil ist dann noch abhängig von der Transkonduktanz des Feldeffekttransistors ([Ell08]). Eine breitbandige Eingangstransformation auf die $50\,\Omega$ Systemimpedanz wird dadurch vereinfacht. Der resistiv-kapazitive Eingang des Bipolartransistors wird durch eine Emitterspule jedoch sowohl im Realteil, als auch im Imaginärteil abhängig von der Transkonduktanz. Eine Herleitung der Gleichung für die Eingangsimpedanz findet sich im Nachtrag (B) des elektronischen Zusatzmaterials. Je nach der Höhe der Induktivität der Emitterspule L_{RF}, der Basis-Emitter-Kapazität C_{BE}, des Basis-Emitter-Widerstands R_{BE} und der Transkonduktanz $\underline{G_m}$ sowie in Abhängigkeit von der Frequenz kann der Eingang des Leistungsverstärkers einen induktiven oder kapazitiven Anteil besitzen. Im Großsignalbereich kann das Vorzeichen des Imaginärteils innerhalb eine Frequenzperiode wechseln. Das erschwert erheblich eine sauber Systemanpassung.

Der entscheidende Vorteil von Parallelgegenkopplungen (Abbildung 2.13b) ist die als geringer zu bewertende Verlustleistung. Aus der Sicht des Kollektors bildet aber auch die Rückführung einen Teil der Last. Bei einer resistiven Last führt das zu einer Verringerung der maximalen Effizienz. Es führt jedoch nicht zwangsläufig, wie in Kapitel 5 auch gezeigt wird, zu einer schlechteren nutzbaren Effizienz im 1 dB-Kompressionspunkt. Prinzipiell kann die Gegenkopplung direkt für die Arbeitspunkteinstellung verwendet werden. Jedoch führt dies zu Nachteilen in der Flexibilität des Betriebs. Der Arbeitspunktstrom ist dann abhängig von der Versorgungsspannung. Mit Hilfe einer Serienkapazität in der Schleife ist es möglich, diesen Effekt zu unterdrücken und den Arbeitspunktstrom ausschließlich über den

Eingangsstrom zu definieren. Diese Kapazität ist dann Teil der Gegenkopplung und muss sehr groß gewählt werden, wenn der Einfluss sehr gering ausfallen soll. Dann wiederum nimmt auch die Kapazität eine große *Chip*-Fläche ein. Spulen in der Rückführung führen schnell zu Problemen in der Stabilität (siehe Abschnitt 5.2.5). Auf der einen Seite besitzen sie eine Induktivität, die zusammen mit der Kapazität zur Entkopplung und weiteren parasitären Kapazitäten einen Schwingkreis bilden können, auf der anderen Seite bilden die Windungen gleichzeitig eine Streifenleitung mit einer erheblichen Phasenverschiebung bei hohen Frequenzen. Eine Verschlechterung der Phasenreserve ist die Folge.

Eine Gegenkopplung ergibt sich aus den Elementen in der Rückführung und den Serienelementen am Eingang des Leistungsverstärkers. Eine Kombination von Widerständen und Kapazitäten lässt viel Spielraum für Filterungen von Frequenzen. Auch bei der Parallelgegenkopplung gilt, dass die Anpassung am Eingang und die Lasttransformation am Ausgang nicht mehr unabhängig voneinander erfolgen können. Zusätzlich liefert die Gegenkopplung selbst dafür einen erhöhten Beitrag. Eine vollständige Dimensionierung unter den genannten Gesichtspunkten wird in Abschnitt 3.3 erläutert. Die dort vorgestellte Transistortransferkennlinienanpassung wurde im Zuge dieser Arbeit um die unabhängige Einbeziehung der Gegenkopplung erweitert, sowohl für einfache als auch transistorgestapelte Leistungsverstärker in Emitterschaltung. In Kapitel 5 werden schlussendlich gefertigte Leistungsverstärker hinsichtlich Aufbau, Simulation und Messung vorgestellt.

2.4 Stabilitätsuntersuchungen an Leistungsverstärkern mit Hilfe der Schleifenverstärkung

Stabilitätsuntersuchungen an Leistungsverstärkern sind unerlässlich. Nicht selten kommt es im Schaltungs-*Design* zu unerwünschten Phasenverschiebungen und Verstärkungen durch parasitäre Einflüsse, die eine Mitkopplung erzeugen können. Der Verstärker beginnt zu schwingen und verhält sich wie ein Oszillator, wenn die Schwingbedingung erfüllt ist. Besonders zu empfehlen ist eine Stabilitätsbetrachtung nach der Extraktion einer Schaltung aus dem Schaltungs-*Layout*. Nach der Extraktion werden die parasitären Eigenschaften in der realen Umsetzung der Schaltung weitgehend berücksichtigt. Diese können eine große Auswirkung nicht nur auf die Verstärkereigenschaften wie Bandbreite, Arbeitsfrequenz, Verstärkung und Ausgangsleistung, sondern auch auf die Stabilität haben.

Um solche Schwachstellen zu identifizieren, existieren verschiedene Untersuchungsmöglichkeiten. Eine davon ist die Auswertung des K-Faktors in der Kleinsignalanalyse. Diese allein sagt aber nur aus, ob ein Schaltkreis immer oder nur bedingt stabil ist. Eine weitere recht einfache, jedoch teilweise zeitaufwendige Simulation, ist eine transiente Simulation mit Eintrag eines Impulses an verschiedenen Stellen der Schaltung. Damit kann untersucht werden, ob die Schaltung nach einem Impuls stabil oder grenzstabil ist oder anschwingt. Zusätzlich können die Pole und Nullstellen der Übertragungsfunktion des Systems analysiert werden. Bei Verstärkern mit Rückkopplung muss immer auch die Schleifenverstärkung betrachtet werden. Diese Untersuchung zur Stabilität wird im folgenden Abschnitt näher beschrieben und anhand verschiedener Ansätze eine bestmögliche Ersatzschleifenstabilitätssimulation als Vergleichssimulation für die *Cadence*®-Variante erarbeitet. Diese ist Teil der erweiterten Betrachtungen zur Schleifenanalyse für mehrfach parallel zueinander liegenden Schleifen in Abschnitt 2.5. Notwendig ist diese auf Grund der in dieser Arbeit gefundenen Einschränkungen des bisherigen Verfahrens.

Nur durch die Betrachtung der Schleifenverstärkung lässt sich in der Schaltungsanalyse und dann auch später in der Schaltungssimulation abschätzen, ob eine Rückkopplung die erwartete Schleifenverstärkung bei einer bestimmten Phasenverschiebung erreicht. Unerwünschte Nebeneffekte können andernfalls eventuell zu einer gegenläufigen Phasenverschiebung bei einer vorliegenden positiven Verstärkung führen. Verstärker beginnen dann zu oszillieren, Oszillatoren zu verstärken. Unter der Annahme eines idealen Verstärkers und idealer Bauelemente, die keine oder eine zu vernachlässigende Rückwirkung vom Ausgang auf den Eingang besitzen, kann bereits im Schaltplan die Schleifenverstärkung berechnet werden [TSG12]. Im Folgenden wird die Schleifenverstärkung anhand einfacher Schwingkreise erläutert. Dazu werden zunächst die elementaren Schwingkreise in ihrer Ersatzschaltung dargestellt und daran gezeigt, wie sich die Schleifenverstärkung dort berechnen lässt. Die beiden elementaren Schwingkreise sind der Serien- und der Parallelschwingkreis. Die daraus hervorgehenden idealen Ersatzschaltbilder sind in Abbildung 2.14 zu sehen. Bei der Verwendung von Kleinsignalersatzschaltbildern ist zu berücksichtigen, dass diese nur für einen Arbeitspunkt eine Gültigkeit haben. Bei großen Ausgangsleistungen verschiebt sich der Arbeitspunkt. In diesem Fall ist ein Satz an möglichen Arbeitspunkten zu betrachten.

Zur Berechnung der Schleifenverstärkung wird die Schleife so aufgetrennt, dass die Eingangsspannung freigestellt wird (Abbildung 2.15). Durch Anlegen einer Spannung $\underline{U}_1(j\omega)$ stellt sich eine Spannung $\underline{U}_{1,RF}(j\omega)$ ein. Das dabei ausgebildete Spannungsverhältnis von $\underline{U}_{1,RF}(j\omega)$ zu $\underline{U}_1(j\omega)$ ergibt die Schleifenverstärkung.

Für den Parallelschwingkreis aus Abbildung 2.15a ergibt sich folgende Gleichung:

$$\underline{LG}(j\omega) = \frac{U_{1,RF}(j\omega)}{\underline{U}_1(j\omega)} = -\underline{G}_m \cdot \frac{\underline{Z}_1 \cdot \underline{Z}_2}{\underline{Z}_1 + \underline{Z}_2} \tag{2.30}$$

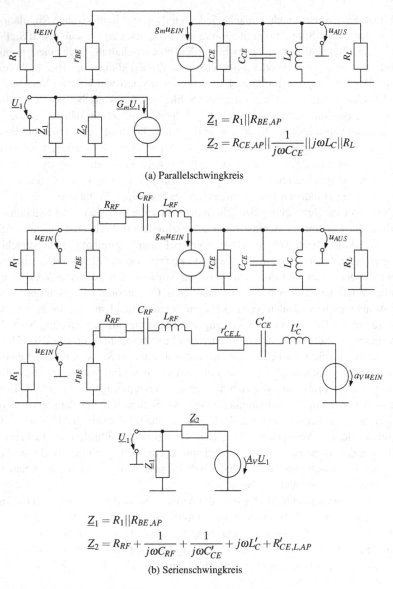

$$\underline{Z}_1 = R_1 \| R_{BE,AP}$$

$$\underline{Z}_2 = R_{CE,AP} \| \frac{1}{j\omega C_{CE}} \| j\omega L_C \| R_L$$

(a) Parallelschwingkreis

$$\underline{Z}_1 = R_1 \| R_{BE,AP}$$

$$\underline{Z}_2 = R_{RF} + \frac{1}{j\omega C_{RF}} + \frac{1}{j\omega C'_{CE}} + j\omega L'_C + R'_{CE,L,AP}$$

(b) Serienschwingkreis

Abbildung 2.14 Ersatzschaltbilder elementarer Schwingkreise

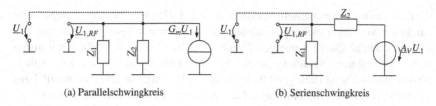

(a) Parallelschwingkreis   (b) Serienschwingkreis

Abbildung 2.15 Auftrennung der Schleife zur Berechnung der Schleifenverstärkung

Der Serienschwingkreis (Abbildung 2.15b) kann wie folgt berechnet werden:

$$\underline{LG}(j\omega) = \frac{\underline{U}_{1,RF}(j\omega)}{\underline{U}_1(j\omega)} = \underline{A}_V \cdot \frac{\underline{Z}_1}{\underline{Z}_1 + \underline{Z}_2} \tag{2.31}$$

Die errechnete Schleifenverstärkung wird zur Veranschaulichung in Betrag und Phase aufgetrennt und im Bode-Diagramm abgetragen (z. B. Abbildung 2.19). Hieraus kann sofort geschlussfolgert werden, ob ein Schaltkreis stabil ist. Ergibt sich an invertierenden Verstärkern neben der Invertierung des Eingangssignals für eine bestimmte Frequenz gleichzeitig eine Phasenverschiebung von $(2n - 1) \cdot 180°$ und eine Verstärkung von größer 1 (0 dB), liegt eine Mitkopplung vor und der Schaltkreis beginnt zu schwingen (Barkhausen-Kriterium). Für eine Verbesserung der Stabilität, auch hinsichtlich der Prozesstoleranzen, wird im Verstärkerentwurf eine Phasenreserve eingehalten. Diese ist definiert als die Differenz von 180° und der vorliegenden Phasenverschiebung bei einer Verstärkung von Eins. Damit besagt die Phasenreserve, wie viel Phasenverschiebung noch verkraftet werden kann, bevor eine ungedämpfte Schwingung entsteht. In [HBG01] [Sch12] ist eine minimale Phasenreserve von 60° festgelegt. [SHH19] spricht von einer Mindestphasenreserve von 45°, empfiehlt jedoch einen Wert von 55° bis 60°.

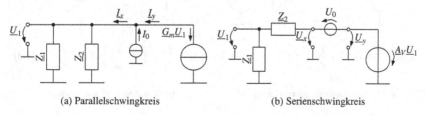

(a) Parallelschwingkreis   (b) Serienschwingkreis

Abbildung 2.16 Auftrennung der Schleife für eine direkte Simulation der Schleifenverstärkung

Einen weiteren Ansatz stellt Middlebrook in [Mid75] vor. Dabei wird die Schleife direkt am Verstärkungselement in Form einer gesteuerten Quelle aufgetrennt und eine zusätzliche Quelle eingefügt. Deren Aufgabe ist es, einen definierten Strom bzw. eine definierte Spannung in das System einzuprägen. Im Fall des Parallel-schwingkreises wird dazu gemäß Abbildung 2.16a eine Stromquelle parallel zur gesteuerten Stromquelle eingefügt. Das Verhältnis aus den Schleifenströmen am Knoten der Testquelle führt zur Schleifenverstärkung. In ähnlicher Weise wird bei dem Serienschwingkreis vorgegangen. Hier wird eine Testspannungsquelle in Reihe zur gesteuerten Spannungsquelle eingefügt und das Verhältnis der Spannungen vor und nach der Testspannungsquelle gebildet (Abbildung 2.16b).

Für gewöhnlich lassen sich Schleifen nicht direkt an den gesteuerten Quellen auf-trennen. Unter Verwendung von komplexen Simulationsmodellen mit unbekannten Modellparametern entstehen zusätzliche Rückwirkungen, deren Einfluss auf die Schleifenverstärkung meist nicht vernachlässigt werden kann. Dazu wird ein, eben-falls von Middlebrook in [Mid75] beschriebener Ansatz gewählt. Dort werden in der Schleife an beliebiger Stelle, jedoch an einem gemeinsamen Knoten, Strom- und Spannungsquellen eingefügt. Bei richtiger Anordnung werden dabei die Impedanz-verhältnisse in der Schaltung nicht verändert. Eine ideale Spannungsquelle besitzt eine Impedanz von Null. In der Schleife muss diese nun in Serie zu den ande-ren Bauelementen der Schleife eingefügt werden. Für eine ideale Stromquelle gilt eine unendlich hohe Impedanz. Daher muss diese mit einem gemeinsamen Knoten der eingefügten Spannungsquelle gegen Masse gelegt werden. Dies wird in Abbil-dung 2.17 gezeigt. Der Vorteil dieser Methode ist eine völlig unberührte Schleife, sowohl in Hinsicht auf die Impedanzen als auch die Arbeitspunkte. Mittels Anlegen

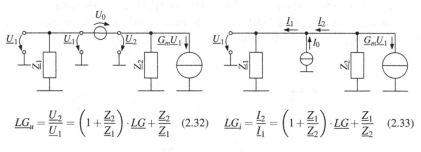

$$LG_u = \frac{U_2}{U_1} = \left(1 + \frac{Z_2}{Z_1}\right) \cdot LG + \frac{Z_2}{Z_1} \quad (2.32) \qquad LG_i = \frac{I_2}{I_1} = \left(1 + \frac{Z_1}{Z_2}\right) \cdot LG + \frac{Z_1}{Z_2} \quad (2.33)$$

(a) Schleifenspannungsverstärkung   (b) Schleifenstromverstärkung

Abbildung 2.17 Ermittlung der Gesamtschleifenverstärkung durch getrennte Ermittlung von Schleifenspannungs- und Schleifenstromverstärkung

einer Kleinsignalspannung und anschließendem Einprägen eines Kleinsignalstroms, kann aus der sich daraus ergebenden Schleifenspannungs- und Schleifenstromverstärkung die gesamte Schleifenverstärkung errechnet werden.

$$\underline{LG} = LG \cdot e^{j\phi_{\underline{LG}}} = \frac{\underline{LG_u}\,\underline{LG_i} - 1}{\underline{LG_u} + \underline{LG_i} - 2} \tag{2.34}$$

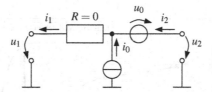

Abbildung 2.18 Einfache Anordnung von Spannungs- und Stromquelle als Messelement für die Schaltungssimulation in *Cadence*®

Cadence® selbst bietet bereits ein Bauelement, mit dessen Hilfe Schleifenverstärkungen über einen Frequenzbereich untersucht werden können. Das Element „iprb" muss nur in Serie in die Schleife eingefügt werden. Aus den Abbildungen 2.17a und 2.17b ergibt sich das Messelement aus Abbildung 2.18. Dieses in die Schleife eingefügte Element wird in einem *Skill*-Skript zur Analyse genutzt. Hierzu sind zwei AC-Simulationen über einen gemeinsamen Frequenzbereich notwendig. Durch Gleichung 2.34 kann im Skript direkt die Schleifenverstärkung über den gesamten simulierten Frequenzbereich errechnet werden. Abbildung 2.19 zeigt anhand eines frei gewählten Beispiels, dass die Schleifenverstärkungen für die „iprb" und die der diskreten Middlebrook-Schaltung nicht völlig identisch sind.

Diese Methode weist, wie Middlebrook feststellt, einen wesentlichen Nachteil auf. Für $\underline{LG} \to 0$ konvergiert $\underline{LG_u}$ gegen $\underline{Z_2}/\underline{Z_1}$. $\underline{LG_i}$ erreicht dann $\underline{Z_1}/\underline{Z_2}$. Es entsteht eine Dominanz der Impedanzverhältnisse. Middlebrook zeigt, dass dadurch kleine Messfehler zu großen Ungenauigkeiten bei der Berechnung für $\underline{LG}$ führen. „Messfehler" können ebenso in der Schaltungssimulation auftreten. Dadurch lassen sich die Ungenauigkeiten in Abbildung 2.19 bei Schleifenverstärkungen unter ca. −15 dB erklären. Das Problem ist hier numerischer Natur und lässt sich nur schwer korrigieren (Abbildung 2.20).

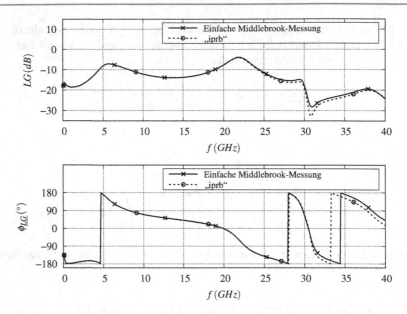

Abbildung 2.19 Vergleich der Schleifenverstärkung mittels einfacher Middlebrook-Messung und der *Cadence*®-eigenen Messung („iprb")

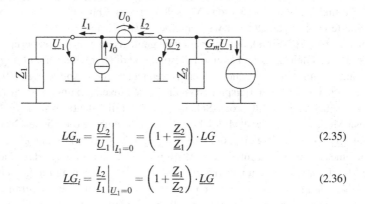

$$LG_u = \left.\frac{\underline{U_2}}{\underline{U_1}}\right|_{\underline{I_1}=0} = \left(1 + \frac{\underline{Z_2}}{\underline{Z_1}}\right) \cdot \underline{LG} \qquad (2.35)$$

$$LG_i = \left.\frac{\underline{I_2}}{\underline{I_1}}\right|_{\underline{U_1}=0} = \left(1 + \frac{\underline{Z_1}}{\underline{Z_2}}\right) \cdot \underline{LG} \qquad (2.36)$$

Abbildung 2.20 Ermittlung der Gesamtschleifenverstärkung durch getrennte Ermittlung von Schleifenspannungs- und Schleifenstromverstärkung

Zur Entspannung der Messtoleranzen zeigt Middlebrook noch ein weiteres Messverfahren. Durch eine gezielte Einstellung der Stromquelle in Amplitude und Phase kann bei der Ermittlung der Schleifenspannungsverstärkung nach der oben beschriebenen Methode der Strom durch die Spannungsquelle gänzlich terminiert werden. Ähnliches wird bei der Ermittlung der Schleifenstromverstärkung getan. Die Spannungsquelle wird so eingestellt, dass u_1 zu Null wird. Unter diesen Voraussetzungen vereinfacht sich die Berechnung der Gesamtschleifenverstärkung zu:

$$\underline{LG} = LG \cdot e^{j\phi_{\underline{LG}}} = \frac{\underline{LG_u}\,\underline{LG_i}}{\underline{LG_u} + \underline{LG_i}} \qquad (2.37)$$

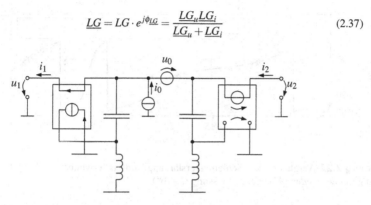

Abbildung 2.21 Erweiterte Anordnung von Spannungs- und Stromquelle sowie gesteuerten Quellen als Messelement für die Schaltungssimulation in *Cadence*®

In *Cadence*® wurde dieses Element mittels der Schaltung aus Abbildung 2.21 integriert. Ein Vergleich der Stabilitätssimulation (Abbildung 2.22) zeigt eine nahezu übereinstimmende Schleifenverstärkung mit der *Cadence*®-eigenen Simulation.

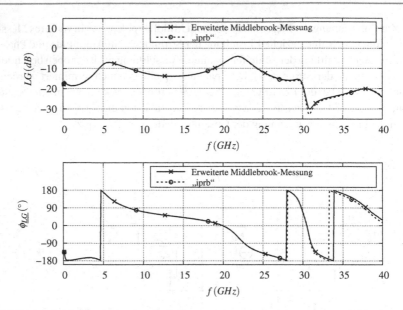

Abbildung 2.22 Vergleich der Schleifenverstärkung mittels erweiterter Middlebrook-Messung mit der *Cadence*®-eigenen Messung („iprb")

2.5 Erweiterte Untersuchung der Schleifenverstärkung bei mehrfachverzweigter Rückführung

In Abschnitt 5.2 wird der erste gefertigte Verstärker vorgestellt und es wird messtechnisch gezeigt, dass dieser hinsichtlich der Stabilität große Schwächen aufzeigt. Dies konnte im Vorfeld simulativ nicht nachgewiesen werden, denn eine eindeutige Stabilitätsanalyse war mit herkömmlichen Methoden nicht ausreichend möglich. Große Transistorfelder führen bei Einzelrückführungen zu großen Leiterschleifen im *Layout*. Abschnitt 5.2 betrachtet diese Problematik näher. Das Resultat der Betrachtung ist eine Aufteilung der Einzelrückführung in mehrere parallele Rückführungen. Diese parallelen Rückführungen werden zudem miteinander vermascht, sodass kein klarer Einzelmesspunkt mehr zur Verfügung steht. Eine Vermaschung der Signalrückführung jedoch stellt zusätzlich eine Verbesserung im *Layout* dar, da so unerwünschte EMV-Probleme zusätzlich auf einfache Weise unterdrückt werden können.

Die IC-Entwicklungsumgebung *Cadence*® in der vorliegenden Version (Stand 2015) gerät im Umgang mit Extraktion und Analyse solcher Schleifen an seine Grenzen. In Abschnitt 2.5.1 werden diese Grenzen aufgezeigt.

Für die Ermittlung der Schleifenverstärkung wurde in Abschnitt 2.4 der Ansatz nach Middlebrook [Mid75], die Schleifenverstärkung in Schleifenspannungsverstärkung und Schleifenstromverstärkung aufzuteilen, diskutiert. Dieser Ansatz wird in Abschnitt 2.5.2 vertieft und davon ausgehend eine Ermittlung der Schleifenverstärkung für eine zweifach verzweigte Schleife (Abschnitt 2.5.3) vorgestellt. Mit Hilfe dieser Erweiterung wird dann aufgezeigt, wie sich dieser Ansatz auf beliebig viele Verzweigungen verallgemeinern lässt (Abschnitt 2.5.4).

Zur Verifikation der theoretischen Betrachtung zeigt Abschnitt 2.5.5 entsprechende Simulationsergebnisse. Dazu ist ein Programm-Skript entstanden, das in diesem Abschnitt ebenfalls näher erläutert wird.

2.5.1 Schwachstellen der Stabilitätsuntersuchungen in *Cadence*®

Cadence® weist Schwächen hinsichtlich des Extraktionsvermögens von parasitären Induktivitäten auf. Eine Extraktion des Schaltungs-*Layouts* bietet lediglich die Möglichkeit, Widerstände und Kapazitäten zu ermitteln. Nur über den Umweg eines EM-Simulators kann dieses Problem umgangen werden. Hierfür ist jedoch vor der Simulation eine sinnvolle Reduzierung des *Layouts* zwingend erforderlich, da sonst ein hoher Rechenaufwand für den Simulator entsteht.

Eine weitere Hürde ist, dass *Cadence*® keine Möglichkeit anbietet, eine vermaschte Signalrückführung, gerade an Leistungsverstärkern, auf Stabilität hin zu untersuchen. Im Gegensatz zum Schaltungs-*Layout* des ersten Leistungsverstärkers aus Abschnitt 5.2, bei dem eine Auftrennung der Rückführung an genau einer Stelle möglich ist, muss bei den weiteren Verstärkern eine Auftrennung jeder einzelnen Schleife zugleich vorgenommen werden. Das in *Cadence*® verfügbare Messelement „iprb" ist lediglich in der Lage Einzelschleifen aufzutrennen und die Schleifenverstärkung zu ermitteln. Für einen differentiellen Verstärkerentwurf kann das Messelement „diffstbprobe" zur Untersuchung von Gleich- und Gegentaktstabilität genutzt werden. Aber auch dieses ist nicht für mehrfach verzweigte Schleifen verwendbar. Abbildung 2.23 zeigt den Unterschied zwischen der Möglichkeit der Auftrennung der Rückkopplung, wenn ein Messpunkt an einem gemeinsamen Knoten (MP_A oder MP_B) gemäß *Layout* vorhanden ist (Abbildung 2.23a) und wenn im *Layout* mehrere Messpunkte (MP_{Ax}, MP_{Bx} oder MP_{Cx}) notwendig sind (Abbildung 2.23b).

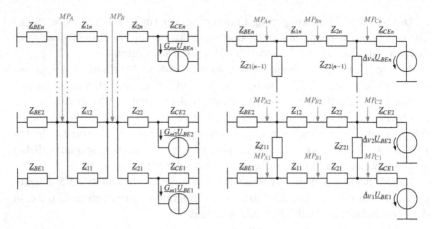

(a) Mehrfach verzweigte Rückführung mit zwei   (b) Mehrfach   verzweigte   Rückführung   ohne
    gemeinsamen Knoten.   einen gemeinsamen Knoten.

Abbildung 2.23 Messpunkte an Leistungsverstärkern mit Mehrfachrückführung

2.5.2 Erweiterung der einfachen Schleifenverstärkungsanalyse

Um später näher auf die mehrfach verzweigte Schleifenverstärkung eingehen zu
können, wird im folgenden Abschnitt der Einfluss weiterer parasitärer Elemente in
der Einfachverzweigung erläutert. Einfachverzweigung liegt dann vor, wenn sich an
mindestens einer Stelle in der Rückführung ein gemeinsamer Knoten, an dem eine
einfache Schleifenanalyse nach Middlebrook [Mid75] möglich ist, finden lässt.

Jede noch so komplexe, einfach verzweigte Schleife mit einem gemeinsamen
Knoten lässt sich, wie exemplarisch in Abbildung 2.24 gezeigt, auf ein einfach
verzweigtes Impedanznetzwerk zurückführen. Aus Sicht des Messelements in der
Schaltung in Abbildung 2.24a ist eine solche Vereinfachung möglich und sinnvoll,
denn für dieses befindet sich die Schaltung in einer *Black Box* (Abbildung 2.24b).
Das Messelement kann durch Strom- und Spannungsanregung sowie das Messen
der resultierenden Ströme und Spannungen keine Rückschlüsse über die Verstär-
kerstruktur selbst geben. Eine qualitative Betrachtung genügt somit, denn im linea-
risierten Kleinsignalbereich lässt sich so eine Ersatzschaltung (Abbildung 2.24c)
aufstellen und analytisch berechnen. Ebenfalls erlaubt Middlebrook's Analyse zur
Schleifenverstärkung eine solche Betrachtung, da hier die Impedanzverhältnisse
durch das Einfügen der Messquellen nicht verändert werden.

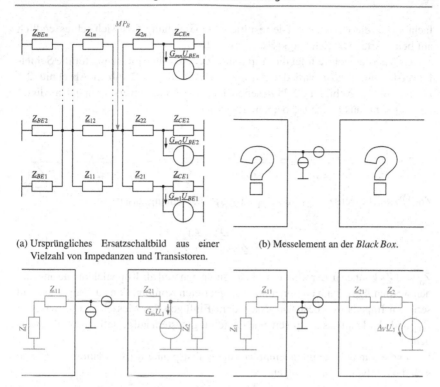

(a) Ursprüngliches Ersatzschaltbild aus einer Vielzahl von Impedanzen und Transistoren.

(b) Messelement an der *Black Box*.

(c) Resultierendes Ersatzschaltbild als Parallelschwingkreis.

(d) Resultierendes Ersatzschaltbild als Serienschwingkreis.

Abbildung 2.24 Überführung der ursprünglichen Schaltung in eine vom Messelement sichtbare Ersatzschaltung

Das Ersatzschaltbild für den Verstärker, bestehend aus der Serienanordnung der Schleifenelemente und der Ersatzstromquelle mit Parallelwiderstand (Abbildung 2.24c), erschwert unnötig die Berechnung der Schleifenverstärkung. Daher wird der Verstärker als Serienschwingkreis nach [TSG12] (S. 1505) betrachtet, während Middlebrook in seiner Herleitung zur Schleifenverstärkung von einem Parallelschwingkreis ausgeht. Durch Quellentransformation lässt sich ohnehin eine Stromquelle mit Parallelwiderstand in eine Spannungsquelle mit Serienwiderstand umrechnen und umgekehrt. Abbildung 2.24d zeigt den so resultierenden Schaltkreis mit Ersatzspannungsquelle. Die Betrachtung als Serienschwingkreis vereinfacht später die Herleitung. Die resultierende Gleichung lässt sich schlussendlich auf beide Arten von Schwingkreisen anwenden.

Als nächsten Schritt folgt die Anpassung der Ausgangsgleichung für die Schleifenverstärkung. Dazu wird der Ansatz aus Abbildung 2.16b in Abschnitt 2.4 gewählt. Wie in Abbildung 2.25 zu sehen, kann die Schleifenverstärkung dann direkt als Verhältnis aus $\underline{U}_y$ zu $\underline{U}_x$ berechnet werden.

$$\underline{LG} = \frac{\underline{U}_y}{\underline{U}_x} = \frac{\underline{A}_V \cdot \underline{U}_1}{\underline{I}_1 \cdot \underline{Z}_{Ges}} = \frac{\underline{A}_V \cdot \underline{I}_1 \cdot \underline{Z}_1}{\underline{I}_1 \cdot \underline{Z}_{Ges}} = \frac{\underline{A}_V \cdot \underline{Z}_1}{\underline{Z}_{Ges}} = \frac{\underline{A}_V \cdot \underline{Z}_1}{\underline{Z}_1 + \underline{Z}_2 + \underline{Z}_{11} + \underline{Z}_{21}} \tag{2.38}$$

Zur Übersicht werden $\underline{Z}_{11}$ und $\underline{Z}_{21}$ zu $\underline{Z}_{RF}$ zusammengefasst:

$$\underline{LG} = \frac{\underline{A}_V \cdot \underline{Z}_1}{\underline{Z}_1 + \underline{Z}_2 + \underline{Z}_{RF}} \tag{2.39}$$

$\underline{Z}_1$ und $\underline{Z}_2$ können in der weiteren Abhandlung generell als Koppelelemente angesehen werden. $\underline{Z}_{RF}$ kann aus einer noch so gearteten Kombination aus parallelen und seriellen Impedanzen bestehen. Nach dem Einfügen des Messelements zwischen $\underline{Z}_{11}$ und $\underline{Z}_{21}$ kann das entsprechende Gleichungssystem aufgestellt und gelöst werden.

Für die Simulation mittels Einprägen einer Testspannung (Simulation A) ergeben sich dann folgende Gleichungen:

$$\underline{U}_{11A} = \left(\underline{Z}_1 + \underline{Z}_{11}\right) \cdot \underline{I}_{11A} \tag{2.40}$$

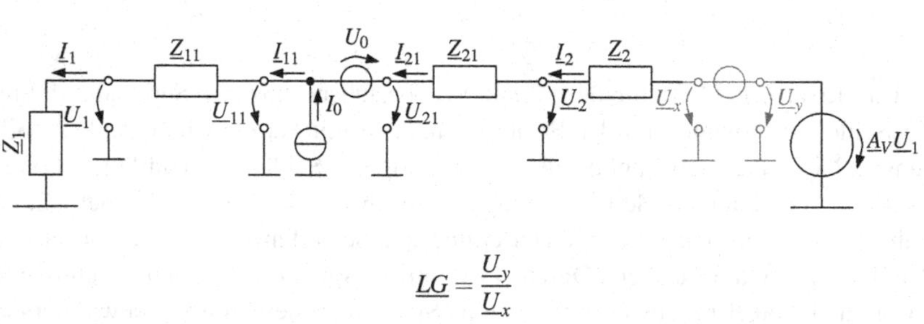

$$\underline{LG} = \frac{\underline{U}_y}{\underline{U}_x}$$

Abbildung 2.25 Schaltungsanalyse für eine einfache Schleife mit einem einzelnen Messelement

$$\underline{U}_{21A} = -\left(\underline{Z}_2 + \underline{Z}_{21}\right) \cdot \underline{I}_{21A} + \underline{A}_V \cdot \underline{Z}_1 \cdot \underline{I}_{11A} \qquad (2.41)$$

Analog dazu lassen sich die Gleichungen für die Teststromsimulation (Simulation B) aufstellen:

$$\underline{U}_{11B} = \left(\underline{Z}_1 + \underline{Z}_{11}\right) \cdot \underline{I}_{11B} \qquad (2.42)$$

$$\underline{U}_{21B} = -\left(\underline{Z}_2 + \underline{Z}_{21}\right) \cdot \underline{I}_{21B} + \underline{A}_V \cdot \underline{Z}_1 \cdot \underline{I}_{11B} \qquad (2.43)$$

Für die Testspannungssimulation (A) gelten:

$$\underline{I}_{1A} = \underline{I}_{2A} = \underline{I}_{11A} = \underline{I}_{21A}$$
$$\underline{U}_0 = \underline{U}_{11A} - \underline{U}_{21A} \qquad (2.44)$$

Äquivalent lauten die Bedingungen für die Teststromsimulation (B):

$$\underline{U}_{11B} = \underline{U}_{21B}$$
$$\underline{I}_0 = \underline{I}_{11B} - \underline{I}_{21B} = \underline{I}_{1B} - \underline{I}_{2B} \qquad (2.45)$$

Mit den vier linear unabhängigen Gleichungen kann nun die Schleifenverstärkung hergeleitet werden. In dem hier vorgestellten Beispiel sollen aber nicht explizit die Schleifenstrom- und Schleifenspannungsverstärkung als Grundgrößen, sondern ausschließlich die Spannungen und Ströme, die sich aus den beiden Simulationen ergeben, verwendet werden.

Im ersten Schritt werden die Gleichung 2.40 mit $\underline{I}_{11B}$ und die Gleichung 2.42 mit $\underline{I}_{11A}$ multipliziert und die Ergebnisse miteinander subtrahiert. Durch Umstellen ergibt sich eine weitere Bedingung:

$$\underline{U}_{11B} \cdot \underline{I}_{11A} = \underline{U}_{11A} \cdot \underline{I}_{11B} \qquad (2.46)$$

Diese Kenntnis ermöglicht im Folgenden eine Reduzierung der verwendeten Variablen. Eine Berechnung der Einzelwerte für $\underline{Z}_1$, $\underline{Z}_2$, $\underline{Z}_{11}$ und $\underline{Z}_{22}$ selbst gestaltet sich schwierig, da uns keine Informationen über die Spannungen zwischen den Elementen $\underline{Z}_1$ und $\underline{Z}_{11}$ bzw. $\underline{Z}_2$ und $\underline{Z}_{22}$ vorliegen. Für eine Ermittlung der Schleifenverstärkung ist dies jedoch nicht nötig. Gemäß Gleichung 2.38 müssen nur die Terme $\underline{Z}_1 + \underline{Z}_{11}$, $\underline{Z}_2 + \underline{Z}_{21}$ und $\underline{A}_V \cdot \underline{Z}_1$ ausgerechnet werden. $\underline{Z}_1 + \underline{Z}_{11}$ ergibt sich direkt aus den Gleichungen 2.40 und 2.41:

$$\underline{Z}_1 + \underline{Z}_{11} = \frac{\underline{U}_{11A}}{\underline{I}_{11A}} = \frac{\underline{U}_{11B}}{\underline{I}_{11B}} \qquad (2.47)$$

Aus der Multiplikation von Gleichung 2.41 mit $\underline{I}_{11B}$ und von Gleichung 2.43 mit $\underline{I}_{11A}$ sowie der Subtraktion aus deren Produkten resultiert die Gleichung zur Berechnung von $\underline{Z}_2 + \underline{Z}_{21}$:

$$\underline{Z}_2 + \underline{Z}_{21} = \frac{\underline{U}_{21A} \cdot \underline{I}_{11B} - \underline{U}_{21B} \cdot \underline{I}_{11A}}{\underline{I}_{11A} \cdot \underline{I}_{21B} - \underline{I}_{11B} \cdot \underline{I}_{21A}} \qquad (2.48)$$

Unter Berücksichtigung der Bedingungen aus Gleichung 2.44, 2.45 und 2.46 lässt sich die Gleichung wie folgt vereinfachen:

$$\underline{Z}_2 + \underline{Z}_{21} = \frac{(\underline{U}_{21A} - \underline{U}_{11A}) \cdot \underline{I}_{11B}}{(\underline{I}_{21B} - \underline{I}_{11B}) \cdot \underline{I}_{11A}} \qquad (2.49)$$

Die Subtraktion der Produkte aus Gleichung 2.41 und $\underline{I}_{21B}$ sowie Gleichung 2.43 und $\underline{I}_{21A}$ resultiert im Ergebnis für $\underline{A}_V \cdot \underline{Z}_1$:

$$\underline{A}_V \cdot \underline{Z}_1 = \frac{\underline{U}_{21A} \cdot \underline{I}_{21B} - \underline{U}_{21B} \cdot \underline{I}_{21A}}{\underline{I}_{11A} \cdot \underline{I}_{21B} - \underline{I}_{11B} \cdot \underline{I}_{21A}} \qquad (2.50)$$

Auch hier helfen die oben genannten Bedingungen, um das Ergebnis zu vereinfachen:

$$\underline{A}_V \cdot \underline{Z}_1 = \frac{\underline{U}_{21A} \cdot \underline{I}_{21B} - \underline{U}_{11A} \cdot \underline{I}_{11B}}{(\underline{I}_{21B} - \underline{I}_{11B}) \cdot \underline{I}_{11A}} \qquad (2.51)$$

Aus den Gleichungen 2.47, 2.49 und 2.51 wird nun die Formel für die Schleifenverstärkung zusammengesetzt:

$$\underline{LG} = \frac{\dfrac{\underline{U}_{21A} \cdot \underline{I}_{21B} - \underline{U}_{11A} \cdot \underline{I}_{11B}}{(\underline{U}_{21B} - \underline{U}_{11B}) \cdot \underline{I}_{11A}}}{\dfrac{\underline{U}_{11A}}{\underline{I}_{11A}} + \dfrac{(\underline{U}_{21A} - \underline{U}_{11A}) \cdot \underline{I}_{11B}}{(\underline{I}_{21B} - \underline{I}_{11B}) \cdot \underline{I}_{11A}}} = \frac{\underline{U}_{21A} \cdot \underline{I}_{21B} - \underline{U}_{11A} \cdot \underline{I}_{11B}}{\underline{U}_{11A} \cdot (\underline{I}_{21B} - \underline{I}_{11B}) + (\underline{U}_{21A} - \underline{U}_{11A}) \cdot \underline{I}_{11B}}$$

$$(2.52)$$

$$\underline{LG} = \frac{\underline{U}_{21A} \cdot \underline{I}_{21B} - \underline{U}_{11A} \cdot \underline{I}_{11B}}{\underline{U}_{21A} \cdot \underline{I}_{11B} + \underline{U}_{11A} \cdot \underline{I}_{21B} - 2 \cdot \underline{U}_{11A} \cdot \underline{I}_{11B}} \qquad (2.53)$$

Wird in Zähler und Nenner noch der Term $\underline{U}_{11A} \cdot \underline{I}_{11B}$ ausgeklammert, ergibt sich die Gleichung nach Middlebrook [Mid75] (Gleichung 2.32), in der die Schleifenverstärkung mittels Schleifenspannungs- und Schleifenstromverstärkung dargestellt wird.

2.5.3   Schleifenanalyse an zweifach verzweigten Rückführungen

Die Herleitung einer Gleichung für einfach verzweigte Schleifen ist trivial. Schon bei einer Zweifachverschleifung treten jedoch zusätzliche Verkopplungen auf. Um die Herleitung einfach zu halten, wird, wie in Abbildung 2.26d dargestellt, das räumlich verteilte Transistorfeld zu einem effektiv wirkenden Transistor zusammengefasst. Dadurch ergibt sich eine einzelne Impedanz als Koppelelement eingangsseitig sowie ausgangsseitig eine Koppelimpedanz und eine in Reihe geschaltete Ersatzspannungsquelle. Die Einzelschleifen ergeben sich jeweils aus einer geteilten Impedanz, in deren Mitte das Messelement eingebracht wird. Aus Sicht des Messelements lässt sich, wie auch in der nachstehenden Abhandlung gezeigt wird, immer ein solches äquivalentes Ersatzschaltbild eines beliebigen Verstärkers abbilden. Dieses entstehende Netzwerk gilt nur für einen einzigen Arbeitspunkt und muss für jeden Arbeitspunkt neu errechnet werden.

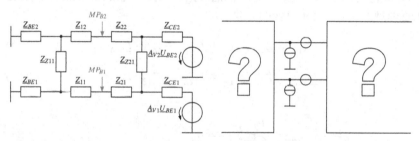

(a) Ursprüngliches Ersatzschaltbild aus einer Vielzahl von Impedanzen und Transistoren.

(b) Messelemente an der *Black Box*.

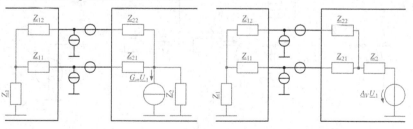

(c) Resultierendes Ersatzschaltbild als Parallelschwingkreis.

(d) Resultierendes Ersatzschaltbild als Serienschwingkreis.

Abbildung 2.26 Überführung der ursprünglichen Schaltung in eine vom Messelement sichtbare Ersatzschaltung

Die Schleifenverstärkung wird wieder zwischen dem Serienwiderstand $\underline{Z}_2$ und der Ersatzspannungsquelle des Verstärkers $\underline{U}_V$ mittels einer Testspannungsquelle $\underline{U}_{LG}$ direkt ermittelt.

$$\underline{LG} = \frac{\underline{U}_y}{\underline{U}_x} = \frac{\underline{A}_V \cdot \underline{U}_1}{\underline{I}_1 \cdot \underline{Z}_{Ges}} = \frac{\underline{A}_V \cdot \underline{I}_1 \cdot \underline{Z}_1}{\underline{I}_1 \cdot \underline{Z}_{Ges}} = \frac{\underline{A}_V \cdot \underline{Z}_1}{\underline{Z}_{Ges}} = \frac{\underline{A}_V \cdot \underline{Z}_1}{\underline{Z}_1 + \underline{Z}_2 + \cfrac{1}{\cfrac{1}{\underline{Z}_{11} + \underline{Z}_{21}} + \cfrac{1}{\underline{Z}_{12} + \underline{Z}_{22}}}}$$

$$(2.54)$$

Die parallelen Impedanzen $(\underline{Z}_{11} + \underline{Z}_{21})$ und $(\underline{Z}_{12} + \underline{Z}_{22})$ bilden die effektive Impedanz $\underline{Z}_{RF}$ und ergeben die bereits bekannte Grundformel zur Schleifenverstärkung (Gleichung 2.39).

Die Messelemente werden zwischen $\underline{Z}_{11}$ und $\underline{Z}_{21}$ sowie $\underline{Z}_{12}$ und $\underline{Z}_{22}$ (siehe Abbildung 2.27) eingefügt. Wichtig für die Herleitung ist hierbei, darauf zu achten, dass die Testspannungsquellen bzw. Teststromquellen phasengleich zueinander eingesteuert werden.

Resultierend aus Testspannungssimulation (A) und Teststromsimulation (B) wird nun das Gleichungssystem aufgestellt:

$$\underline{U}_{11A} = \underline{Z}_1 \cdot (\underline{I}_{11A} + \underline{I}_{12A}) + \underline{Z}_{11} \cdot \underline{I}_{11A} \qquad (2.55)$$

$$\underline{U}_{12A} = \underline{Z}_1 \cdot (\underline{I}_{11A} + \underline{I}_{12A}) + \underline{Z}_{12} \cdot \underline{I}_{12A} \qquad (2.56)$$

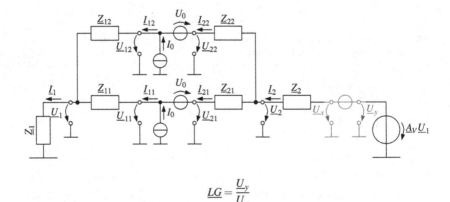

Abbildung 2.27 Schaltungsanalyse für eine doppelt verzweigte Schleife mit zwei Messelementen

$$\underline{U}_{21A} = \underline{A}_V \cdot \underline{Z}_1 \cdot (\underline{I}_{11A} + \underline{I}_{12A}) - \underline{Z}_2 \cdot (\underline{I}_{21A} + \underline{I}_{22A}) - \underline{Z}_{21} \cdot \underline{I}_{21A} \qquad (2.57)$$

$$\underline{U}_{22A} = \underline{A}_V \cdot \underline{Z}_1 \cdot (\underline{I}_{11A} + \underline{I}_{12A}) - \underline{Z}_2 \cdot (\underline{I}_{21A} + \underline{I}_{22A}) - \underline{Z}_{22} \cdot \underline{I}_{22A} \qquad (2.58)$$

$$\underline{U}_{11B} = \underline{Z}_1 \cdot (\underline{I}_{11B} + \underline{I}_{12B}) + \underline{Z}_{11} \cdot \underline{I}_{11B} \qquad (2.59)$$

$$\underline{U}_{12B} = \underline{Z}_1 \cdot (\underline{I}_{11B} + \underline{I}_{12B}) + \underline{Z}_{12} \cdot \underline{I}_{12B} \qquad (2.60)$$

$$\underline{U}_{21B} = \underline{A}_V \cdot \underline{Z}_1 \cdot (\underline{I}_{11B} + \underline{I}_{12B}) - \underline{Z}_2 \cdot (\underline{I}_{21B} + \underline{I}_{22B}) - \underline{Z}_{21} \cdot \underline{I}_{21B} \qquad (2.61)$$

$$\underline{U}_{22B} = \underline{A}_V \cdot \underline{Z}_1 \cdot (\underline{I}_{11B} + \underline{I}_{12B}) - \underline{Z}_2 \cdot (\underline{I}_{21B} + \underline{I}_{22B}) - \underline{Z}_{22} \cdot \underline{I}_{22B} \qquad (2.62)$$

In der Testspannungssimulation (A) gelten folgende Bedingungen:

$$\begin{aligned}
\underline{I}_{01} = \underline{I}_{02} = \underline{I}_0 = 0 \\
\underline{U}_{01} = \underline{U}_{02} = \underline{U}_0 = 1 \\
\underline{I}_{11A} = \underline{I}_{21A} \\
\underline{I}_{12A} = \underline{I}_{22A} \\
\underline{U}_0 = \underline{U}_{11A} - \underline{U}_{21A} \\
\underline{U}_0 = \underline{U}_{12A} - \underline{U}_{22A}
\end{aligned} \qquad (2.63)$$

Äquivalent gelten folgende Voraussetzungen für die Teststromsimulation (B):

$$\begin{aligned}
\underline{I}_{01} = \underline{I}_{02} = \underline{I}_0 = 1 \\
\underline{U}_{01} = \underline{U}_{02} = \underline{U}_0 = 0 \\
\underline{I}_0 = \underline{I}_{11B} - \underline{I}_{21B} \\
\underline{I}_0 = \underline{I}_{12B} - \underline{I}_{22B} \\
\underline{U}_{11B} = \underline{U}_{21B} \\
\underline{U}_{12B} = \underline{U}_{22B}
\end{aligned} \qquad (2.64)$$

Ähnlich wie in Abschnitt 2.5.2 wird bei der Herleitung der Schleifenverstärkung auf die Unterteilung in Schleifenspannungs- und Schleifenstromverstärkung verzichtet. Die Herangehensweise ist hier ähnlich, wird aber auf Grund der Komplexität deutlich erweitert. Zu berücksichtigen ist, dass sich die Schleifenverstärkung auch bei einer zweifachen Schleife durch genau zwei AC-Simulationen errechnen lässt.

In Schritt 1 werden die Gleichungen 2.55, 2.56, 2.59 und 2.60 herangezogen und wie nachfolgend verknüpft:

$$\underline{U}_{11A} \cdot \underline{I}_{11B} - \underline{U}_{11B} \cdot \underline{I}_{11A} = \underline{Z}_1 \cdot (\underline{I}_{11A} + \underline{I}_{12A}) \cdot \underline{I}_{11B} + \underline{Z}_{11} \cdot \underline{I}_{11A} \cdot \underline{I}_{11B}$$
$$- \underline{Z}_1 \cdot (\underline{I}_{11B} + \underline{I}_{12B}) \cdot \underline{I}_{11A} - \underline{Z}_{11} \cdot \underline{I}_{11B} \cdot \underline{I}_{11A}$$
$$= \underline{Z}_1 \cdot (\underline{I}_{11A} + \underline{I}_{12A}) \cdot \underline{I}_{11B} - \underline{Z}_1 \cdot (\underline{I}_{11B} + \underline{I}_{12B}) \cdot \underline{I}_{11A}$$
$$\tag{2.65}$$

$$\underline{U}_{12A} \cdot \underline{I}_{12B} - \underline{U}_{12B} \cdot \underline{I}_{12A} = \underline{Z}_1 \cdot (\underline{I}_{11A} + \underline{I}_{12A}) \cdot \underline{I}_{12B} + \underline{Z}_{12} \cdot \underline{I}_{12A} \cdot \underline{I}_{12B}$$
$$- \underline{Z}_1 \cdot (\underline{I}_{11B} + \underline{I}_{12B}) \cdot \underline{I}_{12A} - \underline{Z}_{12} \cdot \underline{I}_{12B} \cdot \underline{I}_{12A}$$
$$= \underline{Z}_1 \cdot (\underline{I}_{11A} + \underline{I}_{12A}) \cdot \underline{I}_{12B} - \underline{Z}_1 \cdot (\underline{I}_{11B} + \underline{I}_{12B}) \cdot \underline{I}_{12A}$$
$$\tag{2.66}$$

Aus der Addition der beiden Gleichungen 2.65 und 2.66 resultiert die letzte Bedingung:

$$\underline{U}_{11B} \cdot \underline{I}_{11A} + \underline{U}_{12B} \cdot \underline{I}_{12A} = \underline{U}_{11A} \cdot \underline{I}_{11B} + \underline{U}_{12A} \cdot \underline{I}_{12B} \tag{2.67}$$

Auch hier dient die Gleichung später der Reduzierung und Zusammenfassung von Variablen.

Gleichungen 2.57, 2.58, 2.61 und 2.62 miteinander verknüpft, führt zu folgendem Ausdruck:

$$\underline{U}_{21A} \cdot \underline{I}_{21B} - \underline{U}_{21B} \cdot \underline{I}_{21A} = \underline{A}_V \cdot \underline{Z}_1 \cdot (\underline{I}_{11A} + \underline{I}_{12A}) \cdot \underline{I}_{21B} - \underline{Z}_2 \cdot (\underline{I}_{21A} + \underline{I}_{22A}) \cdot \underline{I}_{21B}$$
$$- \underline{A}_V \cdot \underline{Z}_1 \cdot (\underline{I}_{11B} + \underline{I}_{12B}) \cdot \underline{I}_{21A} + \underline{Z}_2 \cdot (\underline{I}_{21B} + \underline{I}_{22B}) \cdot \underline{I}_{21A}$$
$$\tag{2.68}$$

$$\underline{U}_{22A} \cdot \underline{I}_{22B} - \underline{U}_{22B} \cdot \underline{I}_{22A} = \underline{A}_V \cdot \underline{Z}_1 \cdot (\underline{I}_{11A} + \underline{I}_{12A}) \cdot \underline{I}_{22B} - \underline{Z}_2 \cdot (\underline{I}_{21A} + \underline{I}_{22A}) \cdot \underline{I}_{22B}$$
$$- \underline{A}_V \cdot \underline{Z}_1 \cdot (\underline{I}_{11B} + \underline{I}_{12B}) \cdot \underline{I}_{22A} + \underline{Z}_2 \cdot (\underline{I}_{21B} + \underline{I}_{22B}) \cdot \underline{I}_{22A}$$
$$\tag{2.69}$$

Die Addition der Gleichungen 2.68 und 2.69 und das anschließende Umstellen des Ergebnisses nach $\underline{A}_V \cdot \underline{Z}_1$ resultiert direkt im Zähler für die Grundgleichung der Schleifenverstärkung (Gleichung 2.39).

$$\underline{A}_V \cdot \underline{Z}_1 = \frac{\underline{U}_{21A} \cdot \underline{I}_{21B} + \underline{U}_{22A} \cdot \underline{I}_{22B} - \underline{U}_{21B} \cdot \underline{I}_{21A} - \underline{U}_{22B} \cdot \underline{I}_{22A}}{(\underline{I}_{11A} + \underline{I}_{12A}) \cdot (\underline{I}_{21B} + \underline{I}_{22B}) - (\underline{I}_{11B} + \underline{I}_{12B}) \cdot (\underline{I}_{21A} + \underline{I}_{22A})} \tag{2.70}$$

Unter Berücksichtigung der Bedingungen 2.63, 2.64 und 2.67 kann die Formel entsprechend umgeformt und vereinfacht werden:

$$\underline{A}_V \cdot \underline{Z}_1 = \frac{\underline{U}_{21A} \cdot \underline{I}_{21B} + \underline{U}_{22A} \cdot \underline{I}_{22B} - \underline{U}_{11A} \cdot \underline{I}_{11B} - \underline{U}_{12A} \cdot \underline{I}_{12B}}{(\underline{I}_{11A} + \underline{I}_{12A}) \cdot (\underline{I}_{21B} - \underline{I}_{11B} + \underline{I}_{22B} - \underline{I}_{12B})} \tag{2.71}$$

Für die Analyse der Schleifenverstärkung ist dieser Term ausreichend. Eine Aufteilung der Einzelkomponenten ist nicht notwendig.
$\underline{Z}_{RF}$ wird auf ähnliche Weise ermittelt. Hierzu werden die Gleichungen 2.55 bis 2.58 verwendet und wie folgt verknüpft:

$$\underline{U}_0 = \underline{U}_{11A} - \underline{U}_{21A} = \underline{U}_{12A} - \underline{U}_{22A} \tag{2.72}$$

$$\underline{Z}_{11} \cdot \underline{I}_{11A} + \underline{Z}_{21} \cdot \underline{I}_{21A} = \underline{Z}_{12} \cdot \underline{I}_{12A} + \underline{Z}_{21} \cdot \underline{I}_{21A} \tag{2.73}$$

Unter der Bedingung $\underline{I}_{21A} = \underline{I}_{11A}$ und $\underline{I}_{22A} = \underline{I}_{12A}$ kann die Gleichung vereinfacht werden zu:

$$(\underline{Z}_{11} + \underline{Z}_{21}) \cdot \underline{I}_{11A} = (\underline{Z}_{12} + \underline{Z}_{21}) \cdot \underline{I}_{12A} \tag{2.74}$$

$\underline{Z}_{RF}$ errechnet sich gemäß:

$$\frac{1}{\underline{Z}_{RF}} = \frac{1}{\underline{Z}_{11} + \underline{Z}_{21}} + \frac{1}{\underline{Z}_{12} + \underline{Z}_{21}} \tag{2.75}$$

Wird Gleichung 2.74 in 2.75 eingesetzt, ergibt sich:

$$\frac{1}{\underline{Z}_{RF}} = \left(1 + \frac{\underline{I}_{12A}}{\underline{I}_{11A}}\right) \cdot \frac{1}{\underline{Z}_{11} + \underline{Z}_{21}} = \left(1 + \frac{\underline{I}_{11A}}{\underline{I}_{12A}}\right) \cdot \frac{1}{\underline{Z}_{12} + \underline{Z}_{22}} \tag{2.76}$$

Aus der Subtraktion von Gleichung 2.55 und Gleichung 2.57 folgt:

$$\underline{U}_{11A} - \underline{U}_{21A} = \underline{Z}_1 \cdot (\underline{I}_{11A} + \underline{I}_{12A}) + \underline{Z}_{11} \cdot \underline{I}_{11A}$$
$$- \underline{A}_V \cdot \underline{Z}_1 \cdot (\underline{I}_{11A} + \underline{I}_{12A}) + \underline{Z}_2 \cdot (\underline{I}_{21A} + \underline{I}_{22A}) + \underline{Z}_{21} \cdot \underline{I}_{21A} \tag{2.77}$$

Vereinfachen lässt sich auch diese Gleichung durch $\underline{I}_{21A} = \underline{I}_{11A}$ und $\underline{I}_{22A} = \underline{I}_{12A}$:

$$\underline{U}_{11A} - \underline{U}_{21A} = (\underline{Z}_1 + \underline{Z}_2) \cdot (\underline{I}_{11A} + \underline{I}_{12A}) + (\underline{Z}_{11} + \underline{Z}_{21}) \cdot \underline{I}_{11A} - \underline{A}_V \cdot \underline{Z}_1 \cdot (\underline{I}_{11A} + \underline{I}_{12A}) \tag{2.78}$$

$$\frac{\underline{U}_{11A} - \underline{U}_{21A}}{\underline{I}_{11A} + \underline{I}_{12A}} = \underline{Z}_1 + \underline{Z}_2 + (\underline{Z}_{11} + \underline{Z}_{21}) \cdot \frac{\underline{I}_{11A}}{\underline{I}_{11A} + \underline{I}_{12A}} - \underline{A}_V \cdot \underline{Z}_1 = \underline{Z}_1 + \underline{Z}_2 + \underline{Z}_{RF} - \underline{A}_V \cdot \underline{Z}_1 \tag{2.79}$$

$$\underline{Z}_1 + \underline{Z}_2 + \underline{Z}_{RF} = \underline{Z}_{Ges} = \frac{\underline{U}_{11A} - \underline{U}_{21A}}{\underline{I}_{11A} + \underline{I}_{12A}} + \underline{A}_V \cdot \underline{Z}_1 \tag{2.80}$$

Gleichungen 2.71 und 2.80 werden nun direkt in die Formel für die Schleifenverstärkung (Gleichung 2.54) eingesetzt:

$$\underline{LG} = \frac{\underline{A}_V \cdot \underline{Z}_1}{\dfrac{\underline{U}_{11A} - \underline{U}_{21A}}{\underline{L}_{11A} + \underline{L}_{12A}} + \underline{A}_V \cdot \underline{Z}_1} \tag{2.81}$$

$$\underline{LG} = \frac{\dfrac{\underline{U}_{21A} \cdot \underline{L}_{21B} + \underline{U}_{22A} \cdot \underline{L}_{22B} - \underline{U}_{11A} \cdot \underline{L}_{11B} - \underline{U}_{12A} \cdot \underline{L}_{12B}}{(\underline{L}_{11A} + \underline{L}_{12A}) \cdot (\underline{L}_{21B} - \underline{L}_{11B} + \underline{L}_{22B} - \underline{L}_{12B})}}{\dfrac{\underline{U}_{11A} - \underline{U}_{21A}}{\underline{L}_{11A} + \underline{L}_{12A}} + \dfrac{\underline{U}_{21A} \cdot \underline{L}_{21B} + \underline{U}_{22A} \cdot \underline{L}_{22B} - \underline{U}_{11A} \cdot \underline{L}_{11B} - \underline{U}_{12A} \cdot \underline{L}_{12B}}{(\underline{L}_{11A} + \underline{L}_{12A}) \cdot (\underline{L}_{21B} - \underline{L}_{11B} + \underline{L}_{22B} - \underline{L}_{12B})}} \tag{2.82}$$

Nach Gleichnamigmachen der Terme im Nenner kürzen sich die Brüche in Zähler
und Nenner heraus. Der Nenner für die Schleifenverstärkung kann dann weiter
reduziert werden, wenn die anfänglich vorgestellten Simulationsbedingungen (2.63,
2.64 und 2.67) berücksichtigt werden:

$$\begin{aligned}
&(\underline{U}_{11A} - \underline{U}_{21A}) \cdot (\underline{L}_{21B} - \underline{L}_{11B} + \underline{L}_{22B} - \underline{L}_{12B}) + \underline{U}_{21A} \cdot \underline{L}_{21B} \\
&\quad + \underline{U}_{22A} \cdot \underline{L}_{22B} - \underline{U}_{11A} \cdot \underline{L}_{11B} - \underline{U}_{12A} \cdot \underline{L}_{12B} \\
&= -2 \cdot \underline{U}_{11A} \cdot \underline{L}_{11B} + (\underline{U}_{11A} - \underline{U}_{21A} + \underline{U}_{22A}) \cdot \underline{L}_{22B} + (\underline{U}_{21A} - \underline{U}_{11A} - \underline{U}_{12A}) \cdot \underline{L}_{12B} \\
&\quad + \underline{U}_{21A} \cdot \underline{L}_{11B} + \underline{U}_{11A} \cdot \underline{L}_{21B} \\
&= -2 \cdot \underline{U}_{11A} \cdot \underline{L}_{11B} + \underline{U}_{12A} \cdot \underline{L}_{22B} + (\underline{U}_{22A} - \underline{U}_{12A} - \underline{U}_{12A}) \cdot \underline{L}_{12B} + \underline{U}_{21A} \cdot \underline{L}_{11B} \\
&\quad + \underline{U}_{11A} \cdot \underline{L}_{21B} \\
&= \underline{U}_{11A} \cdot \underline{L}_{21B} + \underline{U}_{21A} \cdot \underline{L}_{11B} + \underline{U}_{12A} \cdot \underline{L}_{22B} \\
&\quad + \underline{U}_{22A} \cdot \underline{L}_{12B} - 2 \cdot \underline{U}_{11A} \cdot \underline{L}_{11B} - 2 \cdot \underline{U}_{12A} \cdot \underline{L}_{12B}
\end{aligned} \tag{2.83}$$

Am Ende steht die Berechnungsformel für die Schleifenverstärkung:

$$\underline{LG} = \frac{\underline{U}_{21A} \cdot \underline{L}_{21B} + \underline{U}_{22A} \cdot \underline{L}_{22B} - \underline{U}_{11A} \cdot \underline{L}_{11B} - \underline{U}_{12A} \cdot \underline{L}_{12B}}{\underline{U}_{11A} \cdot \underline{L}_{21B} + \underline{U}_{21A} \cdot \underline{L}_{11B} + \underline{U}_{12A} \cdot \underline{L}_{22B} + \underline{U}_{22A} \cdot \underline{L}_{12B} - 2 \cdot \underline{U}_{11A} \cdot \underline{L}_{11B} - 2 \cdot \underline{U}_{12A} \cdot \underline{L}_{12B}} \tag{2.84}$$

Mit Hilfe dieser Gleichung lässt sich nun ein völlig unbekanntes Verstärkernetzwerk, welches durch zwei unabhängige parallele Rückführungen ausgeprägt ist,
berechnen. Der Simulationsaufwand ist dabei auf nur zwei AC-Simulationen, die
in der Regel sehr schnell durchlaufen, beschränkt und den transienten Simulationen
mit Impuls als Schwingungsanstoß deutlich überlegen. In einem Bode-Diagramm
kann schnell erkannt werden, bei welchen Frequenzen der Schaltkreis Schwächen
aufweist. Störfrequenzen in transienten Analysen lassen sich nur durch die Projek-
tion in den Frequenzbereich mittels Fourier-Transformation finden.

Zusätzlich zur Schleifenverstärkung kann aus den ermittelten Spannungen und Strömen aus beiden Simulationen auch das äquivalente Verstärkernetzwerk (Abbildung 2.27) berechnet werden:

$$\underline{Z}_{11} = \frac{(\underline{U}_{12A} - \underline{U}_{11A}) \cdot \underline{I}_{12B} - (\underline{U}_{12B} - \underline{U}_{11B}) \cdot \underline{I}_{12A}}{\underline{I}_{12A} \cdot \underline{I}_{11B} - \underline{I}_{12B} \cdot \underline{I}_{11A}} \tag{2.85}$$

$$\underline{Z}_{12} = \frac{(\underline{U}_{12A} - \underline{U}_{11A}) \cdot \underline{I}_{11B} - (\underline{U}_{12B} - \underline{U}_{11B}) \cdot \underline{I}_{11A}}{\underline{I}_{12A} \cdot \underline{I}_{11B} - \underline{I}_{12B} \cdot \underline{I}_{11A}} \tag{2.86}$$

$$\underline{Z}_{21} = \frac{(\underline{U}_{22B} - \underline{U}_{21B}) \cdot \underline{I}_{22A} - (\underline{U}_{22A} - \underline{U}_{21A}) \cdot \underline{I}_{22B}}{\underline{I}_{22A} \cdot \underline{I}_{21B} - \underline{I}_{22B} \cdot \underline{I}_{21A}} \tag{2.87}$$

$$\underline{Z}_{22} = \frac{(\underline{U}_{22B} - \underline{U}_{21B}) \cdot \underline{I}_{21A} - (\underline{U}_{22A} - \underline{U}_{21A}) \cdot \underline{I}_{21B}}{\underline{I}_{22A} \cdot \underline{I}_{21B} - \underline{I}_{22B} \cdot \underline{I}_{21A}} \tag{2.88}$$

$$\underline{Z}_1 = \frac{\underline{U}_{11A} \cdot \underline{I}_{11B} - \underline{U}_{11B} \cdot \underline{I}_{11A}}{\underline{I}_{12A} \cdot \underline{I}_{11B} - \underline{I}_{12B} \cdot \underline{I}_{11A}} \tag{2.89}$$

$$\underline{Z}_2 = \frac{\underline{A}_V \cdot \underline{Z}_1 \cdot (\underline{I}_{11A} + \underline{I}_{12A}) - \underline{I}_{21A} \cdot \underline{Z}_{21} - \underline{U}_{21A}}{\underline{I}_{21A} + \underline{I}_{22A}} \tag{2.90}$$

$$\underline{A}_V = \frac{\underline{A}_V \cdot \underline{Z}_1}{\underline{Z}_1} \tag{2.91}$$

2.5.4   Verallgemeinerung der Schleifenanalyse an *n*-fach verzweigten Rückführungen

Nach der Herleitung einer Berechnungsformel für die Schleifenverstärkung eines Netzwerks mit zweigeteilter Rückführung wird im folgenden Abschnitt eine Generalisierung als Berechnungsvorschrift für Rückführungen mit beliebig vielen Aufteilungen vorgestellt. Für eine bessere Übersicht werden Ströme und Spannungen in Vektordarstellung zusammengeführt. Vektoren und Matrizen können sehr gut von modernen Mathematikprogrammen verarbeitet werden. Denkbar ist dabei, dass dieser Ansatz auch in Simulationsprogrammen von elektronischen Schaltungen eingebettet wird, in ähnlicher Weise, wie es im *Skill*-Skript aus Abschnitt 3.3.5 umgesetzt wurde (Abbildung 2.28).

Die Grundgleichung 2.54 der Schleifenverstärkung gilt auch für mehrfach verzweigte Rückführungen. $\underline{Z}_{RF}$ ist der Parallelwiderstand der n-fach verzweigten Schleife:

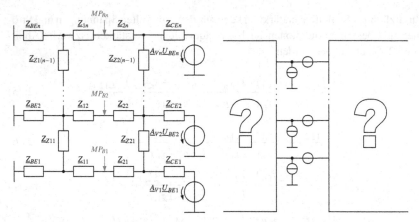

(a) Ursprüngliches Ersatzschaltbild aus einer Vielzahl von Impedanzen und Transistoren.

(b) Messelemente an der *Black Box*.

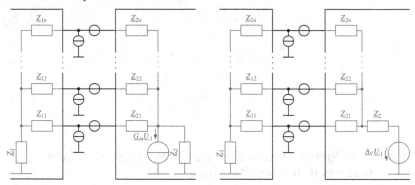

(c) Resultierendes Ersatzschaltbild als Parallelschwingkreis.

(d) Resultierendes Ersatzschaltbild als Serienschwingkreis.

Abbildung 2.28 Überführung der ursprünglichen Schaltung in eine vom Messelement sichtbare Ersatzschaltung

$$\underline{Z}_{RF} = \cfrac{1}{\cfrac{1}{\underline{Z}_{11} + \underline{Z}_{21}} + \cfrac{1}{\underline{Z}_{12} + \underline{Z}_{22}} + ... + \cfrac{1}{\underline{Z}_{1n} + \underline{Z}_{2n}}} \qquad (2.92)$$

Die sich aus der Testspannungssimulation (A) ergebenden Spannungen und Ströme werden in den Vektoren $\vec{U}_{1A}$, $\vec{I}_{1A}$, $\vec{U}_{2A}$ und $\vec{I}_{2A}$ zusammengefasst:

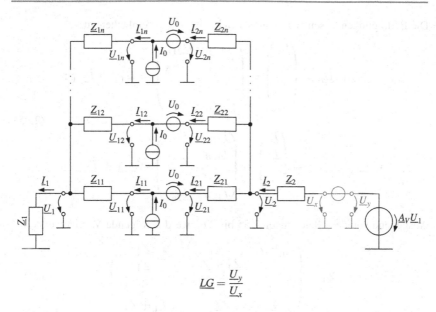

$$LG = \frac{U_y}{U_x}$$

Abbildung 2.29 Schaltungsanalyse für eine n-fach verzweigte Schleife mit n Messelementen

$$\vec{U}_{1A} = \begin{pmatrix} \underline{U}_{11A} \\ \underline{U}_{12A} \\ \vdots \\ \underline{U}_{1nA} \end{pmatrix} \; ; \; \vec{I}_{1A} = \begin{pmatrix} \underline{I}_{11A} \\ \underline{I}_{12A} \\ \vdots \\ \underline{I}_{1nA} \end{pmatrix} \; ; \; \vec{U}_{2A} = \begin{pmatrix} \underline{U}_{21A} \\ \underline{U}_{22A} \\ \vdots \\ \underline{U}_{2nA} \end{pmatrix} \; ; \; \vec{I}_{2A} = \begin{pmatrix} \underline{I}_{21A} \\ \underline{I}_{22A} \\ \vdots \\ \underline{I}_{2nA} \end{pmatrix}$$

(2.93)

Analog lauten die Vektoren zur Teststromsimulation (B):

$$\vec{U}_{1B} = \begin{pmatrix} \underline{U}_{11B} \\ \underline{U}_{12B} \\ \vdots \\ \underline{U}_{1nB} \end{pmatrix} \; ; \; \vec{I}_{1B} = \begin{pmatrix} \underline{I}_{11B} \\ \underline{I}_{12B} \\ \vdots \\ \underline{I}_{1nB} \end{pmatrix} \; ; \; \vec{U}_{2B} = \begin{pmatrix} \underline{U}_{21B} \\ \underline{U}_{22B} \\ \vdots \\ \underline{U}_{2nB} \end{pmatrix} \; ; \; \vec{I}_{2B} = \begin{pmatrix} \underline{I}_{21B} \\ \underline{I}_{22B} \\ \vdots \\ \underline{I}_{2nB} \end{pmatrix}$$

(2.94)

Die Bedingungen lassen sich in dieser Schreibweise vereinfachen zu:

$$\vec{I}_{1A} = \vec{I}_{2A} \; ; \quad \vec{U}_0 = \begin{pmatrix} \underline{U}_0 \\ \underline{U}_0 \\ \vdots \\ \underline{U}_0 \end{pmatrix} = \begin{pmatrix} \underline{U}_{11A} - \underline{U}_{21A} \\ \underline{U}_{12A} - \underline{U}_{22A} \\ \vdots \\ \underline{U}_{1nA} - \underline{U}_{2nA} \end{pmatrix} = \vec{U}_{1A} - \vec{U}_{2A} \; ;$$

$$\vec{U}_{1B} = \vec{U}_{2B} \; ; \quad \vec{I}_0 = \begin{pmatrix} \underline{I}_0 \\ \underline{I}_0 \\ \vdots \\ \underline{I}_0 \end{pmatrix} = \begin{pmatrix} \underline{I}_{11B} - \underline{I}_{21B} \\ \underline{I}_{12B} - \underline{I}_{22B} \\ \vdots \\ \underline{I}_{1nB} - \underline{I}_{2nB} \end{pmatrix} = \vec{I}_{1A} - \vec{I}_{2A}$$

$$(2.95)$$

Ausgehend von den Gleichungen 2.55 bis 2.62 werden folgende Matrizen erstellt:

$$\underline{\mathbf{Z}}_1 = \begin{pmatrix} \underline{Z}_1 + \underline{Z}_{11} & \underline{Z}_1 & \cdots & \underline{Z}_1 \\ \underline{Z}_1 & \underline{Z}_1 + \underline{Z}_{12} & \cdots & \underline{Z}_1 \\ \vdots & \vdots & \ddots & \vdots \\ \underline{Z}_1 & \underline{Z}_1 & \cdots & \underline{Z}_1 + \underline{Z}_{1n} \end{pmatrix} \quad (2.96)$$

$$\underline{\mathbf{Z}}_2 = \begin{pmatrix} \underline{Z}_2 + \underline{Z}_{21} & \underline{Z}_2 & \cdots & \underline{Z}_2 \\ \underline{Z}_2 & \underline{Z}_2 + \underline{Z}_{22} & \cdots & \underline{Z}_2 \\ \vdots & \vdots & \ddots & \vdots \\ \underline{Z}_2 & \underline{Z}_2 & \cdots & \underline{Z}_2 + \underline{Z}_{2n} \end{pmatrix} \quad (2.97)$$

$$\underline{\mathbf{A}}_{\mathbf{vZ1}} = \underline{A}_V \cdot \underline{Z}_1 \cdot \begin{pmatrix} 1 & 1 & \cdots & 1 \\ 1 & 1 & \cdots & 1 \\ \vdots & \vdots & \ddots & \vdots \\ 1 & 1 & \cdots & 1 \end{pmatrix} \quad (2.98)$$

Jetzt lassen sich im Wesentlichen vier dimensionsunabhängige Gleichungen in Matrizenschreibweise aufstellen, mit deren Hilfe ein beliebig verzweigtes Schleifennetzwerk beschrieben werden kann:

$$\vec{U}_{1A} = \underline{\mathbf{Z}}_1 \cdot \vec{I}_{1A} \quad (2.99)$$

$$\vec{U}_{1B} = \underline{\mathbf{Z}}_1 \cdot \vec{I}_{1B} \quad (2.100)$$

$$\vec{U}_{2A} = \underline{\mathbf{A}}_{\mathbf{vZ1}} \cdot \vec{I}_{1A} - \underline{\mathbf{Z}}_2 \cdot \vec{I}_{2A} \quad (2.101)$$

$$\vec{U}_{2B} = \underline{\mathbf{A}}_{\mathbf{vZ1}} \cdot \vec{I}_{1B} - \underline{\mathbf{Z}}_2 \cdot \vec{I}_{2B} \quad (2.102)$$

Für die Berechnung von $\left(\underline{A}_V \cdot \underline{Z}_1\right)$ und $\left(\underline{Z}_1 + \underline{Z}_2 + \underline{Z}_{RF}\right)$ wird ähnlich vorgegangen wie bei der zweifach verzweigten Schleifenberechnung. Als erstes wird die Zusatzbedingung aufgestellt:

$$\vec{\underline{I}}_{1B}{}^\mathsf{T}\,\vec{\underline{U}}_{1A} - \vec{\underline{I}}_{1A}{}^\mathsf{T}\,\vec{\underline{U}}_{1B} = \vec{\underline{I}}_{1B}{}^\mathsf{T}\underline{\mathbf{Z}}_1\,\vec{\underline{I}}_{1A} - \vec{\underline{I}}_{1A}{}^\mathsf{T}\underline{\mathbf{Z}}_1\,\vec{\underline{I}}_{1B} = 0 \qquad (2.103)$$

Im zweiten Schritt kann dann der Term $\left(\underline{A}_V \cdot \underline{Z}_1\right)$ ermittelt werden. Dabei lässt sich die Formel unter Berücksichtigung von Regeln der Vektor- und Matrizenrechnung sowie der oben aufgestellten Bedingung (2.95) stark vereinfachen:

$$
\begin{aligned}
\vec{\underline{I}}_{2B}{}^\mathsf{T}\,\vec{\underline{U}}_{2A} - \vec{\underline{I}}_{2A}{}^\mathsf{T}\,\vec{\underline{U}}_{2B} &= \vec{\underline{I}}_{2B}{}^\mathsf{T}\underline{\mathbf{A}}_{\mathbf{vZ1}}\,\vec{\underline{I}}_{1A} - \vec{\underline{I}}_{2A}{}^\mathsf{T}\underline{\mathbf{A}}_{\mathbf{vZ1}}\,\vec{\underline{I}}_{1B} \\
&= \vec{\underline{I}}_{1A}{}^\mathsf{T} \cdot \underline{\mathbf{A}}_{\mathbf{vZ1}} \cdot \left(\vec{\underline{I}}_{2B} - \vec{\underline{I}}_{1B}\right) \qquad (2.104) \\
&= -\vec{\underline{I}}_{1A}{}^\mathsf{T} \cdot \underline{\mathbf{A}}_{\mathbf{vZ1}} \cdot \vec{\underline{I}}_0
\end{aligned}
$$

Bedingung 2.103 hilft zudem die Anzahl der Variablen zu reduzieren.

$$\vec{\underline{I}}_{1B}{}^\mathsf{T}\,\vec{\underline{U}}_{1A} - \vec{\underline{I}}_{2B}{}^\mathsf{T}\,\vec{\underline{U}}_{2A} = n \cdot \underline{A}_V \cdot \underline{Z}_1 \cdot \vec{\underline{I}}_{1A}{}^\mathsf{T}\,\vec{\underline{I}}_0 \qquad (2.105)$$

$$\underline{A}_V \cdot \underline{Z}_1 = \frac{\vec{\underline{I}}_{1B}{}^\mathsf{T}\,\vec{\underline{U}}_{1A} - \vec{\underline{I}}_{2B}{}^\mathsf{T}\,\vec{\underline{U}}_{2A}}{n \cdot \vec{\underline{I}}_{1A}{}^\mathsf{T}\,\vec{\underline{I}}_0} = \frac{\vec{\underline{I}}_{1B}{}^\mathsf{T}\,\vec{\underline{U}}_{1A} - \vec{\underline{I}}_{2B}{}^\mathsf{T}\,\vec{\underline{U}}_{2A}}{n \cdot \underline{I}_0 \cdot \left(1\ 1\ \ldots\ 1\right)\vec{\underline{I}}_{1A}} \qquad (2.106)$$

Zum Herleiten der Berechnungsformel für $\left(\underline{Z}_1 + \underline{Z}_2 + \underline{Z}_{RF}\right)$ wird zunächst der Satz an Schleifenimpedanzen zu einer resultierenden Schleifenimpedanz $\underline{Z}_{RF}$ zusammengefasst. Dazu wird folgende Ausgangsgleichung gewählt:

$$
\begin{aligned}
\vec{\underline{U}}_0 = \vec{\underline{U}}_{1A} - \vec{\underline{U}}_{2A} &= \underline{\mathbf{Z}}_1 \cdot \vec{\underline{I}}_{1A}{}^\mathsf{T} + \underline{\mathbf{Z}}_2 \cdot \vec{\underline{I}}_{2A}{}^\mathsf{T} - \underline{\mathbf{A}}_{\mathbf{vZ1}} \cdot \vec{\underline{I}}_{1A} \\
&= \left(\underline{\mathbf{Z}}_1 + \underline{\mathbf{Z}}_2 - \underline{\mathbf{A}}_{\mathbf{vZ1}}\right) \cdot \vec{\underline{I}}_{1A}
\end{aligned}
\qquad (2.107)
$$

$$
\begin{aligned}
&\vec{\underline{U}}_0 - \left(\underline{Z}_1 + \underline{Z}_2 - \underline{A}_V \cdot \underline{Z}_1\right) \cdot
\begin{pmatrix}
1\ 1\ \ldots\ 1 \\
1\ 1\ \ldots\ 1 \\
\vdots\ \vdots\ \ddots\ \vdots \\
1\ 1\ \ldots\ 1
\end{pmatrix}
\cdot \vec{\underline{I}}_{1A} \\[2mm]
&= \begin{pmatrix}
\underline{Z}_{11} + \underline{Z}_{21} & 0 & \cdots & 0 \\
0 & \underline{Z}_{12} + \underline{Z}_{22} & \cdots & 0 \\
\vdots & \vdots & \ddots & \vdots \\
0 & 0 & \cdots & \underline{Z}_{1n} + \underline{Z}_{2n}
\end{pmatrix}
\cdot \vec{\underline{I}}_{1A}
\end{aligned}
\qquad (2.108)
$$

Nach dem Umstellen zeigt sich, dass auf der linken Seite in jeder Zeile das gleiche Skalar entsteht. Damit kann die Menge an Unbekannten reduziert werden und abschließend eine Berechnungsformel für $\underline{Z}_{RF}$ gefunden werden.

$$
\begin{pmatrix} \underline{Z}_{11} + \underline{Z}_{21} \\ \underline{Z}_{11} + \underline{Z}_{21} \\ \vdots \\ \underline{Z}_{11} + \underline{Z}_{21} \end{pmatrix} \cdot \underline{I}_{11A} = \begin{pmatrix} \underline{Z}_{11} + \underline{Z}_{21} & 0 & \cdots & 0 \\ 0 & \underline{Z}_{12} + \underline{Z}_{22} & \cdots & 0 \\ \vdots & \vdots & \ddots & \vdots \\ 0 & 0 & \cdots & \underline{Z}_{1n} + \underline{Z}_{2n} \end{pmatrix} \cdot \vec{I}_{1A} \tag{2.109}
$$

$$
\frac{1}{\underline{Z}_{RF}} = \begin{pmatrix} 1 & 1 & \cdots & 1 \end{pmatrix} \begin{pmatrix} \dfrac{1}{\underline{Z}_{11} + \underline{Z}_{21}} \\ \dfrac{1}{\underline{Z}_{12} + \underline{Z}_{22}} \\ \vdots \\ \dfrac{1}{\underline{Z}_{1n} + \underline{Z}_{2n}} \end{pmatrix} = \frac{1}{\underline{Z}_{11} + \underline{Z}_{21}} \cdot \frac{\begin{pmatrix} 1 & 1 & \cdots & 1 \end{pmatrix} \cdot \vec{I}_{1A}}{\underline{I}_{11A}} \tag{2.110}
$$

$$
\underline{Z}_{RF} = \left(\underline{Z}_{11} + \underline{Z}_{21} \right) \cdot \frac{\underline{I}_{11A}}{\begin{pmatrix} 1 & 1 & \cdots & 1 \end{pmatrix} \cdot \vec{I}_{1A}} \tag{2.111}
$$

Ausgehend von der Berechnungsformel 2.107 wird jetzt der Nenner für die Schleifenverstärkungsgleichung aufgestellt:

$$
\frac{\vec{U}_{1A} - \vec{U}_{2A}}{\begin{pmatrix} 1 & 1 & \cdots & 1 \end{pmatrix} \vec{I}_{1A}} = \begin{pmatrix} \underline{Z}_{11} + \underline{Z}_{21} & 0 & \cdots & 0 \\ 0 & \underline{Z}_{12} + \underline{Z}_{22} & \cdots & 0 \\ \vdots & \vdots & \ddots & \vdots \\ 0 & 0 & \cdots & \underline{Z}_{1n} + \underline{Z}_{2n} \end{pmatrix} \cdot \frac{\vec{I}_{1A}}{\begin{pmatrix} 1 & 1 & \cdots & 1 \end{pmatrix} \vec{I}_{1A}}
$$

$$
+ \left(\underline{Z}_1 + \underline{Z}_2 - \underline{A}_V \cdot \underline{Z}_1 \right) \cdot \begin{pmatrix} 1 \\ 1 \\ \vdots \\ 1 \end{pmatrix} \tag{2.112}
$$

$$
\frac{\vec{U}_{1A} - \vec{U}_{2A}}{\begin{pmatrix} 1 & 1 & \cdots & 1 \end{pmatrix} \vec{I}_{1A}} = \begin{pmatrix} \underline{Z}_{RF} + \underline{Z}_1 + \underline{Z}_2 \\ \underline{Z}_{RF} + \underline{Z}_1 + \underline{Z}_2 \\ \vdots \\ \underline{Z}_{RF} + \underline{Z}_1 + \underline{Z}_2 \end{pmatrix} - \underline{A}_V \cdot \underline{Z}_1 \cdot \begin{pmatrix} 1 \\ 1 \\ \vdots \\ 1 \end{pmatrix} \tag{2.113}
$$

$$\underline{Z}_1 + \underline{Z}_2 + \underline{Z}_{RF} = \frac{U_0}{(1\ 1\ \ldots\ 1)\ \vec{\underline{I}}_{1A}} + \underline{A}_V \cdot \underline{Z}_1 \qquad (2.114)$$

Zum Abschluss müssen Zähler (2.106) und Nenner (2.114) in die Gleichung für die Schleifenverstärkung eingesetzt werden. Ebenfalls wird $(\underline{A}_V \cdot \underline{Z}_1)$ in Gleichung 2.114 durch Gleichung 2.106 ersetzt.

$$
\begin{aligned}
\underline{LG} &= \frac{\vec{\underline{I}}_{1B}{}^{\mathsf{T}}\ \vec{\underline{U}}_{1A} - \vec{\underline{I}}_{2B}{}^{\mathsf{T}}\ \vec{\underline{U}}_{2A}}{\dfrac{\underline{U}_{11A} - \underline{U}_{21A}}{(1\ 1\ \ldots\ 1)\ \vec{\underline{I}}_{1A}} + \dfrac{\vec{\underline{I}}_{2B}{}^{\mathsf{T}}\ \vec{\underline{U}}_{2A} - \vec{\underline{I}}_{1B}{}^{\mathsf{T}}\ \vec{\underline{U}}_{1A}}{n \cdot \underline{I}_0 \cdot (1\ 1\ \ldots\ 1)\ \vec{\underline{I}}_{1A}}} \\[2ex]
&= \frac{\vec{\underline{I}}_{1B}{}^{\mathsf{T}}\ \vec{\underline{U}}_{1A} - \vec{\underline{I}}_{2B}{}^{\mathsf{T}}\ \vec{\underline{U}}_{2A}}{n \cdot \underline{I}_0 \cdot \underline{U}_0 + \vec{\underline{I}}_{2B}{}^{\mathsf{T}}\ \vec{\underline{U}}_{2A} - \vec{\underline{I}}_{1B}{}^{\mathsf{T}}\ \vec{\underline{U}}_{1A}} \\[2ex]
&= \frac{\vec{\underline{I}}_{1B}{}^{\mathsf{T}}\ \vec{\underline{U}}_{1A} - \vec{\underline{I}}_{2B}{}^{\mathsf{T}}\ \vec{\underline{U}}_{2A}}{\vec{\underline{I}}_0{}^{\mathsf{T}} \cdot \vec{\underline{U}}_0 + \vec{\underline{I}}_{2B}{}^{\mathsf{T}}\ \vec{\underline{U}}_{2A} - \vec{\underline{I}}_{1B}{}^{\mathsf{T}}\ \vec{\underline{U}}_{1A}} \\[2ex]
&= \frac{\vec{\underline{I}}_{1B}{}^{\mathsf{T}}\ \vec{\underline{U}}_{1A} - \vec{\underline{I}}_{2B}{}^{\mathsf{T}}\ \vec{\underline{U}}_{2A}}{\left(\vec{\underline{I}}_{1B} - \vec{\underline{I}}_{2B}\right)^{\mathsf{T}}\left(\vec{\underline{U}}_{1A} - \vec{\underline{U}}_{2A}\right) + \vec{\underline{I}}_{2B}{}^{\mathsf{T}}\ \vec{\underline{U}}_{2A} - \vec{\underline{I}}_{1B}{}^{\mathsf{T}}\ \vec{\underline{U}}_{1A}}
\end{aligned}
\qquad (2.115)
$$

Nach weiteren Vereinfachungen ergibt sich die allgemein gültige Gleichung für eine Schleifenverstärkung, unabhängig von der Anzahl der parallelen Rückführungen:

$$\underline{LG} = \frac{\vec{\underline{I}}_{2B}{}^{\mathsf{T}}\ \vec{\underline{U}}_{2A} - \vec{\underline{I}}_{1B}{}^{\mathsf{T}}\ \vec{\underline{U}}_{1A}}{\vec{\underline{I}}_{2B}{}^{\mathsf{T}}\ \vec{\underline{U}}_{1A} + \vec{\underline{I}}_{1B}{}^{\mathsf{T}}\ \vec{\underline{U}}_{2A} - 2 \cdot \vec{\underline{I}}_{1B}{}^{\mathsf{T}}\ \vec{\underline{U}}_{1A}} \qquad (2.116)$$

2.5.5 Simulationsvergleich zwischen einfach verzweigten und mehrfach verzweigten Rückführungen

Für einen Vergleich der Stabilitätsanalyse wird ein beliebiges Verstärkernetzwerk (Abbildung 2.30) mit einer mehrfach verzweigten Rückführung herangezogen und in *Cadence*® untersucht. Wichtig für den Vergleich ist mindestens ein gemeinsames Koppelelement $\underline{Z}_1$ bzw. $\underline{Z}_2$ (Abbildung 2.29), damit eine einfache Stabilitätssimulation mittels „iprb" aus *Cadence*® möglich ist.

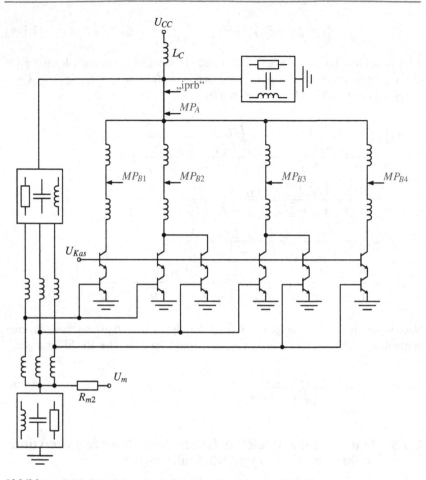

Abbildung 2.30 Beispielnetzwerk für einen Vergleich der Schleifenverstärkung zwischen einfach verzweigten („iprb", MP_A) und mehrfach verzweigten (MP_{B1} bis MP_{B4}) Rückführungen

In der Mehrfachverzweigung besteht eine Abhängigkeit zwischen den einzelnen Messelementen, sodass eine Terminierung einer Spannung bzw. eines Stroms
entsprechend Gleichung 2.35 und 2.36 schwierig sein wird und wahrscheinlich
Konvergenzprobleme verursacht. Aus diesem Grund wird diese Methode in der
vorliegenden Arbeit nicht näher untersucht. Für den Vergleich ist also von einer
geringen Abweichung gegenüber der Stabilitätsanalyse in *Cadence*® auszugehen.
Da diese Abweichung jedoch erst bei sehr kleinen Schleifenverstärkungen (unter
−10 dB) auftritt, liegt der Fehler im wenig interessanten Untersuchungsbereich.
Daher wird zusätzlich zur „iprb" auch ein Messelement, das nach der einfachen
Messmethode zur Ermittlung der Schleifenverstärkung (Abbildung 2.18) vorgeht,
am gemeinsamen Knoten eingebracht.

Für eine wiederkehrende Untersuchung hinsichtlich verschiedener Einstellungen sind die verschiedenen Simulationen und Berechnungen in einem *Skill*-Skript
(Skriptsprache von *Cadence*®: *Oceane Skill*) zusammengeführt worden. Der Quellcode dazu ist im Nachtrag (D) des elektronischen Zusatzmaterials zu finden.

Die Ergebnisse der Simulation zur Stabilitätsuntersuchung (Abbildung 2.31) mit
den Methoden für einfache und mehrfach verzweigte Rückführungen (Abschnitt 2.4

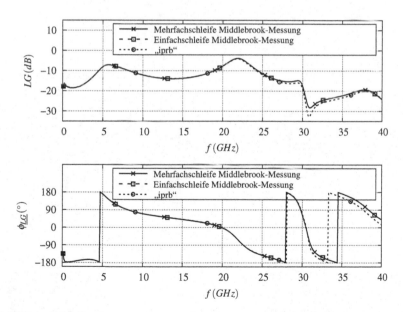

Abbildung 2.31 Vergleich von Betrag und Phase der Schleifenverstärkung für Leistungsverstärker mit einfacher und mehrfach verzweigter Rückführung

und Abschnitt 2.5.4) sind identisch. Die Simulation mittels „iprb" weicht in erwarteter Weise ein wenig ab. Damit wird validiert, dass Gleichung 2.116 für eine Betrachtung der Schleifenverstärkung mit mehreren parallelen Rückführungen korrekt ist. Es konnte gezeigt werden, dass eine gesamte Stabilitätsanalyse mit nur zwei schnellen AC-Simulationen auch für komplex vermaschte Rückführungsstrukturen möglich ist.

Entwurfsmethodiken für den optimierten Aufbau linearer Leistungsverstärker

3

Leistungsverstärker sollen ausgangsseitig hohe Leistungen emittieren können. Neben der Berücksichtigung von Energieeinsparung und somit der Erhöhung der Batterielaufzeit von transportablen Geräten spielen thermische Aspekte eine wesentliche Rolle bei der Effizienzoptimierung. Wichtig ist bei der Optimierung der erreichbare Wirkungsgrad entsprechend der gewählten Topologie. In Abschnitt 2.2.1 wurde beschrieben, dass ein Klasse-A-Leistungsverstärker mit induktiver Speisung einen maximalen Wirkungsgrad von mehr als 50 % nicht überschreiten kann. Es ist jedoch wünschenswert nahe an dieses Maximum heranzukommen. Als weiterer Aspekt muss erwähnt werden, dass Leistungsverstärker ihr Effizienzmaximum nicht zwingend erreichen, wenn von der ermittelten Ausgangsimpedanz des Verstärkers eine herkömmliche Transformation auf die Systemimpedanz durchgeführt wird. Ähnlich wie bei großen Drehstrommaschinen spielen hierbei stattdessen die Blindleistungsterminierung und die maximale Aussteuerung die entscheidende Rolle. Gemeinsam berücksichtigt, ergibt sich daraus die optimale Last.

Blindleistung stellt eine in realen Systemen nicht nutzbare Leistung dar. Sie kann also als eine Art Verlustleistung angesehen werden. Wird ein System von Außen betrachtet, ergibt sich die Scheinleistung, welche sich aus der Wirkleistung und der Blindleistung zusammensetzt. Entwickler von Leistungsverstärkern sind immer bestrebt, die Wirkleistung so zu optimieren, dass diese zur Scheinleistung identisch wird. Blindleistung entsteht an Induktivitäten und Kapazitäten in einem

---

Ergänzende Information Die elektronische Version dieses Kapitels enthält Zusatzmaterial, auf das über folgenden Link zugegriffen werden kann https://doi.org/10.1007/978-3-658-41749-9_3.

System. Dies bewirkt eine Phasendifferenz zwischen Strom und Spannung. Nur wenn Strom und Spannung identische Phasen besitzen, wird die Wirkleistung maximal und die Blindleistung zu Null. Dies kann durch eine geschickte Anordnung einer zusätzlichen Induktivität oder Kapazität erreicht werden.

Die Ausgangsimpedanz eines Verstärkers mit einem eingestellten Arbeitspunkt lässt sich leicht durch eine Kleinsignalanalyse ermitteln. Der negative Imaginärteil der Impedanz an Leistungsverstärkern zeigt für gewöhnlich ein kapazitives Verhalten. Dieses kann durch Superposition eines parallelen positiven Imaginärteils kompensiert werden. Dazu wird eine im Kleinsignalersatzschaltbild parallel angeordnete Induktivität am Ausgang verwendet. In der realen Schaltung kann diese Spule als Speisung des Verstärkers zwischen Versorgungsspannung und Kollektor eingebracht werden. Diese ist damit sowohl eine induktive Last zur Blindleistungskompensation in Klasse-A-Leistungsverstärkern als auch eine Entkopplung zur Versorgungsspannung.

Die maximale Aussteuerung bei linearen Leistungsverstärkern mit eingestelltem Arbeitspunkt entscheidet über die maximale Leistung am Verstärkerausgang, bevor es zu erheblichen Kompressionserscheinungen kommt. Diese Leistung ist ausschlaggebend für die Effizienz im linearen Bereich des Verstärkers. Hierbei entscheidet maßgeblich die vom Verstärker gesehene Last. Diese ist bei Klasse-A-Leistungsverstärkern nach Eliminierung des Blindanteils über einen weiten Aussteuerungsbereich rein ohmscher Natur. Erst bei Annäherung an die Sättigung kommt es, geschuldet der Asymmetrie des Ausgangssignals, zu einer Anhebung des Gleichstromanteils. In diesem Fall verändert sich die optimale Last dann auch als komplexe Größe, da sich alle parasitären Elemente am Transistor abhängig vom Arbeitspunkt ändern. Für Klasse-B-Leistungsverstärker gilt dieses Verhalten von Anfang an. Eine Erhöhung der Eingangsleistung führt zwangsläufig zu einer Anhebung des Arbeitspunkts. Die komplexe optimale Last kann für diesen Fall nur für eine gewählte Aussteuerung eingestellt werden. In dieser Arbeit wird jedoch ausschließlich auf Klasse-A- bzw. Klasse-AB-Leistungsverstärker eingegangen.

Zur Ermittlung der korrekten Elemente für die optimale Last gibt es verschiedene Ansätze, von denen in diesem Abschnitt drei diskutiert werden sollen:

- die *Load-Pull*-Optimierung, ein iteratives Verfahren
- die Ausgangskennlinienfeldoptimierung, ein analytisches Verfahren zur Optimierung am Verstärkerausgang und
- die Transistortransferkennlinienoptimierung, ein analytisches Verfahren zur Optimierung an der Stromquelle im dynamischen Transistorersatzschaltbild (Transferstromquelle).

Ist die optimale Last zur Systemimpedanz verschieden, ist nach der Optimierung zusätzlich ein Transformationsnetzwerk am Ausgang, ggf. auch am Eingang, vorzusehen.

3.1   *Load-Pull*-Optimierung

Die *Load-Pull*-Analyse ist ein iteratives Verfahren, das durch Hamilton, Knipp und Kuper bereits im Jahre 1948 vorgestellt wurde [HKK48]. Mit dessen Hilfe können Änderungen von Parametern als Lastkonturen in der Z-Ebene im *Smith*-Diagramm visualisiert werden. Es wird z. B. genutzt, um bei Leistungsverstärkern die optimale Last, in Abhängigkeit gewünschter Kriterien, zu ermitteln. Dabei ist der veränderliche Parameter die Last selbst. Eine Variation von Versorgungsspannung oder Arbeitspunktstrom führt zu verschiedenen Lastkonturen. Thermische Effekte und auch Alterung können in diesem Ansatz ebenfalls untersucht werden. Abgetragen werden die Lastkonturen üblicherweise im *Smith*-Diagramm. In diesem Diagramm wird statt der Impedanz selbst der Reflektionsfaktor der Last $\underline{\Gamma}_L$ verwendet. $\underline{\Gamma}_L$ ergibt sich nach [Ell08] aus der an den Verstärker angelegten Lastimpedanz und der Systemimpedanz $\underline{Z}_0$:

$$\underline{\Gamma}_L = \frac{\underline{Z} - \underline{Z}_0}{\underline{Z} + \underline{Z}_0} \tag{3.1}$$

Bei konstanter Eingangsleistung wird die Lastimpedanz verändert. Wichtig dabei ist, dass der Eingang des Leistungsverstärkers immer konjugiert-komplex angepasst bleibt, auch wenn die Änderung der Last eine Änderung der Eingangsimpedanz bewirkt. Für jede Last kann nun die Ausgangsleistung, die Effizienz oder auch die Verstärkung gemessen werden. Beispielhaft sei hier die Ausgangsleistung als Bezugsgröße gewählt. Die Konturen ergeben sich aus den veränderten Lastimpedanzen bei konstanter Ausgangsleistung und bilden dabei eine Isolinie wie in Abbildung 3.1. Je mehr sich die Isolinie dem Optimum nähert, desto kleiner wird die Lösungsmenge der in Frage kommenden Lastimpedanzen, bis nur noch eine einzige übrig bleibt.

Ebenso kann, je nach Anforderung, mit der Effizienz und der Verstärkung verfahren werden. Eine Optimierung aller Parameter zur gleichen Zeit wird sich in den meisten Fällen ausschließen. Wird die Ausgangsleistung erhöht, kommt es zumeist zu einer Verringerung der Verstärkung. Nicht ausschließen lässt sich ein Maximum der Ausgangsleistung bei einem gleichzeitigen Maximum der Effizienz. Durch die Kombination verschiedener Optimierungsschwerpunkte wird dem *Designer* die Möglichkeit gegeben einen optimalen Kompromiss zu finden.

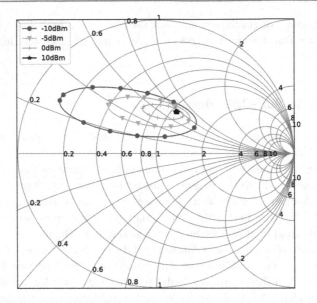

Abbildung 3.1 Schematische Darstellung der Reflektionsfaktorkonturen der Last in der Z-Ebene im *Smith*-Diagramm

Die *Load-Pull*-Analyse erfüllt ihren Zweck nur für nichtlineare Verstärker oder für Verstärker im nichtlinearen Bereich. Jeder als linear geltende Leistungsverstärker besitzt einen nichtlinearen Großsignalbereich und ist somit für diese Simulation geeignet.

Der größte Vorteil dieses Optimierungsverfahren ist die große Flexibilität, auf welche Eigenschaften hin ein Leistungsverstärker optimiert werden kann. Durch die notwendige Großsignalsimulation kann diese Optimierung jedoch viel Zeit in Anspruch nehmen. Hier spielt die Geschicklichkeit, mit der der *Designer* seine Startbedingungen und seine Annäherungsweise wählt, eine entscheidende Rolle. Zu kleine Startwerte und zu kleine Schritte ziehen die Simulation in die Länge. Ein zu hoher Startwert oder ungünstige Schrittweiten verfehlen möglicherweise das Optimum. Um sicher zu stellen, dass das globale Maximum und nicht nur ein lokales gefunden wird, kann es daher notwendig sein, verschiedene Startbedingungen vorzugeben. Hier hilft jedoch in vielen Fällen die Software selbst bei der Wahl. Das in dieser Arbeit genutzte Softwarepaket *Cadence*®bietet selbst eine Möglichkeit für eine *Load-Pull*-Analyse an.

3.2 Ausgangskennlinienfeldoptimierung

Das Verfahren zur Optimierung über das Ausgangskennlinienfeld ist ein idealisiertes analytisches Verfahren, das mit Hilfe von Kleinsignalsimulationen die optimalen Bauteilwerte an den Toren des Leistungsverstärkers errechnet und lehnt an die Untersuchung der Ausgangsleistung und Lastkennlinie von Bös [Bö98] an. Die Anzahl der Simulationen ist mit der Anzahl der Tore des Leistungsverstärkers identisch. Kleinsignalsimulationen sind auf Grund der Linearisierung im Arbeitspunkt sehr schnell. In der Kleinsignalsimulation kann der Leistungsverstärker zudem über einen weiten Frequenzbereich vollständig charakterisiert werden.

Ausgangspunkt der Betrachtung ist das Ausgangskennlinienfeld bei einem sinusförmigen Ausgangssignal. Im Ausgangskennlinienfeld wird bei dieser Methode nach einer initialen Blindleistungskompensation die maximale Aussteuerbarkeit ermittelt. Der Unterschied zwischen blindleistungskompensiertem und nicht blindleistungskompensiertem Transistorausgang wird in Abbildung 3.2 demonstriert. Während sich bei der Ansteuerung am nicht kompensierten Transistor eine weit offene Schleife ausbildet, verschwindet diese Öffnung der Schleife bei Kompensation fast völlig. Die offene Schleife entsteht, wenn Strom und Spannung nicht phasengleich sind, d. h. wenn ein Wert dem anderen Wert nacheilt. Je größer die Öffnung der Schleife ist, desto größer ist der Phasenunterschied und desto höher ist der zirkulierende Blindleistungsanteil im Ausgangssignal. Nach der Kompensation bleibt über einem weiten Aussteuerungsbereich eine reine Wirkleistung. Erst mit einsetzender Verzerrung und dem damit verbundenen Anstieg des Gleichstromanteils, was einer Änderung des Arbeitspunkts gleichkommt, beginnt der Verstärker wieder Blindleistung zu erzeugen.

Wenn der Verstärker bei maximaler Aussteuerung arbeitet, kann der Wirkungsgrad maximiert werden. Dabei hilft die Darstellung der U-I-Kennlinie. Ein Beispiel ist in Abbildung 3.3 gezeigt. Der Arbeitspunkt ist mit „AP" gekennzeichnet. Bei kleinen Aussteuerungen ergibt sich eine unverzerrte lineare Lastkurve mit negativem Anstieg. Durch eine Verlängerung der Geraden hin zu beiden Koordinatenachsen kann die Aussteuerung abgelesen werden. Beachtet werden muss hierzu die Ortskurve für die Sättigungsspannung $U_{CE,sat}$, die die minimal mögliche Spannung am Ausgang vorgibt. Die andere Grenze wird durch den Strom vorgegeben, bei welchem der Transistor gerade noch leitend ist (Kennlinie $I_{C,min}$). Ist der Abstand zwischen Punkt „AP" und dem Berührungspunkt zu „$U_{CE,sat}$" identisch zum Abstand zwischen Punkt „AP" und dem Berührungspunkt zu „$I_{C,min}$", wird die maximale Aussteuerung erreicht. Unterscheiden sich beide Abstände kann der Arbeitspunkt durch Änderung der Versorgungsspannung („AP1") und des Arbeitspunktstroms („AP2") verschoben werden. Dies führt jedoch auch zu einer Änderung des Anstiegs der Last-

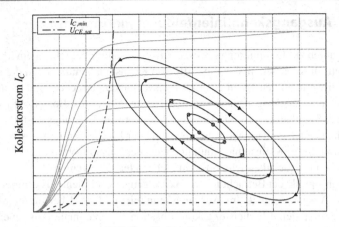

Kollektor-Emitter-Spannung U_{CE}

(a) Vor der Blindleistungskompensation.

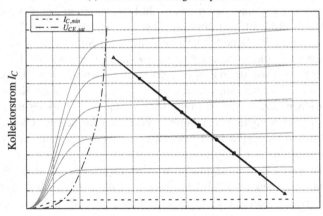

Kollektor-Emitter-Spannung U_{CE}

(b) Nach der Blindleistungskompensation.

Abbildung 3.2 U-I-Kennlinie am Ausgang eines Klasse-A-Leistungsverstärkers

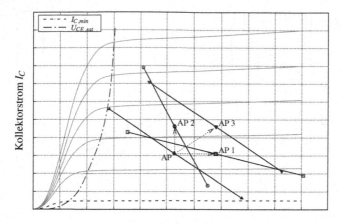

Kollektor-Emitter-Spannung U_{CE}

Abbildung 3.3 Änderung der Lastkurve durch Änderung des Arbeitspunkts

kurve (Abbildung 3.3), d. h. zu einer Änderung der optimalen Last und ebenfalls zu einer Änderung des Induktivitätswertes zur Blindleistungskompensation. Diese stark nichtlinear vom Arbeitspunkt abhängigen Transistorkennwerte erschweren eine optimale Einstellung.

Eine ausschließliche Variation des Anstiegs der Lastkurve durch eine Lasttransformation ausgangsseitig (Abbildung 3.4) umgeht dieses Problem und ermöglicht eine analytische Betrachtung.

Für dieses Optimierungsverfahren sind nur zwei Kleinsignalsimulationen, auf Grund derer die Y-Parameter des Systems ermittelt werden, notwendig:

$$\underline{I}_{EIN} = \underline{Y}_{e,11} \cdot \underline{U}_{EIN} + \underline{Y}_{e,12} \cdot \underline{U}_{AUS} \tag{3.2}$$

$$\underline{I}_{AUS} = \underline{Y}_{e,21} \cdot \underline{U}_{EIN} + \underline{Y}_{e,22} \cdot \underline{U}_{AUS} \tag{3.3}$$

Die optimale ohmsche Last lässt sich, wie vorangegangen diskutiert, über die Aussteuerung im Ausgangskennlinienfeld ermitteln. Sie lautet initial:

$$R_{L,opt} = \frac{U_{CC} - U_{CE,sat}}{I_{C,min} - I_{C,max}} \tag{3.4}$$

Nun ist eine direkte Berechnung der übrigen Werte, d. h. für die Induktivität am Ausgang und die optimale Eingangsimpedanz mit den Gleichungen 3.2 und 3.3,

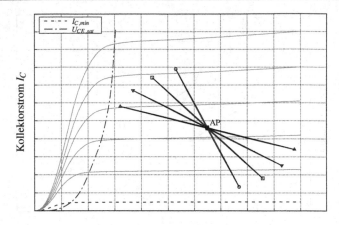

Kollektor-Emitter-Spannung U_{CE}

Abbildung 3.4 Änderung der Lastkurve durch Änderung der ohmschen Last, z. B. durch Lasttransformation

nur dann in guter Genauigkeit möglich, wenn der Einfluss von einem Tor zum anderen vernachlässigbar ist. Sobald jedoch eine erhebliche Kopplung zwischen Eingang und Ausgang und umgekehrt besteht ($\underline{Y}_{e,12} > 0$, $\underline{Y}_{e,22} > 0$), gibt es eine direkte Abhängigkeit der optimalen Werte zwischen beiden Seiten gemäß folgender Gleichungen:

$$-\underline{Y}_{L,opt} = \underline{Y}_{e,22} + \frac{\underline{Y}_{e,12} \cdot \underline{Y}_{e,21}}{\underline{Y}_{EIN,opt} - \underline{Y}_{e,11}} \tag{3.5}$$

bzw.

$$-\underline{Y}_{EIN,opt} = \underline{Y}_{e,11} + \frac{\underline{Y}_{e,12} \cdot \underline{Y}_{e,21}}{\underline{Y}_{L,opt} - \underline{Y}_{e,22}} \tag{3.6}$$

In diesem Fall ist das Finden der optimalen Werte nur iterativ möglich. Einzig vorgegeben ist $R_{L,opt}$. Das Verfahren kann etwas vereinfacht werden, wenn der Lastwiderstand vor der Kleinsignalanalyse in die Schaltung eingefügt wird. Dann nämlich kann $\underline{Y}_{L,opt}$ als Admittanz ohne Realteil angesehen werden:

$$\underline{Y}_{L,opt} = \frac{1}{\underline{Z}_{L,opt}} \overset{!}{=} \frac{1}{jX_{L,opt}} = -j\frac{1}{X_{L,opt}} \tag{3.7}$$

Es ist auf Grund der parasitären Kapazitäten des Verstärkers weiterhin davon auszugehen, dass als reaktives Bauelement eine Spule eingesetzt werden muss. Das führt zu einem positiven $X_{L,opt}$. Diese Annahme reduziert den Suchraum für die unbekannten Werte für $X_{L,opt}$ und $\underline{Y}_{EIN,opt}$. Der restliche Lösungsweg beruht auf iterativer Approximation.

3.3 Transistortransferkennlinienanpassung

Eine Erweiterung aus dem vorangegangenen Abschnitt 3.2 („Ausgangskennlinien-feldoptimierung") stellt die Transistortransferkennlinienanpassung dar. Hier ergibt sich die Last am Ausgang durch eine Transformation vom Inneren des Transistors. Konkret bedeutet das, dass die optimale Last parallel zur Stromquelle im Ersatz-schaltbild des Transistors durch eine Übertragungsfunktion ermittelt wird. Während in der Ausgangskennlinienfeldoptimierung die parasitären Einflüsse lediglich am Verstärkerausgang eliminiert werden, berücksichtigt die Transistortransferkennlinien-anpassung sämtliche Parasitäten, die von der Ersatzstromquelle, auch als Trans-ferstromquelle bezeichnet, gesehen werden. An der Quelle der Ausgangsleistung wird also die Blindleistung kompensiert und die optimale Last eingestellt.

Die Methode dieser Optimierung basiert auf der *loadline*-Theorie von Cripps [Cri99], wurde von Schumann (geb. Hauptmann) [HE11] erweitert und mündet im *Design*-Verfahren für einen 60 GHz-Verstärker [HIICE11, Sch12]. In [HE11] wird gezeigt, dass die einfache und schnelle Möglichkeit eine gute Genauigkeit für eine optimierte Ausgangsleistung und Effizienz liefert.

Sie kann in der Simulation dort angewendet werden, wo im hinterlegten Simu-lationsmodell ein Zugriff auf die Ströme und Spannung an der Transferstromquelle möglich ist. Für die Transistoren aus der für die Arbeit genutzten Technologie liegt diese Bedingung vor.

In den folgenden Abschnitten wird das Verfahren der Transistortransferkennlini-enanpassung für Transistorverstärker in Emitterschaltung, zunächst ungestapelt und anschließend gestapelt, untersucht. Es wird gezeigt, wie sich mit wenig simulati-vem Aufwand und analytischer Vorgehensweise eine optimale Verstärkerauslegung realisieren lässt.

3.3.1 Einfache Leistungsverstärker in Emitterschaltung

Ein Ersatzschaltbild für ein Simulationsmodell eines realen Transistorverstärkers wird in Abbildung 3.5 dargestellt. Insbesondere durch den parasitären seriellen Ausgangswiderstand R_C kommt es zu einer Abweichung zwischen der optimalen Last an Knoten C' und Knoten C. In realen Schaltungen lässt sich dieses Modell

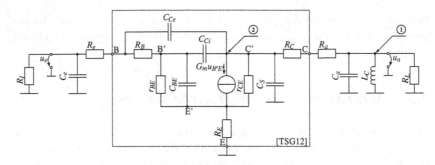

Abbildung 3.5 Ersatzschaltbild eines Transistorleistungsverstärkers in Emitterschaltung

hinter dem Knoten C noch auf die parasitären Einflüsse der Aufbau- und Verbindungstechnik erweitern. Hier können dann auch reaktive Elemente einen Einfluss geltend machen. Im Verstärker-*Design* wird für diesen Fall eine *Layout*-Extraktion durchgeführt. Erst nach dieser Extraktion ist eine realistische Dimensionierung der optimalen Eingangs- bzw. Ausgangslasten möglich, da die Einflüsse der Leiterbahnen auch bei EMV-bewussten *Layouts* nicht zu vernachlässigen sind. Eine Ausgangskennlinienfeldoptimierung nach Abschnitt 3.2 terminiert zwar den Blindleistungsanteil am Ausgang, d. h. am Knoten (1), jedoch nicht an der eigentlichen Ersatzstromquelle vom Transistor (Knoten (2)). Zwischen diesen beiden Knoten zirkuliert weiterhin ein Blindstrom. Erst durch das Terminieren des Blindstroms an Knoten C' kann die Effizienz maximiert werden. In der im Abschnitt 3.1 erläuterten *Load-Pull*-Optimierung wird dieser Punkt durch iterative Annäherung mittels einer Vielzahl von Simulationen gefunden. Das kann jedoch sehr zeitaufwendig sein.

Prinzipiell ist die Vorgehensweise im Vergleich zur Ausgangskennlinienfeldoptimierung sehr ähnlich. Für die Transistortransferkennlinienanpassung sind jedoch die Spannung $\underline{U}_{TF}$ über der und der Strom $\underline{I}_{TF}$ durch die Ersatzstromquelle entscheidend. Diese werden ebenfalls im U-I-Diagramm abgetragen und darüber die maximale Aussteuerung ermittelt. Zum Berechnen der optimalen Last wird hier zusätzlich eine Übertragungsfunktion von den anliegenden Spannungen am Eingang sowie Ausgang zu Strom und Spannung der Ersatzstromquelle aufgestellt. Durch die zusätzlichen Informationen und die daraus gewonnenen zusätzlichen Gleichungen ist ein eindeutiges analytisches Ergebnis produzierbar. Eine iterative Suche nach den fehlenden Werten ist damit unnötig. Das spart Simulationsaufwand, denn das Verfahren kommt mit nur zwei Kleinsignalsimulationen aus.

Abbildung 3.6 zeigt das einfache Transistorersatzschaltbild in einer *BlackBox*. Die einzigen notwendigen Werte sind $\underline{U}_{TF}$ und $\underline{I}_{TF}$. In den zwei

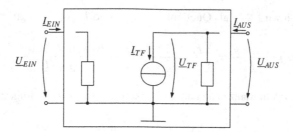

Abbildung 3.6 Transistorersatzschaltbild in einer *Black Box* mit unbekanntem Übertragungsverhalten

Kleinsignalsimulationen (eine am Eingang und eine am Ausgang) werden die Ströme und Spannungen sowohl an der Ersatzstromquelle als auch an den Toren des Verstärkers zugleich ausgewertet und die Übertragungsfunktionen daraus aufgestellt:

$$\underline{U}_{TF} = \underline{V}_{TF,EIN} \cdot \underline{U}_{EIN} + \underline{V}_{TF,AUS} \cdot \underline{U}_{AUS} \tag{3.8}$$

$$\underline{I}_{TF} = \underline{Y}_{TF,EIN} \cdot \underline{U}_{EIN} + \underline{Y}_{TF,AUS} \cdot \underline{U}_{AUS} \tag{3.9}$$

Neben den Übertragungsgleichungen zur Ersatzstromquelle lassen sich die Y-Parameter für den Verstärker auf gleiche Weise wie in Abschnitt 3.2 aufstellen:

$$\underline{I}_{EIN} = \underline{Y}_{e,11} \cdot \underline{U}_{EIN} + \underline{Y}_{e,12} \cdot \underline{U}_{AUS} \tag{3.10}$$

$$\underline{I}_{AUS} = \underline{Y}_{e,21} \cdot \underline{U}_{EIN} + \underline{Y}_{e,22} \cdot \underline{U}_{AUS} \tag{3.11}$$

Als Startpunkt für die optimale Last wird folgende Gleichung verwendet:

$$R_{TF} = \frac{U_{CE} - U_{CE,sat}}{x \cdot I_{C,AP}} \tag{3.12}$$

Dabei ist R_{TF} der Lastwiderstand an der Ersatzstromquelle. Durch den negativen Anstieg der Lastkennlinie ist der Wert von R_{TF} negativ. U_{CE} bezeichnet die Versorgungsspannung, $U_{CE,sat}$ die Sättigungsspannung. $I_{C,AP}$ steht für den eingestellten Arbeitspunktstrom, x für die maximal angenommene Stromexpansion im 1 dB-Kompressionspunkt. Durch Nichtlinearitäten am Verstärker kann hier eine iterative Annäherung an die maximale Aussteuerung sinnvoll sein.

Schließlich wird R_{TF} als Quotient von $\underline{U}_{TF}$ und $\underline{I}_{TF}$ festgelegt:

$$- R_{TF} \overset{!}{=} \frac{\underline{U}_{TF}}{\underline{I}_{TF}} = \frac{\underline{V}_{TF,EIN} \cdot \underline{U}_{EIN} + \underline{V}_{TF,AUS} \cdot \underline{U}_{AUS}}{\underline{Y}_{TF,EIN} \cdot \underline{U}_{EIN} + \underline{Y}_{TF,AUS} \cdot \underline{U}_{AUS}} \tag{3.13}$$

Die optimalen Admittanzen an den Verstärkertoren werden wie folgt definiert:

$$- \underline{Y}_L \overset{!}{=} \frac{\underline{I}_{AUS}}{\underline{U}_{AUS}} = \underline{Y}_{e,21} \cdot \frac{\underline{U}_{EIN}}{\underline{U}_{AUS}} + \underline{Y}_{e,22} \tag{3.14}$$

$$- \underline{Y}_{EIN} \overset{!}{=} \frac{\underline{I}_{EIN}}{\underline{U}_{EIN}} = \underline{Y}_{e,11} \cdot \frac{\underline{U}_{AUS}}{\underline{U}_{EIN}} + \underline{Y}_{e,12} \tag{3.15}$$

Nach dem Umstellen von Gleichung 3.13 nach $\frac{\underline{U}_{EIN}}{\underline{U}_{AUS}}$ und Einsetzen in Gleichung 3.14 bzw. in Gleichung 3.15 ergibt sich die vollständige Berechnungsgleichung für die optimalen Admittanzen:

$$\underline{Y}_{L,opt} = \underline{Y}_{e,21} \cdot \frac{\underline{V}_{TF,AUS} + R_{TF} \cdot \underline{Y}_{TF,AUS}}{\underline{V}_{TF,EIN} + R_{TF} \cdot \underline{Y}_{TF,EIN}} - \underline{Y}_{e,22} \tag{3.16}$$

$$\underline{Y}_{EIN,opt} = \underline{Y}_{e,11} \cdot \frac{\underline{V}_{TF,EIN} + R_{TF} \cdot \underline{Y}_{TF,EIN}}{\underline{V}_{TF,AUS} + R_{TF} \cdot \underline{Y}_{TF,AUS}} - \underline{Y}_{e,12} \tag{3.17}$$

Durch die Übertragungsfunktionen 3.16 und 3.17 können sowohl am HF-Ausgang als auch am HF-Eingang die notwendigen Bauteilgrößen für die entsprechenden Transformationsnetzwerke zur Systemimpedanz errechnet werden. Die Transistortransferkennlinienanpassung kann demnach auch als eine Quellentransformation von der Transferstromquelle zu den Verstärkertoren angesehen werden.

Abbildung 3.7 veranschaulicht die Veränderung der Lastschleife an der Ersatzstromquelle vor und nach der Transformation bei sinusförmiger Anregung. Die Schleifenöffnung definiert den Blindanteil am Ausgang bzw. zeigt einen Phasenunterschied zwischen Strom und Spannung. Durch die Optimierung verschwindet dieser Anteil fast völlig und der Phasenunterschied strebt gegen Null. Bei Leistungen über der verzerrungsfreien Aussteuerung in Abbildung 3.7b verlässt die Kennlinie die lineare Lastkennlinie. Im Grenzbereich kann nun die maximale Aussteuerung optimiert werden. Die Effizienz lässt sich ggf. um einige Prozentpunkte verbessern, wenn der angenommene Startwert für R_{TF} ein wenig nach oben oder nach unten korrigiert wird. Abhängig ist die Entscheidung davon, ob die Lastkennlinie zuerst

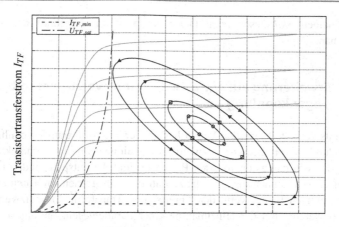

Transistortransferspannung U_{TF}

(a) Ohne optimaler Last.

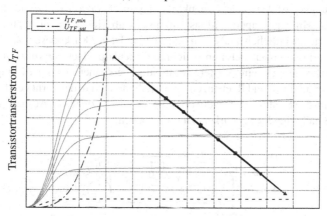

Transistortransferspannung U_{TF}

(b) Mit optimaler Last.

Abbildung 3.7 Leistungssimulation der Lastschleife im U-I-Diagramm

durch die Spannungssättigung $U_{TF,sat}$ oder durch den minimalen Strom $I_{TF,min}$ verzerrt wird.

In dieser Arbeit wurde für ein effizienteres und schnelleres Dimensionieren von Leistungsverstärkern ein Programm-Skript in der *Cadence*®-eigenen Skript-

Sprache namens *Skill* geschrieben. Dieses Skript wird in Abschnitt 3.3.5 genauer beschrieben.

3.3.2 Erweiterung auf einfache Leistungsverstärker mit Gegenkopplung

Wie bereits vorgestellt, werden Verstärker bei der Transistortransferkennlinienanpassung durch zwei Kleinsignal- bzw. AC-Simulationen vollständig charakterisiert. Anhand der sich daraus ergebenden Parameter und der entsprechenden Übertragungsfunktionen können die Impedanzen an den entsprechenden Toren ermittelt und die richtigen Bauteilwerte der Anpass- und Transformationsnetzwerke ausgerechnet werden. Bei der Hinzunahme einer Parallelgegenkopplung am einfachen Kaskodeleistungsverstärker könnte dieser nun ebenso mit Hilfe zweier AC-Simulationen charakterisiert werden. Eine zweite Möglichkeit ist den reinen Kaskodeleistungsverstärker ohne Gegenkopplung zu charakterisieren und die Rückführung mit Hilfe des Superpositionsprinzips einzubeziehen, um die Optima für die Bauteilwerte nachträglich analytisch herzuleiten. Ist der Kaskodeverstärker einmal simulativ erfasst, lassen sich nun beliebige Gegenkoppelnetzwerke vorgeben und die Bauteilwerte ohne eine weitere Simulation berechnen. Dieser Lösungsansatz spart so Simulations- und Rechenzeit. Die Methode wird in der vorliegenden Arbeit genutzt, um den Einfluss der Gegenkopplung auf die Effizienz, die Ausgangsleistung und die Bandbreite des Verstärkers zu untersuchen.

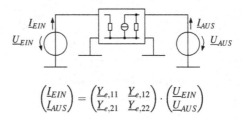

$$\begin{pmatrix} \underline{I}_{EIN} \\ \underline{I}_{AUS} \end{pmatrix} = \begin{pmatrix} \underline{Y}_{e,11} & \underline{Y}_{e,12} \\ \underline{Y}_{e,21} & \underline{Y}_{e,22} \end{pmatrix} \cdot \begin{pmatrix} \underline{U}_{EIN} \\ \underline{U}_{AUS} \end{pmatrix}$$

Abbildung 3.8 Einfacher Transistorverstärker in Emitterschaltung

Für die Herleitung werden zunächst die beiden Bestandteile des Verstärkernetzwerks getrennt voneinander betrachtet. Abbildung 3.8 zeigt dazu das Ersatzschaltbild des reinen Transistorverstärkers und die dazugehörige Übertragungsfunktion mit den Y-Parametern. Dies ist bereits aus Abschnitt 3.3.1 bekannt.

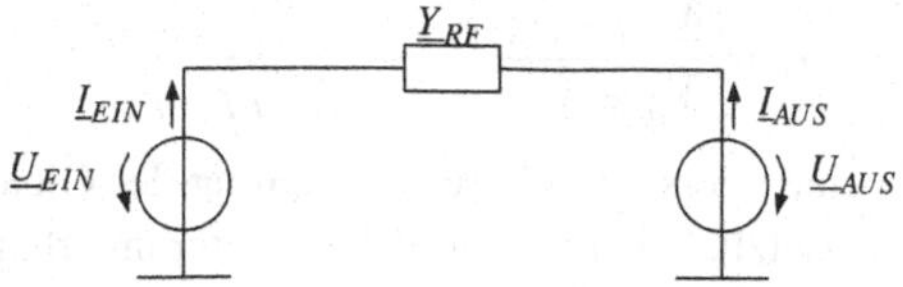

$$\begin{pmatrix} \underline{I}_{EIN} \\ \underline{I}_{AUS} \end{pmatrix} = \begin{pmatrix} \underline{Y}_{RF} & -\underline{Y}_{RF} \\ -\underline{Y}_{RF} & \underline{Y}_{RF} \end{pmatrix} \cdot \begin{pmatrix} \underline{U}_{EIN} \\ \underline{U}_{AUS} \end{pmatrix}$$

Abbildung 3.9 Schleifenwiderstand

Für das reine Rückführungsnetzwerk kann ebenfalls die Übertragungsfunktion erstellt werden (Abbildung 3.9). Das ist möglich, solange verschiedene Schaltungsteile parallel zueinander sind und die Tore für die Testsignale denselben Knoten bilden.

Die Gleichungen aus Abbildung 3.8 und 3.9 können nun gemäß Superposition miteinander addiert werden. Es entsteht die Gleichung aus Abbildung 3.10. Die weiteren Schritte sind simultan zu denen in Abschnitt 3.3.1 ab Gleichung 3.10, wobei lediglich die Y-Parameter $\underline{Y}_e$ substituiert werden:

$$\begin{pmatrix} \underline{Y}_{e,11} & \underline{Y}_{e,12} \\ \underline{Y}_{e,21} & \underline{Y}_{e,22} \end{pmatrix} \overset{!}{=} \begin{pmatrix} \underline{Y}_{e,11} + \underline{Y}_{RF} & \underline{Y}_{e,12} - \underline{Y}_{RF} \\ \underline{Y}_{e,21} - \underline{Y}_{RF} & \underline{Y}_{e,22} + \underline{Y}_{RF} \end{pmatrix} \cdot \quad (3.18)$$

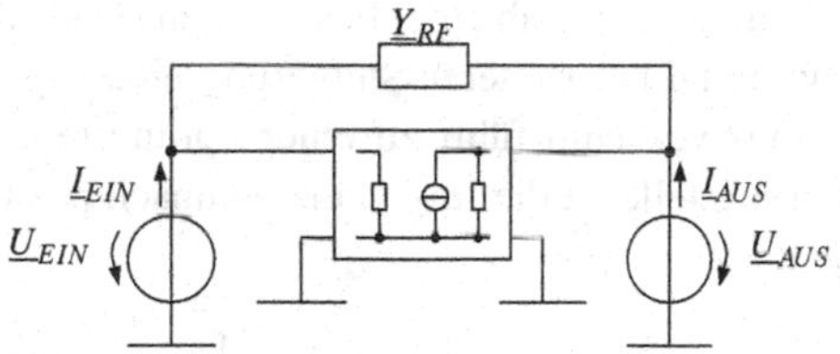

$$\begin{pmatrix} \underline{I}_{EIN} \\ \underline{I}_{AUS} \end{pmatrix} = \begin{pmatrix} \underline{Y}_{e,11} + \underline{Y}_{RF} & \underline{Y}_{e,12} - \underline{Y}_{RF} \\ \underline{Y}_{e,21} - \underline{Y}_{RF} & \underline{Y}_{e,22} + \underline{Y}_{RF} \end{pmatrix} \cdot \begin{pmatrix} \underline{U}_{EIN} \\ \underline{U}_{AUS} \end{pmatrix}$$

Abbildung 3.10 Kombinieren der beiden Y-Parameter mit Hilfe des Superpositionsprinzips

Der Übersicht halber wird der konstante Faktor aus den Gleichungen 3.16 und 3.17 mit K substituiert:

$$K = \frac{\underline{V}_{TF,AUS} + R_{TF} \cdot \underline{Y}_{TF,AUS}}{\underline{V}_{TF,EIN} + R_{TF} \cdot \underline{Y}_{TF,EIN}} \tag{3.19}$$

Dies ermöglicht nun eine übersichtlichere Darstellung der Gleichung für die optimalen Admittanzen. Zusätzlich werden die Y-Parameter innerhalb der Gleichungen sortiert:

$$\begin{aligned}
\underline{Y}_{EIN,opt} &= \left(\underline{Y}_{e,12} - \underline{Y}_{RF}\right) \cdot \frac{1}{K} - \left(\underline{Y}_{e,11} + \underline{Y}_{RF}\right) \\
&= \left(\underline{Y}_{e,12} \cdot \frac{1}{K} - \underline{Y}_{e,11}\right) - \underline{Y}_{RF}\left(\frac{1}{K} + 1\right)
\end{aligned} \tag{3.20}$$

$$\begin{aligned}
\underline{Y}_{L,opt} &= \left(\underline{Y}_{e,21} - \underline{Y}_{RF}\right) \cdot K - \left(\underline{Y}_{e,22} + \underline{Y}_{RF}\right) \\
&= \left(\underline{Y}_{e,12} \cdot K - \underline{Y}_{e,11}\right) - \underline{Y}_{RF}\left(K + 1\right)
\end{aligned} \tag{3.21}$$

Abschließend werden die optimalen Admittanzen am Eingang und Ausgang für den Verstärker ohne Rückführung zu $\underline{Y}_{EIN,opt,Trans}$ bzw. $\underline{Y}_{L,opt,Trans}$ umbenannt:

$$\underline{Y}_{EIN,opt} = \underline{Y}_{EIN,opt,Trans} - \underline{Y}_{RF}\left(\frac{1}{K} + 1\right) \tag{3.22}$$

$$\underline{Y}_{L,opt} = \underline{Y}_{L,opt,Trans} - \underline{Y}_{RF}\left(K + 1\right) \tag{3.23}$$

Es zeigt sich, dass eine Charakterisierung des Verstärkers mit offener Schleife nach der Transistortransferkennlinienoptimierung genügt. Die Rückführung selbst ist nun frei wählbar und kann mit Hilfe der Gleichungen 3.22 und 3.23 rein analytisch hinzugefügt werden.

In Gleichung 3.23 fällt auf, dass ab einer bestimmten Größe für $\underline{Y}_{RF}$ die Admittanz der Last Null wird und bei weiterer Steigerung eine negative Lastadmittanz entsteht. Eine Admittanz von Null führt zu einer Sprungstelle für die Impedanz. Rechts von dieser Sprungstelle ist die Impedanz demnach positiv unendlich, links davon negativ unendlich.

$$\underline{Y}_{L,opt} = \frac{1}{R_{L,opt}} + j\frac{1}{X_{L,opt}} \tag{3.24}$$

Aus der optimalen Lastadmittanz lassen sich mit Hilfe von Gleichung 3.24 schnell die benötigten Parallelbauteile ermitteln. $R_{L,opt}$ steht für den reziproken Realteil, $L_{L,opt}$ ist aus $X_{L,opt}$ zu errechnen:

$$L_{L,opt} = \frac{X_{L,opt}}{\omega} \tag{3.25}$$

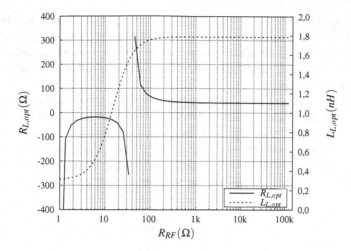

Abbildung 3.11 Optimale Last in Abhängigkeit vom Schleifenwiderstand

Exemplarisch dazu zeigt das Diagramm in Abbildung 3.11 den Verlauf der optimalen Lastbauelemente eines Leistungsverstärkers in Emitterschaltung unter Hinzunahme einer im Kleinsignalbereich rein resistiv wirkenden Schleifenimpedanz. Im Diagramm ist die Sprungstelle, an der aus einem positiven optimalen Lastwiderstand ein negativer wird, erkennbar. $L_{L,opt}$ bleibt bei großen Werten von R_{RF} nahezu konstant. Erst wenn sich R_{RF} der Sprungstelle nähert, fällt der Wert für $L_{L,opt}$ steil ab und kehrt sich ins Negative, was einer kapazitiven Last entspräche.

In der Leistungsverstärkung wird der Bereich negativer Lastwiderstände nicht berücksichtigt. Konkret bedeutet dies, dass Ergebnisse links von der Sprungstelle niemals auftreten dürfen. Der Verstärker mit offener Schleife gibt vor, welcher Mindestschleifenwiderstand nötig ist, damit eine realistische optimale Last gefunden werden kann.

3.3.3 Transistorgestapelte Leistungsverstärker

Im vorangegangenen Abschnitt wurde erläutert, wie die Transistortransferkennlinienanpassung für einfache Leistungsverstärker in Emitterschaltung angewendet wird. Eine Erweiterung und gleichzeitig eine Verallgemeinerung dieses Verfahrens ergibt sich bei der Umsetzung auf N-fach gestapelte Transistoren. Über Transistorstapelung wurde bereits in Abschnitt 2.2.3 diskutiert. Das Verfahren wurde von

D. Fritsche [Fri11] und E. Sobotta [Sob13] in deren studentischen Abschlussarbeiten unter der jeweiligen Betreuung von R. Wolf hergeleitet und systematisiert. Durch die Einführung einer Matrixschreibweise wird die Darstellung zudem übersichtlicher und ist geeignet für eine schnelle Berechnung mittels wissenschaftlicher Mathematik-Software.

Abbildung 3.12 zeigt den schematischen Aufbau des transistorgestapelten Leistungsverstärkers in seiner realen Umsetzung. In Abbildung 3.13 wird das Ersatzschaltbild mit den dazugehörigen Spannungen und Strömen dargestellt. Neben den Erweiterungen der bereits oben verwendeten Übertragungsfunktionen wird im Wesentlichen eine zusätzliche Randbedingung zur Gleichaussteuerung der N Transistoren zwischen Kollektor und Emitter eingeführt:

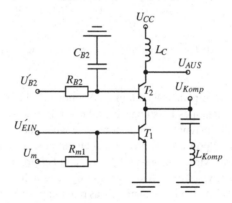

Abbildung 3.12 Transistorgestapelter Leistungsverstärker

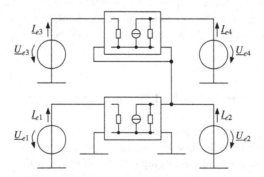

Abbildung 3.13 Transistorgestapelter Leistungsverstärker als Ersatzschaltbild

$$\vec{\underline{U}}_{CE} = \begin{pmatrix} \underline{U}_{CE,1} \\ \underline{U}_{CE,2} \\ \vdots \\ \underline{U}_{CE,N} \end{pmatrix} = \frac{1}{\sqrt{2}} \cdot \begin{pmatrix} \hat{U}_{CE,max} \\ \hat{U}_{CE,max} \\ \vdots \\ \hat{U}_{CE,max} \end{pmatrix} = \frac{\hat{U}_{CE,max}}{\sqrt{2}} \cdot \begin{pmatrix} 1 \\ 1 \\ \vdots \\ 1 \end{pmatrix} \tag{3.26}$$

Sobotta [Sob13] unterscheidet nicht mehr zwischen Eingang und Ausgang, sondern nummeriert die Kleinsignalspannungsquelle an jedem Tor fortlaufend, beginnend mit allen Eingängen (Abbildung 3.13). Die Kleinsignalspannungsquellen werden nacheinander in $2 \cdot N$ AC-Simulationen angesteuert. Durch die Nummerierung der Tore wird die Simulationskette systematisiert. Das erlaubt eine systematische Darstellung in der Matrixschreibweise.

Jede Kollektor-Emitter-Spannung lässt sich als gewichtete Summe aller Kleinsignalspannungen darstellen. Die Wichtung kann als Spannungsverstärkung zwischen der Kleinsignalspannung und der Kollektor-Emitter-Spannung angesehen werden:

$$\vec{\underline{U}}_{CE} = \frac{\hat{U}_{CE,max}}{\sqrt{2}} \cdot \begin{pmatrix} 1 \\ 1 \\ \vdots \\ 1 \end{pmatrix} = \begin{pmatrix} \underline{V}_{CE,1,1} & \underline{V}_{CE,1,2} & \cdots & \underline{V}_{CE,1,2N} \\ \underline{V}_{CE,2,1} & \underline{V}_{CE,2,2} & \cdots & \underline{V}_{CE,2,2N} \\ \vdots & \vdots & \ddots & \vdots \\ \underline{V}_{CE,N,1} & \underline{V}_{CE,N,2} & \cdots & \underline{V}_{CE,N,2N} \end{pmatrix} \cdot \begin{pmatrix} \underline{U}_{e,1} \\ \vdots \\ \underline{U}_{e,2N} \end{pmatrix} \tag{3.27}$$

Die kurze Schreibweise lautet dann:

$$\vec{\underline{U}}_{CE} = \mathbf{\underline{V}_{CE}} \cdot \vec{\underline{U}}_e \tag{3.28}$$

Als Startwert für den optimalen Lastwiderstand an der Ersatzstromquelle wird auch hier die Aussteuerung zwischen Kollektor und Emitter der einzelnen Transistoren angenommen.

$$\begin{pmatrix} R_{TF,1} \\ R_{TF,2} \\ \vdots \\ R_{TF,N} \end{pmatrix} = \begin{pmatrix} \frac{U_{CE,1} - U_{CE,sat,1}}{x_1 \cdot I_{C,AP,1}} \\ \frac{U_{CE,2} - U_{CE,sat,2}}{x_2 \cdot I_{C,AP,2}} \\ \vdots \\ \frac{U_{CE,N} - U_{CE,sat,N}}{x_N \cdot I_{C,AP,N}} \end{pmatrix} \tag{3.29}$$

Bei der Verwendung identischer Transistoren in Art und Anzahl in jeder Stufe wird ein identisches R_{TF} für jede Stufe vorausgesetzt:

$$R_{TF,n} = \frac{U_{CE,n} - U_{CE,sat,n}}{x_n \cdot I_{C,AP,n}} \overset{!}{=} R_{TF} = \frac{U_{CE} - U_{CE,sat}}{x \cdot I_{C,AP}} \tag{3.30}$$

Der Faktor x wird genutzt, um eine Grenze für die erlaubte relative Stromerhöhung bis zum 1 dB-Kompressionspunkt festzulegen. $\underline{U}_{TF}$ und $\underline{I}_{TF}$ werden ausgehend von Gleichung 3.8 und von Gleichung 3.9 in eine Matrixschreibweise überführt:

$$\vec{\underline{U}}_{TF} = \underline{\mathbf{V}}_{\mathbf{TF}} \cdot \vec{\underline{U}}_e \tag{3.31}$$

Zudem wird die Bedingung aus Gleichung 3.13 umformuliert zu:

$$\vec{\underline{I}}_{TF} = \underline{\mathbf{Y}}_{\mathbf{TF}} \cdot \vec{\underline{U}}_e \tag{3.32}$$

Nach Umstellen und anschließendem Einsetzen von Gleichung 3.27 und Gleichung 3.28 ergibt sich:

$$\vec{\underline{U}}_{TF} \stackrel{!}{=} -R_{TF} \cdot \vec{\underline{I}}_{TF} \tag{3.33}$$

$$0 = \vec{\underline{U}}_{TF} + R_{TF} \cdot \vec{\underline{I}}_{TF} = \left(\underline{\mathbf{V}}_{\mathbf{TF}} + R_{TF} \cdot \underline{\mathbf{Y}}_{\mathbf{TF}} \right) \cdot \vec{\underline{U}}_e \tag{3.34}$$

Aus den Gleichungen 3.27 und 3.34 wird nun eine Gesamtberechnungsmatrix aufgestellt:

$$\vec{\underline{U}}_a = \begin{pmatrix} \frac{\hat{U}_{CE,max}}{\sqrt{2}} \\ \vdots \\ \frac{\hat{U}_{CE,max}}{\sqrt{2}} \\ 0 \\ \vdots \\ 0 \end{pmatrix} \stackrel{!}{=} \underbrace{\begin{pmatrix} \underline{V}_{CE,1,1} & \cdots & \underline{V}_{CE,1,2N} \\ \vdots & \ddots & \vdots \\ \underline{V}_{CE,N,1} & \cdots & \underline{V}_{CE,N,2N} \\ \underline{V}_{TF,1,1} + R_{TF} \cdot \underline{Y}_{TF,1,1} & \cdots & \underline{V}_{TF,1,2N} + R_{TF} \cdot \underline{Y}_{TF,1,2N} \\ \vdots & \ddots & \vdots \\ \underline{V}_{TF,N,1} + R_{TF} \cdot \underline{Y}_{TF,N,1} & \cdots & \underline{V}_{TF,N,2N} + R_{TF} \cdot \underline{Y}_{TF,N,2N} \end{pmatrix}}_{\underline{\mathbf{M}}} \cdot \vec{\underline{U}}_e$$

$$\tag{3.35}$$

Durch Umstellen nach $\vec{\underline{U}}_e$ wird die Berechnung der optimalen Spannungen an jedem Tor ermöglicht:

$$\vec{\underline{U}}_e \stackrel{!}{=} \vec{\underline{U}}_{e,opt} = \underline{\mathbf{M}}^{-1} \cdot \vec{\underline{U}}_a \tag{3.36}$$

Gleichzeitig mit der Ermittlung der Matrixelemente von $\underline{\mathbf{V}}_{\mathbf{CE}}, \underline{\mathbf{V}}_{\mathbf{TF}}$ und $\underline{\mathbf{Y}}_{\mathbf{TF}}$ werden die Y-Parameter $\underline{\mathbf{Y}}_{\mathbf{e}}$ zwischen den Toren durch das nacheinander Aktivieren jeder einzelnen Kleinsignalspannungsquelle aufgestellt:

$$\vec{\underline{I}}_e = \underline{\mathbf{Y}}_{\mathbf{e}} \cdot \vec{\underline{U}}_e \tag{3.37}$$

$$\underline{\mathbf{Y}}_{e} = \begin{pmatrix} \underline{Y}_{e,11} & \underline{Y}_{e,12} & \underline{Y}_{e,13} & \underline{Y}_{e,14} \\ \underline{Y}_{e,21} & \underline{Y}_{e,22} & \underline{Y}_{e,23} & \underline{Y}_{e,24} \\ \underline{Y}_{e,31} & \underline{Y}_{e,32} & \underline{Y}_{e,33} & \underline{Y}_{e,34} \\ \underline{Y}_{e,41} & \underline{Y}_{e,42} & \underline{Y}_{e,43} & \underline{Y}_{e,44} \end{pmatrix} \tag{3.38}$$

Nachdem die Y-Parameter $\underline{\mathbf{Y}}_e$ und die optimalen Spannungen $\vec{\underline{U}}_{e,opt}$ aus Gleichung 3.36 bekannt sind, lassen sich ebenfalls die optimalen Ströme $\vec{\underline{I}}_{e,opt}$ errechnen:

$$\vec{\underline{I}}_{e,opt} = \underline{\mathbf{Y}}_e \cdot \vec{\underline{U}}_{e,opt} \tag{3.39}$$

Aus der Division der einzelnen Vektorelemente für $\vec{\underline{U}}_{e,opt}$ und $\vec{\underline{I}}_{e,opt}$ ergeben sich die optimalen Lastimpedanzen an jedem Tor:

$$\underline{Z}_{L,n,opt} = \frac{\underline{U}_{e,n,opt}}{\underline{I}_{e,n,opt}} \tag{3.40}$$

3.3.4 Erweiterung auf transistorgestapelte Leistungsverstärker mit Gegenkopplung

Wie bereits in Abschnitt 3.3.2 für einfache Kaskodeverstärker mit Gegenkopplung behandelt, lässt sich das Prinzip der Superposition auch auf transistorgestapelte Leistungsverstärker übertragen. Es wird an einem Verstärker mit einem aufgestapelten Transistor beschrieben und abschließend allgemeingültig erweitert.

Eine Topologie mit allen Kombinationsmöglichkeiten für das Aufspannen der Rückführungen an einem zweistufigen Verstärker zeigt Abbildung 3.14. Die Y-Parameter dafür lassen sich in der Matrix-Schreibweise wie folgt darstellen:

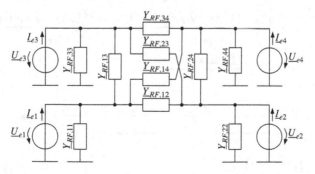

Abbildung 3.14 Rückführungen als freigestelltes Ersatzschaltbild für einen Verstärker mit einem aufgestapelten Transistor gemäß Abbildung 3.13

$$\underline{\mathbf{Y}}_{\mathbf{RF}} = \begin{pmatrix} \underline{Y}_{RF,11} & -\underline{Y}_{RF,12} & -\underline{Y}_{RF,13} & -\underline{Y}_{RF,14} \\ -\underline{Y}_{RF,21} & \underline{Y}_{RF,22} & -\underline{Y}_{RF,23} & -\underline{Y}_{RF,24} \\ -\underline{Y}_{RF,31} & -\underline{Y}_{RF,32} & \underline{Y}_{RF,33} & -\underline{Y}_{RF,34} \\ -\underline{Y}_{RF,41} & -\underline{Y}_{RF,42} & -\underline{Y}_{RF,43} & \underline{Y}_{RF,44} \end{pmatrix} \tag{3.41}$$

$$\underline{Y}_{RF,m,n} = \underline{Y}_{RF,n,m} \quad m,n \in \mathbb{N}; \ m,n \in [1,\,4] \tag{3.42}$$

$$\underline{Y}_{RF,n} = \sum_{i=1}^{4} \underline{Y}_{RF,n,i} \quad n,i \in \mathbb{N}; \ n \in [1,\,4] \tag{3.43}$$

Addiert mit den Y-Parametern für den reinen gestapelten Transistorverstärker ergibt das:

$$\underline{\mathbf{Y}}_{\mathbf{e}} + \underline{\mathbf{Y}}_{\mathbf{RF}} = \begin{pmatrix} \underline{Y}_{e,11} + \underline{Y}_{RF,11} & \underline{Y}_{e,12} - \underline{Y}_{RF,12} & \underline{Y}_{e,13} - \underline{Y}_{RF,13} & \underline{Y}_{e,14} - \underline{Y}_{RF,14} \\ \underline{Y}_{e,21} - \underline{Y}_{RF,12} & \underline{Y}_{e,22} + \underline{Y}_{RF,22} & \underline{Y}_{e,23} - \underline{Y}_{RF,23} & \underline{Y}_{e,24} - \underline{Y}_{RF,24} \\ \underline{Y}_{e,31} - \underline{Y}_{RF,13} & \underline{Y}_{e,32} - \underline{Y}_{RF,23} & \underline{Y}_{e,33} + \underline{Y}_{RF,33} & \underline{Y}_{e,34} - \underline{Y}_{RF,34} \\ \underline{Y}_{e,41} - \underline{Y}_{RF,14} & \underline{Y}_{e,42} - \underline{Y}_{RF,24} & \underline{Y}_{e,43} - \underline{Y}_{RF,34} & \underline{Y}_{e,44} + \underline{Y}_{RF,44} \end{pmatrix} \tag{3.44}$$

Nach dem Ersetzen der Y-Parameter in Gleichung 3.39 durch die Y-Parameter aus Gleichung 3.44 und unter Berücksichtigung von Gleichung 3.43 können die optimalen Admittanzen analog zu Gleichung 3.40 errechnet werden.

$$\begin{aligned} \underline{Y}_{L,opt} &= \frac{\underline{I}_{e1,opt}}{\underline{U}_{e1,opt}} \\ &= \frac{\underline{U}_{e1,opt} \cdot \left(\underline{Y}_{e,11} + \underline{Y}_{RF,11} + \underline{Y}_{RF,12} + \underline{Y}_{RF,13} + \underline{Y}_{RF,14}\right)}{\underline{U}_{e1,opt}} \\ &+ \frac{\underline{U}_{e2,opt} \cdot \left(\underline{Y}_{e,12} - \underline{Y}_{RF,12}\right)}{\underline{U}_{e1,opt}} + \frac{\underline{U}_{e3,opt} \cdot \left(\underline{Y}_{e,13} - \underline{Y}_{RF,13}\right)}{\underline{U}_{e1,opt}} \\ &+ \frac{\underline{U}_{e4,opt} \cdot \left(\underline{Y}_{e,14} - \underline{Y}_{RF,14}\right)}{\underline{U}_{e1,opt}} \end{aligned} \tag{3.45}$$

$$\underline{Y}_{L1,opt} = \underbrace{\frac{\underline{U}_{e1,opt} \cdot \underline{Y}_{e,11} + \underline{U}_{e2,opt} \cdot \underline{Y}_{e,12} + \underline{U}_{e3,opt} \cdot \underline{Y}_{e,13} + \underline{U}_{e4,opt} \cdot \underline{Y}_{e,14}}{\underline{U}_{e1,opt}}}_{\underline{Y}_{L1,opt,Trans}} + \underline{Y}_{RF,11}$$
$$+ \left(1 - \frac{\underline{U}_{e2,opt}}{\underline{U}_{e1,opt}}\right) \cdot \underline{Y}_{RF,12} + \left(1 - \frac{\underline{U}_{e3,opt}}{\underline{U}_{e1,opt}}\right) \cdot \underline{Y}_{RF,13} + \left(1 - \frac{\underline{U}_{e4,opt}}{\underline{U}_{e1,opt}}\right) \cdot \underline{Y}_{RF,14} \tag{3.46}$$

Wird Gleichung 3.46 zusammengefasst und ebenso auf die Admittanzen $\underline{Y}_{L2,opt}$, $\underline{Y}_{L3,opt}$ und $\underline{Y}_{L4,opt}$ angewendet, entsteht ein Satz von Berechnungsformeln, der eine getrennte Betrachtung von transistorgestapeltem Verstärker und einer beliebigen Koppeltopologie ermöglichen:

$$\underline{Y}_{L1,opt} = \underline{Y}_{L1,opt,Trans} + \underline{Y}_{RF,11} \tag{3.47}$$

$$+ \left(1 - \frac{\underline{U}_{e2,opt}}{\underline{U}_{e1,opt}}\right) \cdot \underline{Y}_{RF,12} + \left(1 - \frac{\underline{U}_{e3,opt}}{\underline{U}_{e1,opt}}\right) \cdot \underline{Y}_{RF,13} + \left(1 - \frac{\underline{U}_{e4,opt}}{\underline{U}_{e1,opt}}\right) \cdot \underline{Y}_{RF,14}$$

$$\underline{Y}_{L2,opt} = \underline{Y}_{L2,opt,Trans} + \underline{Y}_{RF,22} \tag{3.48}$$

$$+ \left(1 - \frac{\underline{U}_{e1,opt}}{\underline{U}_{e2,opt}}\right) \cdot \underline{Y}_{RF,12} + \left(1 - \frac{\underline{U}_{e3,opt}}{\underline{U}_{e2,opt}}\right) \cdot \underline{Y}_{RF,23} + \left(1 - \frac{\underline{U}_{e4,opt}}{\underline{U}_{e2,opt}}\right) \cdot \underline{Y}_{RF,24}$$

$$\underline{Y}_{L3,opt} = \underline{Y}_{L3,opt,Trans} + \underline{Y}_{RF,33} \tag{3.49}$$

$$+ \left(1 - \frac{\underline{U}_{e1,opt}}{\underline{U}_{e3,opt}}\right) \cdot \underline{Y}_{RF,13} + \left(1 - \frac{\underline{U}_{e2,opt}}{\underline{U}_{e3,opt}}\right) \cdot \underline{Y}_{RF,23} + \left(1 - \frac{\underline{U}_{e4,opt}}{\underline{U}_{e3,opt}}\right) \cdot \underline{Y}_{RF,34}$$

$$\underline{Y}_{L4,opt} = \underline{Y}_{L4,opt,Trans} + \underline{Y}_{RF,44} \tag{3.50}$$

$$+ \left(1 - \frac{\underline{U}_{e1,opt}}{\underline{U}_{e4,opt}}\right) \cdot \underline{Y}_{RF,14} + \left(1 - \frac{\underline{U}_{e2,opt}}{\underline{U}_{e4,opt}}\right) \cdot \underline{Y}_{RF,24} + \left(1 - \frac{\underline{U}_{e3,opt}}{\underline{U}_{e4,opt}}\right) \cdot \underline{Y}_{RF,34}$$

Aus den ermittelten Gleichungen wird nun eine allgemeingültige Formel zur Berechnung der optimalen Admittanzen an allen Toren für Leistungsverstärker mit N-fach gestapelten Transistoren und einem frei wählbaren Koppelnetzwerk aufgestellt:

$$\underline{Y}_{L,n,opt} = \underline{Y}_{L,n,opt,Trans} + \underline{Y}_{RF,n,n} + \sum_{i=1}^{2N}\left(\underline{Y}_{RF,i,n} \cdot \left(1 - \frac{\underline{U}_{e,i,opt}}{\underline{U}_{e,n,opt}}\right)\right) \qquad n, i \in \mathbb{N}; \; n \in [1, 2 \cdot N]$$

$$\tag{3.51}$$

Unter der Hinzunahme von Abbildung 3.13 lässt die Gleichung für einen Leistungsverstärker mit einem aufgestapelten Transistor folgende Aussagen zu:

1. Jede Rückführung beeinflusst nur die Tore, an denen sie angelegt wird.

2. Ein Quotient $\frac{\underline{U}_{e,i,opt}}{\underline{U}_{e,n,opt}} > 1$ führt zu einer Verringerung der optimalen Lastadmittanz $\underline{Y}_{L,n,opt}$ an Tor n durch die Rückführung $\underline{Y}_{RF,i,n}$ (siehe z. B. $\underline{Y}_{RF,14}$ an Tor 1).

3. Ein Quotient $\frac{\underline{U}_{e,i,opt}}{\underline{U}_{e,n,opt}} < 1$ führt zu einer Erhöhung der optimalen Lastadmittanz $\underline{Y}_{L,n,opt}$ an Tor n durch die Rückführung $\underline{Y}_{RF,i,n}$ (siehe z. B. $\underline{Y}_{RF,14}$ an Tor 4).

4. Ein Quotient $\frac{U_{e,i,opt}}{U_{e,n,opt}} \approx 1$ hebt die Wirkung der Rückführung $\underline{Y}_{RF,i,n}$ auf. Dies gilt beispielsweise für $\underline{Y}_{RF,23}$, da $\underline{U}_{e2,opt}$ und $\underline{U}_{e3,opt}$ als nahezu identisch angesehen werden können.

3.3.5 Programmablauf für *Skill*-Skript

Für die schnelle Abarbeitung des Optimierungsalgorithmus mit den immer wiederkehrenden Schritten wurde ein Programm-Skript erstellt. In *Cadence*® ist dazu eine Skript-Sprache namens *Ocean Skill* implementiert. Dieses Skript ermöglicht eine automatisierte Abarbeitung von Simulations- und Berechnungsschritten. Simulationen können nacheinander erfolgen und sämtliche Zwischenschritte können in Variablen abgespeichert und am Ende miteinander verknüpft werden. Eine vollständige Erstellung des Transistorfelds des Verstärkers vorausgesetzt, führt dieses Skript nacheinander die erforderlichen AC-Simulationen durch und berechnet daraus die optimalen Bauteilwerte sämtlicher passiver Bauelemente um den Leistungsverstärker herum. Das Skript ermöglicht die Untersuchung ungestapelter Leistungsverstärker und Leistungsverstärker mit einer beliebigen Anzahl aufgestapelter Transistoren (Abschnitt 3.3.4). Benötigt werden nur die Spannungen und Ströme an den Kleinsignalspannungsquellen und an der Transferstromquelle in den Transistoren. Die dafür erforderlichen Knoten und Maschen müssen mit Ort und Namen vorgegeben werden. Ist dies geschehen, lassen sich auch aus dem *Layout* extrahierte Schaltungen auf diese Weise dimensionieren.

Die Erstellung einer vollautomatischen Abarbeitung gestaltet sich sehr schwierig, da die Skript-Sprache selbst keine Berechnung für Matrizen, wie es in einschlägigen Mathematikprogrammen üblich ist, mitbringt. So musste z. B. für eine maximale Skalierbarkeit, d. h. unabhängig von der vorgegebenen Anzahl von gestapelten Transistoren, eine vollständige Implementierung einer Matrixinversion per rekursiver Determinantenberechnung eingebaut werden. Durch die erfolgreiche Einbindung aller fehlenden Mathematikfunktionen sind keine Schritte für den Export zu und den Import aus einem externen Mathematikprogramm notwendig. Dies hätte einen erheblichen manuellen Einsatz zur Folge. Nur weitgehend vollautomatisch kann eine umfangreiche Charakterisierung der Verstärker durchgeführt werden.

Zur automatischen Abarbeitung nach der Dimensionierung der Bauteile gehören:

1. Großsignalsimulationen für eine Variation von Schleifenwiderständen.
2. Export der Ergebnisse in eine csv-Datei pro Großsignalsimulation.

3. Ermittlung der wichtigsten Eigenschaften, wie Ausgangsleistung, Verstärkung, Effizienz des Verstärkers aus jeder Großsignalsimulation und tabellarische Abspeicherung in eine gemeinsame csv-Datei.

4. Ermittlung des Schleifenwiderstands mit der höchsten Effizienz im 1 dB-Kompressionspunkt und im *Backoff* von 3 dB.

5. Kleinsignalanalyse für die offene Schleife und für die Schleifenwiderstände mit der besten Effizienz im 1 dB-Kompressionspunkt und im *Backoff* von 3 dB sowie Abspeichern in je eine eigene csv-Datei.

6. Großsignalsimulationen für die offene Schleife und für die Schleifenwiderstände mit der besten Effizienz im 1 dB-Kompressionspunkt und im *Backoff* von 3 dB über die Frequenz sowie Abspeichern gemäß Punkt 2.

7. Intermodulationssimulation mit Zweitonanregung für die offene Schleife und für die Schleifenwiderstände mit der besten Effizienz im 1 dB-Kompressionspunkt und im *Backoff* von 3 dB sowie Abspeichern in je eine eigene csv-Datei.

Eine grafische Übersicht dazu bietet der Programmablaufplan in Abbildung 3.15.

Bei ungestapelten Verstärkern ist die Variation der Gegenkopplung eindimensional. Gestapelten Verstärkern kann auch eine mehrdimensionale Variation vorgegeben werden. Die Anzahl der notwendigen Simulationen ist von der Menge an Variationen und Kombinationen abhängig.

Abgespeichert werden für jede Großsignalsimulation allgemeine Informationen über den eingestellten Arbeitspunkt und die spezifischen Werte wie Eingangs- und Ausgangsleistung sowie die *PAE* im 1 dB-Kompressionspunkt und im *Backoff* von 3 und 6 dB. Anschließend folgen eine Reihe von Simulationsergebnissen zur Erstellung verschiedener Diagramme. Das erste Diagramm umfasst die Simulationswerte (Ausgangsleistung der Grundfrequenz und bis zur 6. Harmonischen, Verstärkung, *PAE*, Kompression und weitere) über die Generatorleistung. Im zweiten Diagramm wird für jeden Transistor, der zur Ausgangsspannung beiträgt, bei verschiedenen Generatorleistungen je eine Periode des Signals im Zeitbereich gespeichert. Bei transistorgestapelten Leistungsverstärkern lässt sich so die Synchronität der Transistoren visualisieren. Als drittes Diagramm in der csv-Datei folgt eine Darstellung der Spannung über dem Strom aus der Transferquelle der zur Ausgangsspannung beitragenden Transistoren für unterschiedliche Generatorleistungen. Damit kann die Korrektheit der Bauteilberechnungen demonstriert werden.

Für die Intermodulationssimulationen entfällt die Abspeicherung der transienten Ergebnisse jedes zur Ausgangsspannung beitragenden Transistors. Hier interessieren nur die allgemeinen Informationen sowie die Ergebnisse der Harmonischen und der Intermodulationsprodukte über der Eingangsleistung der beiden Töne von 2,6 GHz und 2,65 GHz.

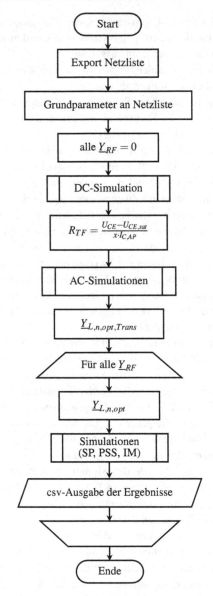

Abbildung 3.15 Programmablaufplan des *Skill*-Skripts zur automatisierten Auslegung und Simulation eines transistorgestapelten Leistungsverstärkers mit Parallelgegenkopplung

Die Ergebnisdatei der Kleinsignalanalyse enthält lediglich die *S*-Parameter im Frequenzbereich von 10 MHz bis 30 GHz. Grundvoraussetzung für die Abarbeitung des Skripts ist die Vorgabe der Arbeitspunkts- und ggf. Simulationsparameter sowie der Namen der Maschen und Knoten für die benötigten Spannungen und Ströme. Diese müssen vom Benutzer eingetragen werden, da das Skript diese nicht selbstständig ermitteln kann.

Der große Vorteil einer solchen Automatisierung ist, neben dem selbstständigen Abarbeiten der immer wiederkehrenden Schritte, die Reduzierung von Übertragungsfehlern zwischen externer Software und dem Simulationsprogramm sowie generelle Fehler bei der manuellen Abarbeitung. Zudem können in kurzer Zeit verschiedene *Designs* getestet werden.

Durch dieses Skript genügt es ein extrahiertes Transistorfeld vorzugeben sowie die notwendigen Vorgaben einzutragen. Am Ende stehen eine vollständige Dimensionierung und die dazugehörigen Simulationsergebnisse.

Der vollständige Quellcode ist im Nachtrag (E) des elektronischen Zusatzmaterials einsehbar. Die Anzahl der *Code*-Zeilen beträgt über 1200.

Messaufbau

4

Sämtliche Messungen wurden mit Hilfe des ZVA-67 von *Rohde&Schwarz*® durchgeführt. Alle Beschreibungen in diesem Kapitel zu den Messaufbauten und zu den Messungen stützen sich auf das Bedienungshandbuch zum Gerät [Roh20]. Es kann zu Abweichungen kommen, da in den Messungen für diese Arbeit nicht alle Verfahren gemäß Bedienungshandbuch ausreichend genau oder robust waren. Bei diesem Messgerät ZVA-67 handelt es sich um einen Vektor-Netzwerkanalysator mit einem Frequenzbereich von 10 MHz bis 67 GHz. Seine vielfältige Ausstattung ermöglicht neben einer Verwendung als Netzwerkanalysator zur Aufnahme von Kleinsignalmesskurven auch die Untersuchung des Großsignalverhaltens der Schaltung. Je nach Messaufbau lassen sich so die *S*-Parameter der Schaltung, die Leistung oder die Intermodulationsprodukte ermitteln. Die zu messende Schaltung wird im Weiteren als *DUT* (*Device Under Test*) bezeichnet. Die vier Messeingänge bzw. -ausgänge (Port 1 bis Port 4) können genutzt werden, um komplexe Schaltungen schnell zu vermessen. Bei der Kleinsignalmessung kann z. B. die Matrix, bestehend aus den Messkurven im Frequenzverlauf zwischen allen vier Anschlüssen und sich selbst, in nur einem Messzyklus vollständig aufgenommen werden. Das spart Zeit und reduziert Ungenauigkeiten, die durch den Umbau auftreten können. Der ZVA-67 bietet ebenfalls eine Unterstützung bei der Untersuchung von differentiellen Schaltungen. Bei der richtigen Zuordnung der differentiellen Ein- bzw. Ausgänge des *DUT* zu den vier Anschlüssen des Netzwerkanalysators können mittels unterschiedlicher Anregung die Differenz- und die Gleichtaktergebnisse der Kleinsignale aufgenommen werden.

Bevor in den folgenden Abschnitten beispielhaft am ZVA-67 demonstriert wird, wie die zu messende Schaltung mit dem entsprechenden Messaufbau untersucht werden kann, wird kurz beschrieben, welche generellen Vorbereitungen für das

R. Paulo, *Untersuchung an Leistungsverstärkern mit Gegenkopplung*, https://doi.org/10.1007/978-3-658-41749-9_4

Tabelle 4.1 Übersicht der Spezifikation des ZVA-67 von *Rohde&Schwarz*®

Frequenzbereich	10 MHz .. 67 GHz
Maximalspannung je Port	30 V
Eingangsleistung je Port	
absolutes Maximum	+27 dBm
10 MHz .. 13 GHz	+10 dBm
13 GHz .. 24 GHz	+6 dBm
24 GHz .. 67 GHz	+3 dBm
Genauigkeit der Leistungsmessung bei −10 dBm ohne Leistungskalibrierung	
10 MHz .. 50 MHz	<2 dB
50 MHz .. 13 GHz	<1 dB
13 GHz .. 24 GHz	<2 dB
24 GHz .. 50 GHz	<3 dB
50 GHz .. 67 GHz	<4 dB
Ausgangsleistung pro Port	
10 MHz .. 50 MHz	−30 dBm .. +10 dBm (typ. −40 dBm .. +15 dBm)
50 MHz .. 20 GHz	−30 dBm .. +13 dBm (typ. −40 dBm .. +18 dBm)
20 GHz .. 32 GHz	−30 dBm .. +10 dBm (typ. −40 dBm .. +15 dBm)
32 GHz .. 50 GHz	−30 dBm .. +8 dBm (typ. −40 dBm .. +12 dBm)
50 GHz .. 60 GHz	−30 dBm .. +5 dBm (typ. −40 dBm .. +6 dBm)
60 GHz .. 64 GHz	−30 dBm .. +4 dBm (typ. −40 dBm .. +6 dBm)
64 GHz .. 67 GHz	−30 dBm .. +2 dBm (typ. −40 dBm .. +6 dBm)
67 GHz .. 70 GHz	(typ. −30 dBm .. +2 dBm)
Genauigkeit der Ausgangsleistung ohne Leistungskalibrierung	
500 MHz .. 24 GHz	<0,8 dB (typ. 0,3 dB)
24 GHz .. 67 GHz	<2 dB (typ. 1 dB)

Messen überhaupt getroffen werden müssen. Für das Messen selbst wird beschrieben, welche zusätzlichen Elemente benötigt werden, um die Messung nicht zu verfälschen, aber auch um die Messgeräte im Fehlerfall der Schaltung nicht zu beschädigen. Es sei hier erwähnt, dass bei sämtlichen Beschreibungen auf die genauen Bezeichnungen und die zugehörigen Kenndaten dieser Elemente nicht weiter eingegangen werden soll. Zum Minimieren von Fehlerquellen wird das Thema Kalibrierung eingebunden. Wie an den Genauigkeitsangaben des Herstellers vom Netzwerkanalysator (Tabelle 4.1) bereits erkennbar, ist diese zwingend erforderlich, um eine möglichst realistische Ausgangsleistung sowie einen realistischen Reflexions- bzw. Durchgangskoeffizienten bei der Kleinsignalmessung zu ermitteln. Zusätzliche Fehlerquellen liefern sämtliche verbaute zusätzliche Komponenten, wie Kabel, Adapter, Teiler, Dämpfungsglieder und Entkopplungsglieder. Bei Leistungsverstärkern kann 1 dB Unterschied in der Ausgangsleistung einen Unterschied in der *PAE* von bis zu zehn Prozentpunkten ergeben. Im Falle der *S*-Parameter-Messung kann die Berechnung des *Rollet's*-Faktors oder *K*-Faktors fehlerhaft werden. Realistisch und mit anderen Entwicklungen vergleichbar wird eine Messung nur durch Kalibrierung. Trotz einer guten Kalibrierung ist eine Fehlerabschätzung sinnvoll. Darauf wird in Abschnitt 4.6 eingegangen. Da die in Kapitel 5 vorgestellten Leistungsverstärker grundsätzlich differentiell aufgebaut sind, werden nachfolgend ausschließlich Testverfahren für diese Topologie erläutert.

4.1 Messvorbereitung

Alle Test-*Chip*s dieser Arbeiten besitzen ein Kantenmaß von ca. einem Millimeter. Damit ein solch kleiner *Chip* gehandhabt werden kann, ist dieser auf ein geeignetes Substrat aufzubringen. Dazu kommen Kupferplättchen der Größe von etwa $2 x 4 cm^2$ zum Einsatz. Grundvoraussetzung für das Kupferplättchen ist eine gute Ebenheit, damit es auf dem *Waverprober* nicht zu einem Kippeln und Rutschen kommt. Solches erschwert zum einen die Kontaktierung, zum anderen kann ein Wegrutschen auch die feinen Messspitzen beschädigen. Bei einer guten Ebenheit kann das Substrat mit einem Unterdruck fest angepresst werden. Ist ein geeignetes Kupfersubstrat gefunden, werden ein oder mehrere Test-*Chip*s darauf aufgebracht. Mehrere Test-*Chip*s ermöglichen die Untersuchung auf etwaige Streuungen in der Fertigung. Aufgrund der Größe der *Chip*s gegenüber dem Kupfersubstrat ist es zweckmäßig diese nicht einzeln auf einem Substrat zu platzieren. In dieser Arbeit wurden wie in Abbildung 4.1 daher immer vier oder fünf *Chip*s in einer Reihe aufgebracht.

Ein *Waverprober* wie in Abbildung 4.2 stellt mit für den Test-*Chip* geeigneten Messspitzen die Verbindung zwischen der Mikroelektronik und der Makroelektronik her. Es gibt Messspitzen zum Einspeisen der Versorgungsspannungen und -ströme und es gibt HF-Messspitzen für die Übertragung der HF-Signale an Eingang und Ausgang. Durch die präzise Fertigung und die mechanischen Einstellmöglichkeiten des *Waverprober*s kann der *Chip* direkt und exakt kontaktiert werden. Eine direkte Messung ermöglicht eine nahezu unverfälschte Charakterisierung des Test-*Chip*s. Alternativ kann der Test-*Chip* auch auf eine Leiterplatte aufgebracht und gebondet werden. Dabei kommen jedoch sämtliche Einflüsse der Leiterplatte mit

Abbildung 4.1 Auf einem Kupfersubstrat geklebte Test-*Chip*s

Abbildung 4.2 *Waverprober* [For]

in die Messung. Diese können später jedoch nur schwer und zumeist nur qualitativ herausgerechnet werden. Am *Waverprober* ermöglicht die Durchführung präziser Kalibrierungen Störeinflüsse direkt aus der Messung zu kompensieren.

Bereits beschrieben wurde, dass der verwendete Netzwerkanalysator mit insgesamt vier HF-Eingängen ausgestattet ist. Das, zusammen mit der eingebauten Software, ermöglicht eine direkte Messung von Schaltungen mit differentiellem

Eingang und differentiellem Ausgang. Ein direktes Anschließen von Leistungsverstärkern an den Netzwerkanalysator ist jedoch aus unterschiedlichen Gesichtspunkten nicht empfehlenswert:

- *Unbekanntes Eingangsnetzwerk am DUT*: In vielen HF-Schaltungen wird ein Eingangsnetzwerk zur Impedanztransformation eingesetzt. Je nach Transformationsart und je nachdem, ob bereits ein Eingangsserienkondensator auf dem IC vorhanden ist, empfiehlt sich die Verwendung eines zusätzlichen Serienkondensators, d. h. eines Entkopplungsglieds im Testaufbau, damit keinerlei Gleichspannungs- und Gleichstromanteile in die Testschaltung eingeprägt werden können. Dies kann Einfluss auf den Arbeitspunkt haben und damit zu abweichenden Messergebnissen führen.
- *Unbekanntes Ausgangsnetzwerk am DUT*: Hier gilt prinzipiell das Gleiche, wie bei Eingangsnetzwerken. Der zusätzliche Entkopplungskondensator ist zum Schutz des Messgeräts.
- *Zu hohe Ausgangsleistung am DUT*: Schon bei kleinen Eingangsleistungen kann an einem Leistungsverstärker eine sehr hohe Ausgangsleistung anliegen. Im Fall von linearen Leistungsverstärkern ist dies zumeist nicht der Fall. Bei nichtlinearen Leistungsverstärkern oder bei falsch eingestelltem Arbeitspunkt kann eine Vollaussteuerung am Verstärkerausgang nicht nur fehlerhafte Messergebnisse beim Verlassen des linearen Messbereichs des Netzwerkanalysators produzieren, sondern auch Schaden am Messgerät verursachen.
- *Schutz des Netzwerkanalysators im Fehlerfall des DUT*: Bei einem Fehlverhalten der Schaltung im Betrieb kann es ebenfalls zu hohen unerwarteten Ausgangswerten kommen. Hier sollten die gleichen Maßnahmen getroffen werden wie im vorherigen Punkt, d. h. es sollten Entkopplungs- und Dämpfungsglieder im Messaufbau eingebunden werden. Dies gilt sowohl für den Eingang, als auch für den Ausgang.

4.2 Arbeitspunkteinstellung

Bevor die Messung erfolgen kann, ist eine Arbeitspunkteinstellung erforderlich. In diesem Abschnitt werden daher die wichtigsten Versorgungsspannungen und -ströme, die sich in jeder der in dieser Arbeit vorgestellten Leistungsverstärker wiederfinden, angesprochen und deren Einfluss für die Messung qualitativ erläutert. Folgende Spannungen und Ströme werden benötigt:

- *Versorgungsspannung U_{CC}*: U_{CC} wird direkt an den Verstärker gelegt. Die Grenzen dieser Spannungen sind im Vorfeld durch die Technologie bekannt.
- *Arbeitspunktstrom I_C*: I_C wird indirekt eingestellt. Dazu wird ein Spiegelstrom über eine Stromquelle eingeprägt. Das Teilerverhältnis zwischen dem Spiegelstrom und dem Arbeitspunktstrom wird durch die Schaltung vorgegeben. In dieser Arbeit liegt das Teilerverhältnis bei 1 zu 48 pro Einzelverstärker des differentiellen Aufbaus. Damit ergeben sich Spiegelströme im Bereich zwischen 0,5 und 2 mA. Die Anforderungen an die verwendete Stromquelle sind daher enorm. Kleine Änderungen führen zu einem deutlichen Unterschied des Arbeitspunkts. Kleinste Störungen, wie beispielsweise Oberwellen wirken ähnlich einem Eingangssignal und werden direkt verstärkt. Hohe Wechselspannungsanteile lassen sich auf dem IC über Kondensatoren noch gut filtern. Ströme dagegen benötigen große Spulen, die auf dem *Chip* jedoch selten Platz finden. Das Ausgangssignal dieser Stromquelle muss zwingend nahezu rausch- und störungsfrei, die Ausgangsrestwelligkeit des Netzteils nahezu Null sein. An dieser Stelle eignen sich besonders gut lineare Labornetzteile.
- *Kaskodespannung U_{Kas}*: Für die Kaskodespannung gilt Ähnliches wie für den Spiegelstrom. Kleine Abweichungen führen zu merklichen Unterschieden des Arbeitspunkts. Kleine Oberwellenanteile im Signal können jedoch auf dem *Chip* durch Kondensatoren besser beseitigt werden. Doch auch hier gilt es die eingeprägten Störungen zu minimieren. Nur so lassen sich Fehler durch die Versorgung ausschließen.

4.3   Kleinsignalmessung

Die Kleinsignalmessung untersucht eine Schaltung auf die Eigenschaften in einem HF-System.

Im Falle von Leistungsverstärkern spielt in erster Linie der Reflexionswert am Eingang eine entscheidende Rolle. Es ist wichtig, dass eingangsseitig eine gute Anpassung auf die Systemimpedanz von 50 Ω vorliegt, um Reflexionen zu vermeiden. Andernfalls kann dies Auslöser von Störungen an der vorgeschalteten Elektronik sein. Die Durchgänge und die ausgangsseitige Anpassung auf 50 Ω sind an Leistungsverstärkern nicht maßgeblich. Dort geht es vorwiegend um Leistungsverstärkung und maximale Effizienz. Eine maximale Effizienz kann durchaus eine abweichende Ausgangsimpedanz erforderlich machen. Die 50 Ω werden dabei so zwischen Verstärkerausgang und z. B. Antenne transformiert, dass der Verstärker möglichst verlustarm betrieben werden kann (Siehe Kapitel 3). Aus den *S*-Parametern

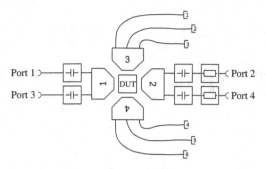

Abbildung 4.3 Messaufbau für die Kleinsignaluntersuchung

geht ebenfalls der *Rollet's*-Faktor hervor. Dieser benötigt dazu jedoch tatsächlich die Reflexions- und Durchgangsmessungen.

Nach Berücksichtigung der in Abschnitt 4.1 genannten Punkte zum Einbau von Zusatzelementen ergibt sich für die Messung der in dieser Arbeit vorgestellten Leistungsverstärker der Messaufbau aus Abbildung 4.3. Es ist sinnvoll den einen differentiellen Eingang des *DUT* auf den Kanal „1" des Netzwerkanalysators und den korrespondierenden differentiellen Ausgang des *DUT* auf den Kanal „2" des Netzwerkanalysators zu legen. Dies vereinfacht bei der Messauswertung die Zuordnung der *S*-Parameter. Analog wird mit dem anderen differentiellen Eingang (Kanal „3") und differentiellen Ausgang (Kanal „4") verfahren. Alle Messabweichungen, die durch die zusätzlichen Elemente sowie durch den Netzwerkanalysator selbst produziert werden, müssen nach erfolgtem Grundaufbau durch Kalibrierung eliminiert werden. Dazu wird auf dem *Waverprober* anstelle des zu messenden ICs und passend zu den HF-Messspitzen ein Kalibriersubstrat aufgelegt und kontaktiert. Die Kalibrierung wird vom Messgerät je nach Messvorhaben selbst vorgegeben und ausgeführt. Abschließend können nach Auflegen und Kontaktieren des *DUT* die *S*-Parameter durch den Netzwerkanalysator vollständig aufgenommen werden.

4.4 Leistungsmessung

Deutlich aufwendiger als die Messung von *S*-Parametern ist die Leistungsmessung. Zum einen bietet der Netzwerkanalysator ZVA-67 eine Reihe verschiedener zielführender Möglichkeiten, zum anderen kann die Messung bei fehlerhaftem Aufbau und/oder fehlerhafter Kalibrierung schnell unbrauchbar werden. Vorgestellt werden sollen hier zwei Varianten, deren Messergebnisse valide und reproduzierbare

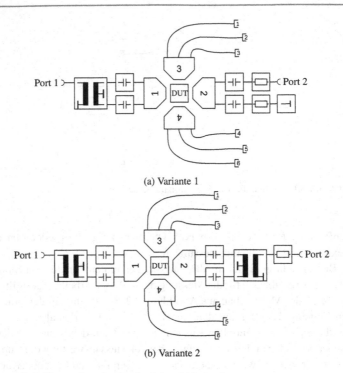

(a) Variante 1

(b) Variante 2

Abbildung 4.4 Messaufbau für die Großsignaluntersuchung

Ergebnisse liefern. Dabei muss berücksichtigt werden, dass der *DUT* bei zu niedriger Eingangsleistung nicht mehr ausreichend im Kompressionsverhalten untersucht werden kann. Um dies zu verhindern, wird ebenso der Ansatz der Messung mit Hilfe eines Vorverstärkers vorgestellt.

Wie bereits zuvor erwähnt, werden in dieser Arbeit generell differentielle Leistungsverstärker vermessen. Nach der Installation der Messspitzen am *Waverprober* werden Eingänge und Ausgänge zunächst mit je einem Entkopplungsglied gesichert. Am Eingang wird dann ein *Balun* verwendet. Dieser wandelt das asymmetrische Signal, das der ZVA-67 an Kanal „1" liefert, in ein symmetrisches Signal. Der ZVA-67 ist prinzipiell ebenfalls in der Lage ein differentielles Signal zu liefern. Dazu bedient er sich eines internen *Baluns*. Bei den Leistungsverstärkern dieser Arbeit ergaben sich jedoch Probleme bei einer symmetrischen Vorverstärkung für die nötige Eingangsleistung am *DUT*. Aus diesem Grund wird der *Balun* extern verwendet.

Nach den benannten Entkopplungsgliedern an den Ausgängen des *DUT* kann der Aufbau auf zwei verschiedene Weisen fortgesetzt werden:

- Ein Ausgang wird terminiert. Der andere Ausgang wird mit einem Dämpfungsglied versehen und an Kanal „2" des ZVA-67 verbunden.

- Das symmetrische Ausgangssignal wird mit einem zusätzlichen *Balun* wieder in ein asymmetrisches Signal zurückgewandelt und über ein Dämpfungsglied mit Kanal „2" des ZVA-67 verbunden.

Die Größe des Dämpfungsglieds sollte dabei in beiden Fällen so gewählt werden, dass die maximal zu erwartende Leistung am Kanal „2" möglichst unter den empfohlenen Herstellerangaben liegt. Im Frequenzbereich bis 13 GHz liegen diese bei +10 dBm. Es empfiehlt sich, das Dämpfungsglied im Bereich der zu erwartenden Gesamtverstärkung des Messaufbaus zu wählen. Wird vor dem *DUT* ein Vorverstärker benötigt, dann muss auch dieser bei der Wahl des Dämpfungsglieds berücksichtigt werden.

Sinnvoll ist der Einbau eines Vorverstärkers dann, wenn an einem differentiellen Eingang des *DUT* eine Leistung von über 0 dBm für eine hinreichende Charakterisierung notwendig wird. Dabei kann der Verstärker auch hier auf zwei Arten verbaut werden. Die einfachste Methode ist der Einbau zwischen dem Kanal „1" und dem Eingangs-*Balun*. Die andere Möglichkeit zeigt Abbildung 4.5. Nach dem Entfernen der Brücke wird das vom Netzwerkanalysator erzeugte Signal an den Vorverstärker weitergegeben, der dieses dann verstärkt in den Netzwerkanalysator zurückspeist. Bevor das Signal an Kanal „1" ausgegeben wird, misst der Netzwerkanalysator selbst das Signal. Dabei ist es unerheblich, ob das Signal ausschließlich vom Netzwerkanalysator selbst generiert oder durch die vorgestellte Verschaltung vor der Ausgabe nochmals zurückgespeist wird. Der Vorteil dieser Methode ist die zusätzliche Kontrolle der Ausgangsleistung des Vorverstärkers. Das ist vor allem bei sehr nichtlinearen Vorverstärkern sinnvoll. Durch die Rückführung der Vorverstärkerleistung in den Netzwerkanalysator gilt es auch hier die oben beschriebene, maximal empfohlene Eingangsleistung an den Kanälen des Analysators einzuhalten. Der Vorverstärker sollte, wie in Abbildung 4.5 erkennbar, an dessen Ausgang ebenfalls mit einem Entkopplungsglied und ggf. mit einem Dämpfungsglied versehen werden.

Zur Leistungskalibrierung wird ein zusätzliches HF-Leistungsmessgerät verwendet. Dieses muss mit dem Netzwerkanalysator kommunizieren können, damit eine Zuordnung der vom Netzwerkanalysator ausgegebenen Leistung mit der vom Messgerät gemessenen Leistung möglich ist. Verwendet wurde das Leistungsmessgerät NRP-Z55 von *Rohde&Schwarz*®. Das Leistungsmessgerät muss die

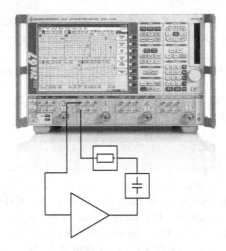

Abbildung 4.5 Einbau eines Vorverstärkers am Netzwerkanalysator

ankommende Leistung so nahe wie möglich am *DUT* detektieren. Dazu werden beide HF-Kabel von der eingangsseitigen Messspitze gelöst. Ein Kabelende wird mit 50 Ω terminiert, an das andere wird das Leistungsmessgerät angeschlossen. Bei sehr hohen Eingangsleistungen muss dem Leistungsmessgerät ein Dämpfungsglied vorgeschaltet werden, sonst fährt auch das Leistungsmessgerät in die Kompression und die Kalibrierung wird ungenau. Der angegebene Messbereich des NRP-Z55 reicht von −35 bis +20 dBm. Das Dämpfungsglied sollte also mit Bedacht gewählt werden, weil niedrige Eingangsleistungen sonst unter dem unteren Grenzwert liegen können. Sind all diese Parameter berücksichtigt worden, kann zusammen mit dem ZVA-67 die Leistungskalibrierung erfolgen. Im ersten Schritt wird ein Leistungsbereich durchlaufen, der vom Leistungsmessgerät erfasst wird und dessen Messwerte an den Netzwerkanalysator übermittelt werden. Das Leistungsmessgerät wird nun entfernt und das frei gewordene Leitungsende an Kanal „2" des ZVA-67 angeschlossen. Anhand der Ergebnisse des Leistungsmessgeräts wird im zweiten Schritt der Fehler von Kanal „2" ermittelt, indem der gleiche Leistungsbereich noch einmal gemessen wird.

Die nächsten Schritte bestehen in einer Abfolge von Testmessungen zur Kompensation von Störeinflüssen nach dem Messpunkt mit dem Leistungsmessgerät und vor dem Kanal „2" des Netzwerkanalysators. Der Testaufbau vor dem *DUT* wird nach Entfernung des Leistungsmessgeräts wieder vervollständigt.

Messabfolge nach Variante 1 (Abbildung 4.4a):

1. Auflegen von Testsubstrat (Vor jedem Umbau Messspitzen abheben, um Messspitzen und Testsubstrat zu schützen)
2. Direkte Verbindung, d. h. ohne Zwischenschalten von Entkopplungs- und Dämpfungsglied, mit dem Netzwerkanalysator von nichtterminiertem Ausgang der HF-Messspitze
3. Testmessung 1 mit anschließendem Abspeichern des Ergebnisses
4. Einbau von Entkopplungsglied und Dämpfungsglied zwischen Messspitze und Netzwerkanalysator
5. Testmessung 2 mit anschließendem Abspeichern des Ergebnisses
6. Testsubstrat entfernen und *DUT* auflegen

Messabfolge nach Variante 2 (Abbildung 4.4b):

1. Umbau des Messaufbaus gemäß Variante 1 und Verfahrensweise wie Punkte 1 bis 5
2. Vollständiger Aufbau nach Variante 2, d. h. beide ausgangsseitigen Entkopplungsglieder mit *Balun* und Ausgang von *Balun* mit Dämpfungsglied verbinden
3. Testmessung 3 mit anschließendem Abspeichern des Ergebnisses
4. Testsubstrat entfernen und *DUT* auflegen

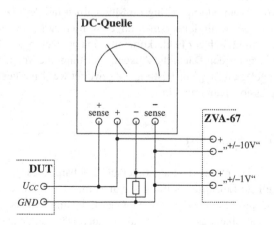

Abbildung 4.6 Messen des Gleichstroms und der Gleichspannung zur Erfassung des Wirkungsgrads

Leistungsverstärker werden zusätzlich zu den Leistungsmessungen auch nach deren Wirkungsgrad bewertet. In diesem Fall muss neben der HF-Leistung auch die Gleichstromleistung über dem Frequenzbereich erfasst werden. Dazu bietet der ZVA-67 zwei Eingänge zur Spannungsmessung. Einer der beiden besitzt einen Messbereich von -1 bis $+1$ V, der andere -10 bis $+10$ V. Der entscheidende Vorteil dieser Messeingänge ist die Zuordnung der gemessenen Spannungen zu den angelegten Eingangsleistungen. Nur auf diese Weise kann die Effizienz korrekt dokumentiert werden. Eine weitere Bedingung für die Gleichstrommessung ist eine mit einer massenbezogenen *Offset*-Kompensation ausgestattete Spannungsversorgung. Im Zusammenspiel mit einem geeigneten *Shunt* ist so der Gleichstrom messbar, ohne die Versorgungsspannung am *DUT* durch den Spannungsabfall am *Shunt* mit sich änderndem Gleichstromwert zu beeinflussen. Es ist empfehlenswert den *Shunt* so zu wählen, dass die über ihm anliegende Spannung in keinem Fall über ein Volt hinaus steigt. Der Widerstandswert sollte jedoch auch nicht zu niedrig sein, da sonst die Messauflösung sinkt. Abbildung 4.6 verdeutlicht die Installation. Die Spannung über dem *Shunt* wird am Messeingang für den Bereich -1 bis $+1$ V erfasst, während sich der andere Messbereich zum Messen der Versorgungsspannung des *DUT* eignet. Beide Informationen liefern miteinander multipliziert die Gleichstromleistung, die durch eine mathematische Funktion im Netzwerkanalysator direkt als Messkurve dargestellt werden kann. Auf die gleiche Weise lässt sich die *PAE* als Messkurve aufzeichnen. Es ist jedoch ratsam die gemessenen Spannungen und Ströme ebenfalls auszugeben, um diese ggf. auf Plausibilität prüfen zu können.

Nach dem Abarbeiten der einzelnen Schritte von Variante 1 bzw. Variante 2 sowie dem Erfassen von Strom und Spannung im Messaufbau mit dem *DUT* erfolgt die Leistungsmessung. Die Kalibrierungsmessungen werden dafür bei der Auswertung der Messungen nachträglich zur Fehlerkompensation genutzt. Nach der Messwertbereinigung können aus den Daten die Ausgangsleistung, die Verstärkung und die *PAE* über der angelegten Eingangsleistung ausgewertet werden. Dies schließt auch den 1 dB-Kompressionspunkt mit ein.

4.5   Zweitonmessung

Bei der Zweiton- oder Intermodulationsuntersuchung handelt es sich um ein Messverfahren speziell zur Linearitätsprüfung. Dazu werden zwei Grundfrequenzen mit identischer Phase und Amplitude am Eingang des Leistungsverstärkers eingespeist. Abschnitt 2.1.4 beleuchtet das Thema etwas genauer. Der Frequenzabstand ist laut Theorie von der Bandbreite des Verstärkers abhängig. Je breitbandiger der Verstärker ist, desto größer kann der Abstand sein. Für die Übertragungsfunktion ist dieser

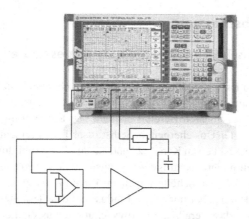

Abbildung 4.7 Messaufbau für die Untersuchung der Intermodulationsprodukte

uninteressant. Es empfiehlt sich jedoch die Differenz der Frequenzwerte im Bereich der späteren Anwendung zu wählen.

Der Messaufbau ist grundsätzlich mit dem Messaufbau zur Leistungsmessung in Abschnitt 4.4 weitgehend identisch. Es kann auch hier zwischen dem Aufbau von Variante 1 oder Variante 2 (Abbildung 4.4) gewählt werden. Entscheidender Unterschied ist, dass die Ausgänge von Kanal „3" und Kanal „1" mittels eines Kombinierers zurück in den Kanal „1" gespeist werden. Benötigt der *DUT* eine höhere als die damit erreichbare Ausgangsleistung, muss zwischen Kombinierer und Rückspeisung zusätzlich ein Vorverstärker mit Ausgangsentkopplung und ggf. Dämpfungsglied eingebaut werden. Die gesamte Verschaltung spiegelt Abbildung 4.7 wider.

Für die Messung müssen nun die entsprechenden Einstellungen im ZVA-67 vorgenommen werden. Ähnlich der Leistungsmessung erfolgt in mehreren Schritten die Kalibrierung. Hier werden jedoch beide Grundfrequenzen zunächst getrennt, dann kombiniert an einem der *DUT*-Eingänge mittels Leistungsmessgerät untersucht, während die zweite *DUT*-Einspeisung terminiert wird. Der *DUT* selbst wird in dieser Phase nicht mit integriert. Nach erfolgreicher Kalibrierung minimiert auch hier eine Reihe von zusätzlichen Messungen ohne *DUT* die Messfehler. Eine genaue Beschreibung dazu findet sich in Abschnitt 4.4. Die Messung wird schließlich vom ZVA-67 selbstständig durchgeführt. Die Werte können abgespeichert und schlussendlich mittels der zusätzlichen Messungen korrigiert werden.

4.6   Fehlerabschätzung

4.6.1   Fehlerabschätzung bei Kleinsignalmessungen

Die Genauigkeit von Kleinsignalmessungen ist sehr hoch. Durch die kleinen Leistungen kann davon ausgegangen werden, dass sowohl der Leistungsverstärker als auch das Messgerät im linearen Bereich bleiben. Die Kalibrierung sorgt für das Herausrechnen der letzten Unsicherheiten. Selbst zusätzliche Elemente wie das ausgangsseitige Dämpfungsglied an Kanal „2" und Kanal „4" in Abbildung 4.3 werden dabei rechnerisch eliminiert. Niedrige Ausgangsleistungen bedeuten auch weniger Kontaktverluste, sodass Erschütterungen am *Waverprober* zwar einen messbaren Unterschied bedeuten, aber nur wenig Einfluss auf das Gesamtergebnis bewirken. Es ist vorstellbar, dass gerade diese Abweichung schlussendlich den *Rollet's*-Faktor verfälschen. Führen diese Erschütterungen gar zu einem *Rollet's*-Faktor, der eine potentielle Instabilität belegt, dann kann davon ausgegangen werden, dass das Ergebnis bereits zuvor schon sehr grenzwertig war. Der größte Unsicherheitsfaktor ist die genaue Einstellung des Arbeitspunkts. Kleine Änderungen können hier schon deutliche Unterschiede bei der Messung bedeuten.

4.6.2   Fehlerabschätzung bei Großsignalmessungen

Bei allen Leistungsmessungen, dazu zählen auch die Intermodulationsmessungen, kann es schnell zu kleinen Abweichungen kommen. Bei Leistungsverstärkern bedeutet dies schnell einen deutlichen Unterschied in der Effizienz. Durch die vorgestellten Maßnahmen für die Kalibrierung des Messaufbaus und die zusätzlichen Messungen ohne *DUT* wird dieser Fehler stark reduziert. Dennoch gibt es weiterhin eine Reihe von Unsicherheiten. Schon allein die Kontaktierung der *DUT*s bietet ihre Tücken. Kleine Abweichungen des Kontaktdrucks, nicht einhundertprozentig ausgerichtete Messspitzen, verunreinigte Messspitzen usw. bergen die größten übrig gebliebenen Fehlerquellen. Zu einer Änderung des Kontaktdrucks kann es schon durch eine leichte Erschütterung des *Waverprober*s kommen. Bei laufenden Messungen konnten so beispielsweise Abweichungen von bis zu 5 %-Punkte bei der *PAE* beobachtet werden. Gerade der Wirkungsgrad ist bei Leistungsverstärkern besonders empfindlich und ist neben der Linearität ein ausschlaggebendes

Vergleichskriterium. Deutlich kleiner sind die Einflüsse der Kabelverbindungen. Hier ist nach den Kalibrierungen mit einer maximalen Abweichung von deutlich unter 0,1 dB zu rechnen. Ebenfalls kann nicht völlig ausgeschlossen werden, dass sich bei der Verwendung eines Vorverstärkers, dessen Eigenschaften im Laufe des Betriebs ändern können. Hier empfiehlt es sich die Abweichungen durch regelmäßige Durchgangsmessungen ohne *DUT* im Auge zu behalten.

Entwurf und Test von Leistungsverstärkern mit Gegenkopplung

Dieser Abschnitt stellt die entworfenen Leistungsverstärker, anhand derer die theoretischen Vorbetrachtungen praktisch umgesetzt werden, vor. Einige der theoretischen Untersuchungen sind erst aus dem Entwurf und dem Test hervorgegangen. So ist die Erweiterung der Schleifenverstärkung als Stabilitätsuntersuchung (siehe Abschnitt 2.5) ein Resultat eines ersten instabilen Verstärker-*Designs*. Statt eines Leistungsverstärkers entstand anfänglich ein Leistungsoszillator mit reproduzierbarer, geringfügig anpassbarer Frequenz zwischen 21 und 22,5 GHz. Erst durch eine Reihe von Vermutungen und empirischen *Design*-Änderungen konnte der Grund dieses Verhaltens aufgedeckt werden. Dies mündete im Legen von theoretischen Grundlagen, die Regeln für das zukünftige *Design* von Leistungsverstärkern mit einer Parallelgegenkopplung ableiten.

Eine weitere in diesem Kapitel vorgestellte Version ist ein parallelgegengekoppelter Leistungsverstärker mit einer Transistorstapelung, dessen aufgestapelter Transistor durch einen auf dem *Chip* verbauten PID-Regler in seiner Kollektor-Emitter-Arbeitspunktspannung angepasst wird. Beide für die Spannungsverstärkung verantwortlichen Transistoren erhalten damit unabhängig von Arbeitspunktstrom und Versorgungsspannung nahezu identische Arbeitspunktbedingungen. Näheres dazu beinhaltet Abschnitt 5.3.4.

Ergänzende Information Die elektronische Version dieses Kapitels enthält Zusatzmaterial, auf das über folgenden Link zugegriffen werden kann https://doi.org/10.1007/978-3-658-41749-9_5.

5.1   Spezifikationen und Technologiegrenzen

Vor dem eigentlichen Entwurf wird in diesem Abschnitt geklärt, welche Werte
der Verstärker besitzen soll und welche grundlegenden Grenzen eingehalten werden müssen. Tabelle 5.1 zeigt die Vorgaben. Grundlage dazu ist Tabelle 1.2, in
welcher bereits die Randbedingungen für das LTE-Frequenzband gezeigt werden. Demnach ist eine Frequenzspanne zwischen 2500 bis 2690 MHz zu erreichen. Gerundet bedeutet das eine Mindestbandbreite von 200 MHz bei einer unge-
fähren Mittenfrequenz von 2,6 GHz. Höhere Bandbreiten wären wünschenswert,
da somit auch andere LTE-Frequenzbänder in Frage kämen. Vorgesehen ist ein
Verstärker mit Gegenkopplung. Dennoch soll die Verstärkung nicht unter 20 dB
liegen. Als Technologie kommt die bereits in Abschnitt 1.4 näher beschriebene
250 nm-BiCMOS-Technologie zum Einsatz. Der Leistungsverstärker soll zudem
ein symmetrisches Ausgangssignal erzeugen. Die in der Tabelle angegebene *Chip*-
Fläche beinhaltet etwaige Spulen und Kapazitäten für die HF-Entkopplung der
Versorgungsspannungen.

Tabelle 5.1 *Design*-Vorgaben für den Verstärkerentwurf

Ausgangsleistung	$\geq 27\,\mathrm{dBm}$
Mittenfrequenz	2,6 GHz
Bandbreite	>200 MHz
Verstärkung	>20 dB
PAE	$\geq 35\,\%$
Systemimpedanz am Eingang	50 Ω
Antennenimpedanz am Ausgang	50 Ω
Technologie	250 nm BiCMOS
chip-Fläche	$\approx 1\,\mathrm{mm}^2$

5.2   Einfache, gegengekoppelte Leistungsverstärker

Nachdem im letzten Abschnitt die wichtigen Randbedingungen geklärt wurden,
bereitet dieser Abschnitt die konkrete Realisierung eines einfachen Leistungsverstärkers vor. Dabei werden in Abschnitt 5.2.1 die Größe und Anzahl der Transistoren sowie der für die Arbeitspunkteinstellung notwendige Stromspiegel hinsichtlich
Größe und Teilerverhältnis festgelegt, um die gewünschten Zielparameter zu errei-

chen. Auf dieser Basis wird das *Layout* des Transistorfelds inklusive des Stromspiegels entworfen.

Nach anschließender Extraktion des Transistorfelds mit den zusätzlichen parasitären Widerständen und Kapazitäten lassen sich nun mit Hilfe der Transistortransferkennlinienanpassung aus Abschnitt 3.3 alle übrigen Bauelemente des Verstärkers in Abhängigkeit vom Schleifenwiderstand vollständig dimensionieren. In Abschnitt 5.2.2 wird dieser Vorgang konkret untersucht. Es sei noch erwähnt, dass Abschnitt 3.3 eine Beschreibung für den Verstärkerentwurf beinhaltet, der sämtliche aus den in den Abschnitten 5.2.4 und 5.2.5 gewonnenen Erkenntnisse bereits berücksichtigt.

In den genannten Abschnitten 5.2.4 und 5.2.5 wird der Entwurf zweier sich lediglich im *Layout* unterscheidender Leistungsverstärker vorgestellt. Der Hauptunterschied besteht im Aufbau des Transistorfelds, der einen erheblichen Einfluss auf die Verstärkerstabilität besitzt. Beide Leistungsverstärker wurden gefertigt, gemessen und miteinander verglichen. Die Stabilitätsprobleme des ersten gefertigten Verstärkers und die zunächst empirisch gefundene Lösung mit der zweiten Version lieferten das Initial zur in Abschnitt 2.5 vorgestellten erweiterten Untersuchung der Schleifenverstärkungen bei mehrfachverzweigter Rückführung. Eine solche Analyse wird in Abschnitt 5.2.5 auf die beiden Verstärkerentwürfe angewendet.

5.2.1 Aufbau des Transistorfelds

Die Grundlage des folgenden Verstärker-*Designs* bildet der in Abbildung 5.1 illustrierte einstufige Verstärker in Kaskodestruktur [Ell08][TSG12][Cri02]. Kaskodeverstärker reduzieren den Einfluss der nichtlinearen Millerkapazität und erreichen so eine höhere Knickfrequenz und daraus resultierend eine höhere Bandbreite als herkömmliche Eintransistorverstärker in Emitterschaltung. Durch die zusätzlich verbesserte Isolation vom Ausgang zum Eingang wird die übliche Verstärkerauslegung vereinfacht. Für eine gute ausgangsseitige Gleichtaktunterdrückung wurde eine pseudodifferentielle Verstärkerarchitektur gewählt. Mittels eines guten thermisch gekoppelten Stromspiegels und bei genau symmetrischem Aufbau beider Verstärkerpfade können beide Zweige im gleichen Arbeitspunkt betrieben werden. Dadurch ist eine quasiidentische Verstärkung von zwei zueinander invertierten Eingangssignalen ebenso sichergestellt wie eine Verringerung der Verzerrung des Differenzsignals bei beginnender Sättigung. Echte differentielle Verstärkertopologien erzeugen mit ihren realen Stromquellen bzw. Stromspiegeln am Fuß und an der Einspeisung zu hohe Verluste und sind für den Leistungsverstärkerbereich ungeeignet.

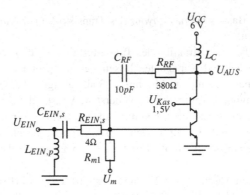

Abbildung 5.1 Schaltplan des einfachen Kaskodeverstärkers mit Parallelgegenkopplung [PTT+15]

Die genutzte $IHP^{®}$-Technologie bietet dazu, wie in Abschnitt 1.4 beschrieben, die drei npn-Transistortypen $npnVp$, $npnVs$ und $npnVh$ an. Die $npnVs$-Transistoren bilden den Standardtypen mit einer Durchbruchspannung von 4 V, der Hochspannungstyp $npnVh$ ist bis 7 V spezifiziert. Die Transistoren mit einer hohen Transitfrequenz jedoch einer niedrigen Durchbruchspannung von 2,4 V werden als $npnVp$ bezeichnet. Zusätzlich zur Durchbruchspannung spielt die Sättigungsspannung der Transistoren eine wesentliche Rolle. Die Sättigungsspannung wächst mit steigendem Kollektorstrom. Besonders stark ausgeprägt ist dieser Effekt bei den Hochspannungstypen $npnVh$, während er bei den $npnVp$-Transistoren am geringsten ausfällt. Der untere Transistor wird, auf Grund der konstanten Kaskodespannung an der Basis des oberen Transistors, mit einer nahezu konstanten Kollektor-Emitter-Spannung von unter einem Volt (typisch ca. 0,8 V) betrieben. Daher können hier die performanten $npnVp$-Transistoren mit den niedrigeren parasitären Kapazitäten und der geringeren Sättigungsspannung eingesetzt werden. Geringere Basis-Emitter- und Basis-Substrat-Kapazitäten reduzieren die Bandbreiteneinbuße insbesondere an der Basis. Zusätzlich reduzieren die Kollektor-Emitter- und die Kollektor-Substrat-Kapazität des unteren Transistors durch die Reihenschaltung mit der Kollektor-Emitter-Kapazität des oberen Transistors die am Ausgang des Leistungsverstärkers anliegende parasitäre Kapazität, was wiederum eine ausgangsseitige Bandbreitenverbesserung mit sich bringt. Dies ist ein weiterer Vorteil der Kaskodeschaltung. Vollständig sichtbar ist weiterhin die Kapazität des oberen Transistors vom Kollektor zum Substrat bzw. zur Masse.

Höhere Versorgungsspannungen reduzieren den notwendigen Strom für gleiche Ausgangsleistungen. Aus diesem Grund liegt eine Verwendung des Standardtyps sowie des Hochspannungstyps als oberer Transistor nahe. Diese beiden Transistoren bieten jedoch große Unterschiede bei der Sättigungsspannung, welche ihrerseits sehr stark vom Kollektorstrom abhängt. Je größer der Strom wird, desto höher ist die Sättigungsspannung, was wiederum die maximale Aussteuerung und den damit einhergehenden erreichbaren Wirkungsgrad stark einschränkt. Einen guten Kompromiss erreicht der *npnVs*-Typ. Dieser Transistor ist im Betrieb für den gesamten Spannungshub am Verstärkerausgang zuständig. Da dieser Transistor als Verstärker in Basisschaltung betrieben wird, spielen hier die parasitären Einflüsse zwischen Kollektor und Basis eine geringe Rolle, ebenso, wie oben beschrieben, die Kollektor-Emitter-Kapazität.

Die Anzahl der Transistoren hängt von der Höhe des durchfließenden Stroms und der Stromfestigkeit der Transistoren ab. Die Sättigungsspannung ist abhängig vom Kollektorstrom. Um dem zu begegnen, wurde die Anzahl der oberen Transistoren gegenüber den unteren Transistoren verdoppelt. Damit ist ein Kompromiss zwischen dem Flächenverbrauch auf dem *Chip* und der Höhe der Sättigungsspannung eingegangen worden. Der maximal zulässige Kollektorstrom für den *npnVp*-Transistor liegt bei 1,25 mA. Die anderen beiden Varianten vertragen bis zu 1,5 mA. Durch die Verdopplung der oberen Transistoren, d. h. der *npnVs*-Transistoren, ist die Anzahl der unteren Transistoren ausschlaggebend. Als Arbeitspunktstrom im *npnVp*-Einzeltransistor werden zusätzlich circa zwei Drittel Reserve vorgesehen. Der eingestellte Arbeitspunktstrom liegt so bei einem Wert zwischen 0,4 und 0,5 mA. Dieser Strombereich stellt, wie auch bereits in [Fri11] festgestellt, einen guten Kompromiss zwischen ausreichend Reserve, niedriger Sättigung gemäß Kollektorstrom und geringer Eingangsimpedanz dar. Die Größe der Eingangsimpedanz ist entscheidend für das Anpassnetzwerk auf 50 Ω Systemimpedanz. Es wird umso schmalbandiger je niedriger die Eingangsimpedanz ist. Diese wiederum sinkt mit wachsender Anzahl paralleler Transistoren. Der maximale Gleichstrom richtet sich bei Klasse-A-Betrieb nach der Versorgungsspannung, der Ausgangsleistung und dem Wirkungsgrad der Schaltung. Da in der pseudodifferentiellen Schaltung zwei Verstärkerpfade komplementär zu gleichen Teilen an der Ausgangsleistung beteiligt sind, muss mit der halben Ausgangsleistung gerechnet werden. Ebenso berücksichtigt wird eine Stromexpansion im 1 dB-Kompressionspunkt gegenüber vom Arbeitspunktstrom von 150 %. Es ergibt sich somit folgende Gleichung:

$$I_{C,DC,1dBCP} = \frac{P_{Aus,1dBCP}}{2 \cdot \eta \cdot U_{CC}} \overset{!}{=} 1,5 \cdot I_{C,AP} \tag{5.1}$$

Im Kompressionspunkt ist von einer gegenüber dem Arbeitspunktstrom etwa fünfzigprozentigen Steigerung des Gleichstromanteils zu rechnen. Bei einer Annahme von 500 mW Ausgangsleistung mit 35 % Wirkungsgrad im 1 dB-Kompressionspunkt und einer Versorgungsspannung von 5,8 V (Vorgabe aus Tabelle 5.1) lässt sich mit Hilfe der vollständigen Gleichung der Arbeitspunktstrom errechnen:

$$I_{C,AP} = \frac{P_{Aus,1dBCP}}{2 \cdot 1,5 \cdot \eta \cdot U_{CC}} = \frac{500mW}{3 \cdot 0,35 \cdot 5,8V} = 82,1mA \qquad (5.2)$$

Nun kann mit der oben vorgestellten Strombelastung des unteren Einzeltransistors zwischen 0,4 und 0,5 mA die notwendige Anzahl an Transistoren errechnet werden:

$$m_{min} = \frac{82,1mA}{0,5mA} \approx 164 \qquad (5.3)$$

$$m_{max} = \frac{82,1mA}{0,4mA} \approx 205 \qquad (5.4)$$

In dieser Arbeit wird die Anzahl von 192 parallelen unteren Transistoren der Kaskode gewählt, was sich in erster Linie aus dem hierarchisch erstellten *Layout* ergibt. Eine Einzelzelle (Abbildung 5.2) besteht aus acht parallelen unteren Transistoren (T_{11} und T_{12}). Die Einzelzellen werden zu einem Zweierverbund zusammengeschlossen. Die daraus entstandene Zelle ist die Grundlage des Schachbrettmusters, in dem sich invertierende und nichtinvertierende Zellen abwechseln, insgesamt dreimal in y- und viermal in x-Richtung:

$$m_{Wahl} = 8 \cdot 2 \cdot 3 \cdot 4 = 192 \qquad (5.5)$$

Schematisch wird das *Layout* des Transistorfelds wie in Abbildung 5.3 aufgeteilt. Ziel der Schachbrettstruktur ist eine gute thermische Kopplung, sodass die Verstärkung beider Signalpfade möglichst identisch geschieht.

Der Arbeitspunktstrom wird mittels eines Stromspiegelverfahrens eingestellt. Die eine Hälfte des Stromspiegels hierzu zeigt Abbildung 5.4. Die andere Hälfte ergibt sich durch den Verstärker selbst. Ein von Außen eingeprägter Strom $I_{C,mirr}$ erzeugt an der Basis des unteren Transistors vom gezeigten Schaltungsteil eine feste Spannung, die dann mit einem Teilerverhältnis pro Pfad von 1 zu 48 auf die Verstärkerschaltung übertragen wird. Während die Verstärkerseite, wie beschrieben pro Signalpfad, d. h. positives bzw. negatives Signal, 192 untere Transistoren besitzt, wird der untere Transistorverbund im Einstellteil des Stromspiegels mit acht Transistoren ausgestattet. Zur Einstellung des Arbeitspunktstroms ist ein im gleichen

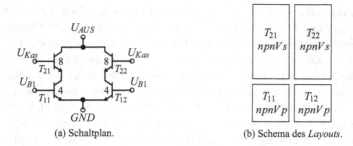

(a) Schaltplan.   (b) Schema des *Layouts*.

Abbildung 5.2 Verstärkerzelle des einfachen Leistungsverstärkers

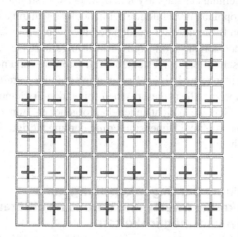

Abbildung 5.3 *Layout*-Struktur des Transistorfelds als Schachbrettmuster

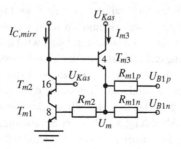

Abbildung 5.4 Einstellseite des Stromspiegels zur Arbeitspunkteinstellung

Verhältnis geteilter Versorgungsstrom auf der Einstellseite erforderlich. Die Widerstände R_{m1p} und R_{m1n} in der Schaltung entspannen technologische Streuungen in der Herstellung der Einzeltransistoren. Dem Stromverhältnis geschuldet, müssen die Widerstandswerte ein entgegengesetztes Teilerverhältnis aufweisen. Nur wenn durch die Basisströme beider Seiten über beiden Widerständen die gleiche Spannung abfällt, stellen sich auf beiden Seiten identische Basis-Emitter-Spannungen ein. Für das *Layout* ist es wichtig, dass zwischen dem Transistorfeld und dem Stromspiegelteil aus Abbildung 5.4 eine gute thermische Kopplung vorliegt, um die Umgebungsbedingungen aller Transistoren, die am Stromspiegel beteiligt sind, möglichst identisch zu halten. Der Entlastungstransistor T_{m3} stellt weitgehend eine korrekte Stromaufteilung der stark asymmetrischen Basisströme sicher.

Bei der Gegenkopplung in Abbildung 5.1 handelt es sich um eine Parallelgegenkopplung. Die Gründe für die Wahl wurden bereits in Abschnitt 2.3.3 diskutiert. Im Wesentlichen wurden dort die geringeren Verluste angeführt. Der Verstärkerentwurf mittels der im Abschnitt 3.3 vorgestellten Transistortransferkennlinienanpassung lässt zudem eine einfache analytische Erweiterung auf eine Parallelgegenkopplung mittels Superposition zu. Alle in dieser Arbeit folgenden Erwähnungen von Gegenkopplung beziehen sich, wenn nicht anders hervorgehoben, immer auf die Parallelgegenkopplung. Die konkrete Dimensionierung der zugehörigen Elemente wird in Abschnitt 5.2.2 behandelt.

5.2.2 Auswirkung der Gegenkopplung auf Verstärkerkennwerte und daraus resultierende Optimierungsmöglichkeiten

Nach der Bestimmung der Art und Größe der Arbeitspunkteinstellung sowie der daraus resultierenden Transistoranzahl und deren Anordnung im *Layout* und der Festlegung der Gegenkopplungsart ist nun im nächsten Schritt die Dimensionierung sämtlicher sonstiger Bauelemente nötig. Dazu wird im ersten Schritt das reine Transistorfeld des Leistungsverstärkers nach der Transistortransferkennlinienanpassung aus Abschnitt 3.3 charakterisiert. Hierbei wird der Arbeitspunkt so gelegt und der Anstieg der Lastkennlinie so eingestellt, dass eine möglichst gleichmäßige Aussteuerung, d. h. ein Klasse-A-Betrieb, erreicht wird. Die Bauelemente für die Gegenkopplung aus Abbildung 5.1, d. h. der Serieneingangswiderstand $R_{EIN,s}$ an der Basis des unteren Transistors, die Kapazität zur Schleifenentkopplung C_{RF} sowie der Schleifenwiderstand R_{RF} müssen vorgegeben werden. Damit lassen sich gemäß Abschnitt 3.3.2 alle übrigen Bauelemente für die laut der Spezifikation (Abschnitt 5.1) vorgegebenen Frequenz von 2,6 GHz analytisch herleiten.

Tabelle 5.2 Betriebsparameter für einen einfachen Leistungsverstärker mit Parallelgegenkopplung

	PA_{100mA}	PA_{180mA}
Arbeitspunktstrom $I_{C,AP}$	100 mA	180 mA
Mittenfrequenz	2.6 GHz	
Versorgungsspannung U_{CC}	5,8 V	
Kaskodespannung U_{Kas}	1,5 V	
Schleifenwiderstand R_{RF}	45 Ω … 1 GΩ	

Weitere Simulationen liefern eine detaillierte Aussage über das Klein- und Großsignalverhalten der Schaltung. Im Kleinsignalbereich interessieren die Eingangsanpassung (S_{11}) in Abhängigkeit zur Frequenz sowie die Kleinsignalbandbreite (S_{21}). Die Ausgangsanpassung (S_{22}) wird durch die Wahl der optimalen Last nach Abschnitt 3.3 ersetzt. Dennoch dient S_{22} als wichtiges Indiz für die Stabilität, auch, da sie für die Berechnung des K-Faktors eine wichtige Rolle spielt. Für gewöhnlich folgt nach dem Leistungsverstärker das Übertragungsmedium. Das kann eine Antenne oder auch ein Koaxialkabel sein. Hier kommt es vor allem darauf an, möglichst viel Ausgangsleistung bei maximaler Effizienz zu erzielen.

Das Großsignalverhalten wird bei fixen Bauteilwerten für verschiedene Frequenzen hinsichtlich Kleinsignalverstärkung sowie Generator-, Ausgangsleistung und Effizienz im 1 dB-Kompressionspunkt und im *Backoff* von 3 und 6 dB analysiert. Zudem interessieren der Maximalwert der Effizienz und die in diesem Punkt anliegenden Leistungen am Ein- und am Ausgang. Abgetragen über die Frequenz liefern die Werte einen Aufschluss über das Frequenzverhalten im Großsignalbereich. Neben der Großsignalanalyse wird der Leistungsverstärker auch auf das Verhalten bei einer Zweitonanregung untersucht. Dazu werden die Ausgangsleistungen für die beiden Harmonischen sowie die der Intermodulationsprodukte dritter und fünfter Ordnung erfasst. Auch hier werden die Effizienzen und die Verstärkung aufgezeichnet, um im Anschluss Aussagen im Verhältnis zur Großsignalanalyse mit Eintonanregung treffen zu können. Diese Analysen sind sehr zeitaufwendig und werden daher durch das in Abschnitt 3.3.5 beschriebene Skript zusammengeführt und automatisiert. Das umfasst zum einen die Ansteuerung der Simulationen und zum anderen die Ermittlung der zu untersuchenden Parameter. In Abschnitt 3.3.5 wird ebenfalls aufgezeigt, dass nicht nur ein Frequenzbereich für die Analyse des Großsignalverhaltens, sondern auch ein Bereich für den Widerstandswert des Schleifenwiderstands vorgegeben werden kann. Vollautomatisch wird der Leistungsverstärker damit für verschiedene Schleifenwiderstände dimensioniert und über den gewählten Frequenzbereich charakterisiert. Ein solch automatisiertes empirisches Verfahren zeigt auf komfortable Weise, welchen Einfluss eine Parallelgegenkopplung auf die charakteristischen Eigenschaften des Verstärkers hat und welches Optimierungspotential damit ausgeschöpft werden kann.

Tabelle 5.3 Errechnete optimale Werte für den Leistungsverstärker mit offener Schleife

	PA_{100mA}	PA_{180mA}
Anzahl der Transistoren für T_1	192	
zusätzlicher Eingangsserienwiderstand $R_{EIN,s}$	4 Ω	
Optimale Last an der Transferstromquelle R_{TF}	62,3 Ω	34,8 Ω
Ohmsche Last $R_{L,opt}$ $(R_{RF,22})$	64,1 Ω	34,3 Ω
Induktive Last $L_{C,opt}$ $(L_{RF,22})$	1,81 nH	1,77 nH
opt. Paralleleingangswiderstand $R_{RF,11,opt}$ **ohne** $R_{EIN,s}$	−15,3 Ω	−12,6 Ω
opt. Paralleleingangsinduktivität $L_{RF,11,opt}$ **ohne** $R_{EIN,s}$	680 pH	537 pH
Parallelinduktivität für Anpassung $L_{EIN,p}$ **mit** $R_{EIN,s}$	1,46 nH	1,35 nH
Serienkapazität für Anpassung $C_{EIN,s}$ **mit** $R_{EIN,s}$	5,03 pF	4,89 pF

Im ersten Schritt wird ein einfacher Leistungsverstärker mit einer Parallelgegenkopplung untersucht. Eingestellt wird der Verstärker für Betriebsparameter gemäß Tabelle 5.2. Wie dieser entnommen werden kann, werden für die Leistungsverstärker zwei Arbeitspunktströme $I_{C,AP}$ gewählt. Im Folgenden werden der Leistungsverstärker mit $I_{C,AP}$ von 100 mA als PA_{100mA}, der Leistungsverstärker mit 180 mA als PA_{180mA} bezeichnet. Die Arbeitspunktströme sind als Gesamtarbeitspunktströme über beide pseudodifferentiellen Verstärkerpfade zu verstehen. Der kleinere Arbeitspunktstrom belastet, bei 192 unteren Transistoren, jeden einzelnen Transistor mit 0,26 mA. Es ist eine höhere Reserve vorgesehen. Bei 180 mA liegt die Einzeltransistorbelastung bei 0,47 mA, was nahe der in Abschnitt 5.2.1 anvisierten Höchstbelastung von 0,5 mA mit einer noch ausreichenden Reserve entspricht. Die Versorgungsspannung U_{CC} wird mit Hilfe einer initialen DC-Simulation festgelegt. Der verwendete Kaskodetransistor vom Typ $npnVs$ ist mit einer Durchbruchspannung von 4 V spezifiziert. In der DC-Simulation wird bei eingestellten Parametern für U_{Kas} und $I_{C,AP}$ gemäß der Tabelle der Wert für U_{CC} beginnend mit 1,5 V (U_{Kas}) bis 8 V durchfahren, während der Strom, der in die Basis des Kaskodetransistors hineinfließt, erfasst wird. Bis zu einer Spannung von kleiner als 6 V ist dabei der Basisstrom positiv. Darüber hinaus kehrt sich die Stromflussrichtung um,

d. h., dass der Strom aus der Basis des oberen Transistors in die Quelle für die Kaskodespannung fließt. Zur Einhaltung einer Reserve ist daher ein Wert für U_{CC} von 5,8 V gewählt worden. Diese Spannung berücksichtigt jedoch nicht etwaige Verluste durch Serienwiderstände im Leistungspfad, wie etwa Leitungsverluste, Kontaktwiderstände an den Pads, Serienwiderstände der Spulen mit ihren schlechten Güten sowie Widerstände an Durchkontaktierungen von einer Metalllage in die nächste. Hier kann sich durchaus eine höhere Versorgungsspannung als sinnvoll erweisen, um den Spannungsverlust auszugleichen.

Mit Hilfe von AC-Analysen werden dann, wie Abschnitt 3.3.2 beschreibt, die optimalen Werte am Eingang und am Ausgang der Leistungsverstärker PA_{100mA} bzw. PA_{180mA} mit offener Schleife errechnet. Für R_{m1} wird ein Grundwert von 20 Ω genutzt und es wird eine DC-Stromexpansion von 150 % angenommen. Die resultierenden Werte werden in Tabelle 5.3 zusammengefasst. Es sei erwähnt, dass es sich um verlustfreie Induktivitäten handelt, was insbesondere bei der späteren Leistungssimulation deutlich wird. Die optimalen Parallelwerte am Eingang, $R_{RF,11,opt}$ und $L_{RF,11,opt}$, sind rein theoretisch und entspringen dem Optimierungsprozess aus Abschnitt 3.3.4. $R_{RF,11,opt}$ und $L_{RF,11,opt}$ sind prinzipiell aus dem Real- und dem Imaginärteil des Kleinsignalparameters S_{11} direkt übersetzt und bilden in der Praxis die Ausgangswerte des vorgeschalteten Transformationsnetzwerks. Zwischen dem Eingang des Verstärkers und dem Transformationsnetzwerk wird zuvor noch ein Serienwiderstand $R_{EIN,s}$ eingebracht. Dieser ist zum einen Bestandteil der Spannungsgegenkopplung, zum anderen hilft er die niedrigen negativen Realwerte für $R_{RF,11,opt}$ etwas zu kompensieren. Das entspannt die Bauelementwerte für das Transformationsnetzwerk bestehend aus $L_{EIN,p}$ und $C_{EIN,s}$.

Abbildung 5.5 und Abbildung 5.6 zeigen die Simulationsergebnisse bei Kleinsignalanregung für die offene Schleife und dem je nach Arbeitspunktstrom errechneten optimalen Widerstandswert für R_{RF} im 3 dB-*Backoff* bei Gleichtakt und Gegentakt. Dem kann entnommen werden, dass die Berechnungen der eingangsseitigen Anpassung, d. h. die Auslegung des Anpassnetzwerks, im Skript korrekt umgesetzt wird. Eingangsseitig wird so eine sehr gute Anpassung (S_{11}) um die Zielfrequenz von 2,6 GHz erzielt. Auffällig ist die fehlende Kleinsignalanpassung ausgangsseitig bei dem Verzicht einer Gegenkopplung. Hier ist der Unterschied zwischen Kleinsignalanpassung und Transformation für eine optimale Last am deutlichsten sichtbar. Das ist dem geschuldet, dass die Ausgangstransformation so erfolgt, dass an der Transferstromquelle im Inneren des Transistors eine optimale Last generiert wird (Abschnitt 3.3). Von Außen auf das System geschaut, ergibt sich nicht zwingend eine Anpassung auf eine Impedanz von 50 Ω. Der Realteil der Kollektor-Emitter-Impedanz ist bei $R_{RF} \to \infty$ über den gesamten Frequenzbereich sehr hoch. Der Imaginärteil ist nur bei einer Frequenz von 2,6 GHz auf Null eingestellt. Das kann

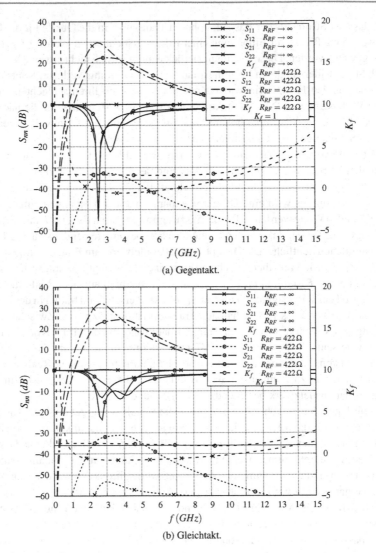

(a) Gegentakt.

(b) Gleichtakt.

Abbildung 5.5 Ergebnisse der Kleinsignalsimulation bei einem $I_{C,AP} = 100\,\text{mA}$

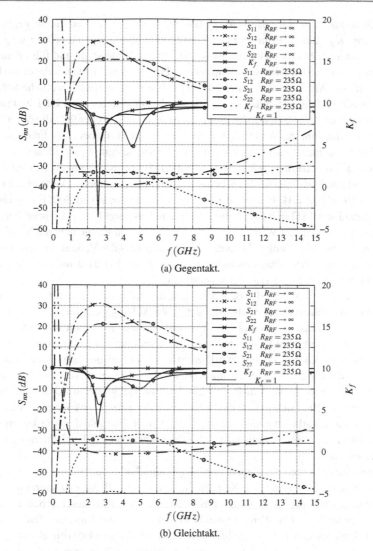

(a) Gegentakt.

(b) Gleichtakt.

Abbildung 5.6 Ergebnisse der Kleinsignalsimulation bei einem $I_{C,AP} = 180\,\text{mA}$

jedoch sogar zu einem positiven S_{22} führen, was wiederum zu einem negativen k-Faktor (K_f) führen kann. Bei der Verwendung einer Gegenkopplung sorgt die Rückführung selbst für einen von Außen sichtbaren Widerstand und führt dadurch zu einer verbesserten Kleinsignalanpassung. Für S_{22} verschiebt sich dabei die Frequenz für das Minimum etwas in Richtung höherer Frequenzen. Deutliche Schwächen hinsichtlich der Stabilität verdeutlichen die Simulationen bei Gleichtaktanregung (Abbildung 5.5b bzw. Abbildung 5.5b). Hier zeigen ebenfalls die Verstärker mit einer Rückführung Werte für K_f von knapp unter Eins bei einer Frequenz um 10 GHz. Es sei hier darauf hingewiesen, dass die Speisespule L_C als ideal angenommen wurde. Simulationen zeigen, dass bereits ein Reihenwiderstand von einem Ohm eine deutliche Verbesserung bewirkt. Den nichtgegengekoppelten Verstärkern kann nur ein RC-Glied z. B. bestehend aus einem Kondensator von 500 fF und einem Widerstand von 1 kΩ in Reihe Abhilfe schaffen. Das sorgt für ausreichend Kleinsignalanpassung um den Wert für K_f über den gesamten Frequenzbereich auf über Eins zu heben (Abbildung 5.7). Interessant ist ebenfalls der Verlauf von S_{21}. Dieser ist bei niedrigen Widerstandswerten für R_{RF} sehr flach. Das deutet auf eine hohe Bandbreite für die Kleinsignalverstärkung hin.

Um zu beweisen, dass die Berechnungen im Skript in Bezug auf die optimale Last korrekt ablaufen, zeigt Abbildung 5.8 die Abhängigkeit des Transferstroms I_{TF} von der Transferspannung U_{TF} im Inneren eines einzelnen Kaskodetransistors. Die komplett geschlossene Schleife der Kennlinie, wie sie in Abbildung 3.7b aus Abschnitt 3.3 beschrieben wird, zeigt eine optimal gewählte Last auch bei unterschiedlich großen Schleifenwiderständen. Geschlossen ist die Schleife nur bei geringen Generatorleistungen $P_{G,v}$, hier -20 dBm. Bei größer werdenden Generatorleistungen öffnet sich jedoch die Schleife, da dann der Verstärker nicht mehr im linearen Bereich arbeitet und so die Impedanzverhältnisse geändert werden. Besonders frühzeitig ist diese Öffnung der Schleife in Abbildung 5.8b bei einem R_{RF} von 422 Ω zu erkennen.

Die Auswirkungen der Gegenkopplung veranschaulichen die in Abbildung 5.9 bis Abbildung 5.11 gezeigten Kennlinien. Die Werte all dieser Diagramme entstammen unverändert den Simulationsergebnissen aus dem beschriebenen Skript aus Abschnitt 3.3.5. Die Werte für den Schleifenwiderstand R_{RF}, angefangen unter 100 Ω bis hin zur quasi offenen Schleife ($R_{RF} = 0{,}5$ GΩ), sind logarithmisch abgetragen. So lässt sich der Verlauf der Simulationsergebnisse über einen großen Bereich von R_{RF} in einem Diagramm anschaulicher untersuchen.

Die Gegenkopplung führt, gemäß Abbildung 5.9, zu einer Verringerung der Verstärkung A_{dB} bei einer Verringerung des Schleifenwiderstandes R_{RF}. Das entspricht der Natur der Gegenkopplung. Ebenso verringert sich die Ausgangsleistung bei maximaler PAE ($P_{L,PAEmax}$) sowie die maximale PAE (PAE_{max}) selbst.

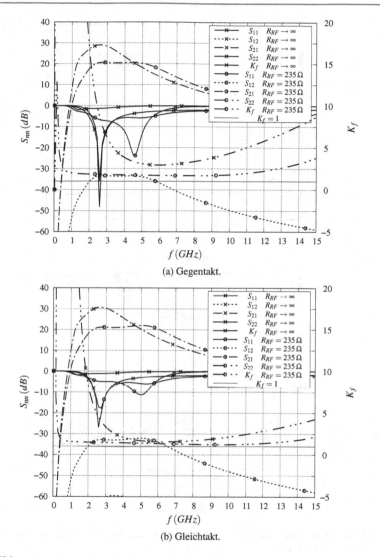

(a) Gegentakt.

(b) Gleichtakt.

Abbildung 5.7 Ergebnisse der Kleinsignalsimulation bei einem $I_{C,AP} = 180\,\text{mA}$, einem Reihenwiderstand für L_C von 1 Ω und einer zusätzlichen RC-Last, bestehend aus 500 fF und 1 kΩ in Reihe

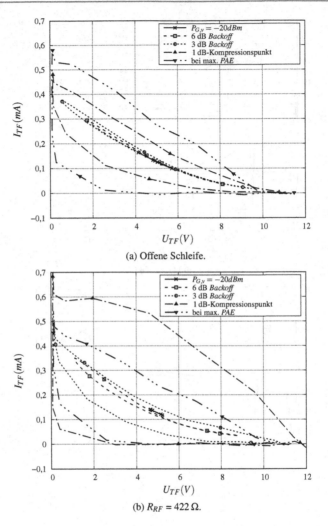

(a) Offene Schleife.

(b) $R_{RF} = 422\,\Omega$.

Abbildung 5.8 Simulierter Strom-zu-Spannungsverlauf an der inneren Transferstromquelle bei einem $I_{C,AP} = 100\,\text{mA}$

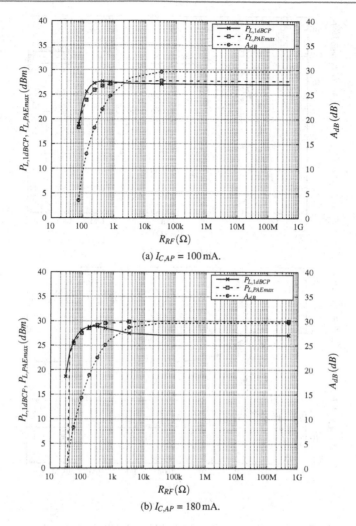

(a) $I_{C,AP} = 100\,\mathrm{mA}$.

(b) $I_{C,AP} = 180\,\mathrm{mA}$.

Abbildung 5.9 Simulationsergebnisse für $P_{L,1dBCP}$ und $P_{L,PAEmax}$ sowie A_{dB} in Abhängigkeit von R_{RF}

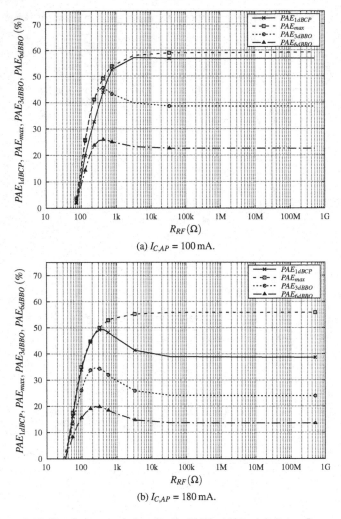

(a) $I_{C,AP} = 100\,\text{mA}$.

(b) $I_{C,AP} = 180\,\text{mA}$.

Abbildung 5.10 Simulationsergebnisse für die *PAE* in Abhängigkeit von R_{RF}

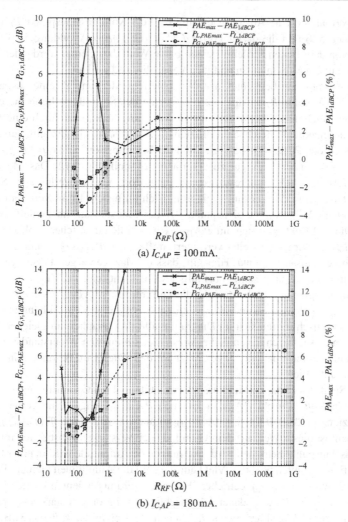

(a) $I_{C,AP} = 100\,\text{mA}$.

(b) $I_{C,AP} = 180\,\text{mA}$.

Abbildung 5.11 Simulationsergebnisse für die Differenzen zwischen PAE_{max} und PAE_{1dBCP}, $P_{L,PAEmax}$ und $P_{L,1dBCP}$ sowie $P_{G,v,PAEmax}$ und $P_{G,v,1dBCP}$ in Abhängigkeit von R_{RF}

Anders verhält sich die Ausgangsleistung im 1 dB-Kompressionspunkt $P_{L,1dBCP}$ (Abbildung 5.9) und die dazugehörige PAE PAE_{1dBCP} (Abbildung 5.10). Ausgehend von der offenen Schleife steigen beide Werte bei kleiner werdendem R_{RF} zunächst auf ein Maximum an und fallen anschließend steil ab.

Vom Ausgang aus betrachtet, tritt der Schleifenwiderstand als eine Last auf. Je kleiner der Wert für R_{RF} wird, desto höher ist der Stromfluss durch diesen. Es wird eine zunehmende Verlustleistung in R_{RF} umgesetzt, was durch eine Reduzierung der maximal erreichbaren Effizienz bestätigt wird. Gleichzeitig verschiebt sich jedoch der Punkt für die PAE im 1 dB-Kompressionspunkt PAE_{1dBCP} in Richtung maximaler PAE, gut zu erkennen in Abbildung 5.12. Das Maximum für die PAE im 1 dB-Kompressionspunkt liegt dort, wo die Verluste im Schleifenwiderstand und die Leistungssteigerung sich aufheben. Links von dem Punkt überwiegt im 1 dB-Kompressionspunkt der Leistungsumsatz im Schleifenwiderstand. Dieser Effekt lässt sich am PA_{180mA} wesentlich deutlicher beobachten als am PA_{100mA}. Wird R_{RF} weiter verringert, treffen sich PAE_{1dBCP} und PAE_{max} in einem gemeinsamen Punkt. Hier gilt, dass die dazugehörigen Leistungen, eingangsseitig und ausgangsseitig, ebenfalls jeweils identisch sind. Zur näheren Veranschaulichung zeigt Abbildung 5.11 die Differenzen ($PAE_{max} - PAE_{1dBCP}$), ($P_{L,PAEmax} - P_{L,1dBCP}$) und ($P_{G,v,PAEmax} - P_{G,v,1dBCP}$) in Abhängigkeit von R_{RF}. Theoretisch treffen sich im Diagramm alle drei Graphen im gleichen Punkt auf der Abszisse. Durch die endliche Anzahl der simulierten Widerstandswerte für R_{RF} kann dies nur qualitativ abgeschätzt werden. Dies wird besonders in Abbildung 5.11a deutlich.

Aus Sicht des *Designers* interessiert ein weiterer Punkt: die Effizienzentwicklung im *Backoff*. Sowohl PA_{100mA} als auch PA_{180mA} zeigen eine Verbesserung der Effizienz im 3 dB-*Backoff* (PAE_{3dBBO}) und im 6 dB-*Backoff* (PAE_{6dBBO}). Interessant ist dieser Wert aus dem Grund, da der Verstärker selbst selten im 1 dB-Kompressionspunkt betrieben wird. Die maximale Amplitude wird in einer QAM-Modulation nur selten benötigt. Viel häufiger sind die Amplituden kleiner, d. h. der Verstärker wird im *Backoff* betrieben. Für einen gesamteffizienten Betrieb ist eine hohe Effizienz im *Backoff* daher sehr wichtig. Ein besonders stark ausgeprägtes Maximum der PAE unabhängig von $I_{C,AP}$ befindet sich im *Backoff* von 3 dB. Auch bei einem *Backoff* von 6 dB liefert ein bestimmtes R_{RF} ein Optimum der PAE.

Abbildung 5.10 verdeutlicht, dass bei kleiner werdendem R_{RF}, ausgehend vom Maximalwert der PAE im *Backoff* von 3 dB, sämtliche PAE-Werte steil abfallen. Die Dimensionierung des Schleifenwiderstandes und der daraus resultierenden Bauelementwerte muss hier sehr genau vorgenommen werden. Hier sollte eine Reserve rechts vom Optimum eingeplant werden. Andernfalls verliert sich, z. B. durch Bauteiltoleranzen, sehr schnell der Optimierungseffekt.

Tabelle 5.4 Simulationsergebnisse der Verstärker PA_{100mA} und PA_{180mA}

	$PA_{100mA,1G}$	$PA_{100mA,3280}$	$PA_{180mA,1G}$	$PA_{180mA,422}$
R_L	$64,1\,\Omega$	$65,4\,\Omega$	$34,3\,\Omega$	$37,4\,\Omega$
A_{dB}	$29,7\,dB$	$28,3\,dB$	$29,6\,dB$	$23,8\,dB$
$P_{L,1dBCP}$	$27,1\,dBm$	$27,2\,dBm$	$27,1\,dBm$	$28,7\,dBm$
$P_{L,PAEmax}$	$27,7\,dBm$	$27,5\,dBm$	$29,9\,dBm$	$29,5\,dBm$
PAE_{1dBCP}	$56,8\,\%$	$57,1\,\%$	$38,6\,\%$	$49,3\,\%$
PAE_{3dBBO}	$38,5\,\%$	$39,8\,\%$	$24\,\%$	$33,4\,\%$
PAE_{max}	$59,1\,\%$	$58\,\%$	$55,9\,\%$	$51,5\,\%$
$I_{C,1dBCP}$	$154\,mA$	$158\,mA$	$228\,mA$	$260\,mA$
$\frac{I_{C,1dBCP}}{I_{C,AP}}I_{C,AP}$	$154\,\%$	$158\,\%$	$127\,\%$	$149\,\%$

Abbildung 5.12 zeigt die Großsignalverläufe für die Leistungsverstärker PA_{100mA} und PA_{180mA}. Es werden zum Vergleich die Verstärker bei offener Schleife und jeweils mit den Rückführungswiderständen R_{RF} der maximal erreichbaren Effizienz im 1 dB-Kompressionspunkt PAE_{1dBCP} und im 3 dB-*Backoff* PAE_{3dBBO} veranschaulicht. Tabelle 5.4 fasst die wichtigsten Kennwerte zusammen. Geschuldet dem Arbeitspunktstrom und der daraus unterschiedlichen Last ist gemäß der Tabelle für den PA_{100mA} ein Schleifenwiderstand von 3280 Ω bei einer Last von 65,4 Ω und für den PA_{180mA} ein Schleifenwiderstand von 422 Ω bei einer Last von 37,4 Ω für die höchste PAE_{1dBCP} ermittelt worden. Die Tabelle zeigt ebenfalls auf, dass sich der Lastwiderstand mit sinkendem Wert des Rückführungswiderstands erhöht. Dies bestätigt die in Abschnitt 3.3.2 beschriebene Beobachtung.

Gut erkennbar ist in Abbildung 5.12 die mit sinkendem Rückführungswiderstand flacher verlaufende Kennlinie für die Verstärkung. Während bei einer offenen Schleife eine stetige Abnahme der Verstärkung zu beobachten ist, bleibt die Verstärkung bei einem R_{RF} von unter 500 Ω nahezu konstant und fällt erst nahe dem 1 dB-Kompressionspunkt stark ab. Schlussendlich münden jedoch alle Verstärkungskennlinien nahezu auf einer gemeinsamen Linie.

Die starken Stromexpansionen (Verhältnis zwischen dem Arbeitspunktstrom $I_{C,AP}$ und dem Strom im 1 dB-Kompressionspunkt $I_{C,1dBCP}$), wie sie in Tabelle 5.4 verdeutlicht werden, zeigen, dass sich der Leistungsverstärker aus dem Klasse-A-Betrieb in Richtung Klasse-B-Betrieb verschiebt. Bestätigt wird die Annahme durch die hohen *PAE*-Werte (>50 %), sowohl die maximalen als auch diese im 1 dB-Kompressionspunkt (Tabelle 5.4). Der Klasse-B-Betrieb führt zu einer Verschlechterung der Linearität. Dazu werden in Abbildung 5.16 2-Ton-Untersuchungen gezeigt.

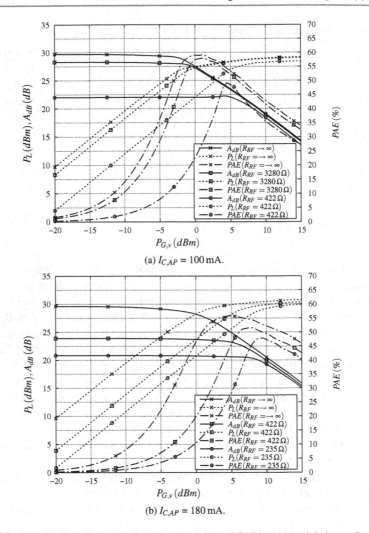

(a) $I_{C,AP} = 100\,\text{mA}$.

(b) $I_{C,AP} = 180\,\text{mA}$.

Abbildung 5.12 Simulierte Kennlinien für A_{dB}, P_L und PAE in Abhängigkeit von $P_{G,v}$ bei offener Schleife sowie bei maximaler PAE im 1 dB-Kompressionspunkt und im 3 dB *Backoff*

Die Stromexpansion ist gemäß Tabelle 5.4 und Abbildung 5.13 von unterschiedlichen Bedingungen abhängig. So zeigt sich ein deutlich höheres relatives Anwachsen des Stroms bei einem Arbeitspunktstrom von 100 mA gegenüber von 180 mA. In Abbildung 5.13 wird ebenso deutlich, dass die Stromexpansion mit kleiner werdendem R_{RF} zunimmt. Auch die Größe von R_{m1} hat Einfluss auf die Stromexpansion. Im Wesentlichen bedeutet ein kleinerer Wert für R_{m1} eine höhere Stromexpansion. Ein interessanter Effekt zeigt sich in Abbildung 5.13a für $R_{RF} = 422\,\Omega$. Unabhängig von R_{m1} stellt sich hier ein nahezu identischer Verlauf für den Stromanstieg ein. Woher dieser Effekt stammt, wird in dieser Arbeit nicht näher untersucht. Es lässt sich vermuten, dass eine optimale Abstimmung zwischen R_{RF} und R_{m1} existiert.

Die Stromexpansion selbst ist durch die im eintretenden Sättigungsfall entstehenden Asymmetrien der differentiellen Signale und dem Beginn des Durchbruchs über Kollektor und Emitter sowie Kollektor und Basis qualitativ erklärbar. Im statischen Zustand stellt der Stromspiegel aus Abbildung 5.4 in den differentiellen Pfaden einen identischen Arbeitspunktstrom $I_{C,AP}/2$ ein. Sowohl der Strom I_{m3} durch den Entlastungstransistor T_{m3} als auch die Summe der Ströme durch die Widerstände R_{m1p} und R_{m1n} sowie die Spannung U_m bleiben konstant, solange die Aussteuerungen in den differentiellen Signalpfaden symmetrisch erfolgen. Ab einer bestimmten Höhe der Amplitude des Eingangssignals laufen die Signalpfade abwechselnd zunächst in die Sättigung und anschließend in Richtung Sperrbereich. Bei der Spannungssättigung erhöht sich der Kollektorstrom und mit ihm der zugehörige Basisstrom überproportional. Im Sperrfall reduzieren sich Kollektor- und Basisstrom auf Null. Die Aussteuerung der beiden Ströme ist nicht mehr symmetrisch um den Arbeitspunkt.

Während der Transistor sperrt, sorgt die in der Ausgangsspule gespeicherte Energie für eine hohe Ausgangsspannung. Zu hohe Spannungen führen zusätzlich zu einem Durchbruch über dem Kollektor und dem Emitter sowie Kollektor und Basis (Abschnitt 1.4). In beiden Fällen fließt eine zusätzlicher Strom in den Kollektor, was im Sperrfall des Transistors dennoch einen Beitrag zur Stromexpansion liefert. Ein negativer Strom an der Basis erhöht zudem die Spannung U_m im Stromspiegel. Ein höherer Wert für R_{m1} kann diese Rückwirkung etwas reduzieren. Insgesamt kann dem jedoch nur durch eine Verringerung der Versorgungsspannung begegnet werden.

Unter Hinzunahme einer Rückführung vom Ausgang zum Eingang entsteht neben der Rückkopplung zum Signaleingang ebenso eine Rückkopplung zum für beide Signalpfade gemeinsamen Stromspiegel. Bei niedrigen Eingangs- bzw. Ausgangssignalen entstehen gleich große entgegengesetzte Rückkopplungen aus den beiden zueinander invertierten Signalpfaden. U_m hält sich konstant. Bei eintretender Spannungssättigung werden diese Rückkopplungen ebenso asymmetrisch.

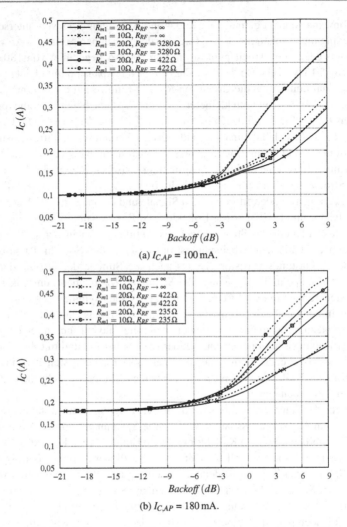

(a) $I_{C,AP} = 100\,\text{mA}$.

(b) $I_{C,AP} = 180\,\text{mA}$.

Abbildung 5.13 Simulationsergebnis für I_C im *Backoff* für unterschiedliche R_{RF} und R_{m1}

Der Stromanstieg durch den gesättigten Transistor und der Anstieg von U_m durch die Spannungsrückführung im invertierten Signalpfad treten gemeinsam auf. Ohne die Rückkopplung gelingt es dem Stromspiegel dem Stromanstieg bei beginnender Sättigung weitgehend entgegenzuwirken. Der Spannungsabfall an R_{m1p} bzw. an R_{m1n} erhöht sich mit einem steigenden Widerstandswert und wirkt unterstützend bei der Eindämmung der Stromexpansion. Die Spannungsrückführung aus dem invertierten Signalpfad wirkt im gleichen Moment dem Stromspiegel entgegen. Je kleiner der Wert für R_{RF} wird, desto höher ist dieser Einfluss. Auch hier sinkt der Einfluss der Gegenkopplung auf den Stromspiegel durch einen höheren Wert für R_{m1p} und R_{m1n}. [Fri11] schlägt in seiner Arbeit ebenfalls einen größeren Wert für R_{m1} vor, um den starken Stromanstieg im Bereich bis zum 1 dB-Kompressionspunkts zu verringern. Eine nichtrepräsentative Kurzuntersuchung wird im Abschnitt 6.2 vorgestellt.

Es wurde bereits angedeutet, dass eine höhere Expansion des Stroms negative Auswirkungen auf die Linearität hat. Um dies genauer bewerten zu können, werden in der *pss*-Simulation der Kompressionsverlauf der Verstärkung (Abbildung 5.14) sowie die Verläufe der Harmonischen (Abbildung 5.15) und in einer 2-Ton-Simulation der Verlauf der Intermodulationsprodukte (Abbildung 5.16) untersucht.

Abbildung 5.14 demonstriert die unterschiedlich starke Kompression der Verstärkung im *Backoff*-Bereich ausgehend vom 1 dB-Kompressionspunkt. Ohne eine Gegenkopplung komprimiert die Verstärkung des Leistungsverstärkers gleichmäßig bis zum 1 dB-Kompressionspunkt, während bei einer starken Gegenkopplung die Kompression kurz vor dem 1 dB-Kompressionspunkt nahezu schlagartig einsetzt. Das spricht zunächst für eine bessere Linearität des Verstärkers durch die Gegenkopplung. Es ist hierbei jedoch zu beachten, dass die Verstärkung das Verhältnis der Ausgangs- zur Generatorleistung bei der Grundfrequenz, hier 2,6 GHz, ist. Der Einfluss der Harmonischen findet sich hier nicht wieder.

Die Harmonischen zweiter bis fünfter Ordnung werden bei der Simulation mit aufgezeichnet. Es zeigt sich, dass Harmonische gerader Ordnung einen vernachlässigbaren Einfluss auf die Linearität besitzen. Selbst bei einsetzender Kompression verbleibt ein großer Abstand zur Harmonischen 1. Ordnung. Harmonische ungerader, höherer Ordnung hingegen zeigen einen starken Zuwachs, sobald es zur Komprimierung kommt. Der Abstand der Harmonischen dritter Ordnung reduziert sich auf unter 20 dB. Dieses Problem wird durch die Rückführung erhöht. Ausgehend vom 1 dB-Kompressionspunkt beginnen die Harmonischen höherer Ordnung bei kleiner werdenden Schleifenwiderständen früher und steiler anzusteigen. Das Diagramm aus Abbildung 5.15 zeigt bei einer quasi-offenen Schleife einen sprunghaften Anstieg der 3. Harmonischen bei ca. 2,5 dB im *Backoff*. Bei einem Schleifenwiderstand von 422 Ω liegt dieser Sprung bereits im Bereich von 5 dB im

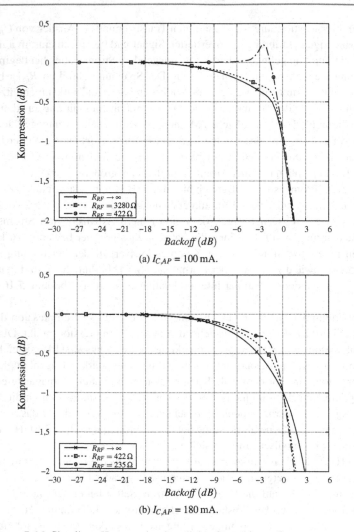

(a) $I_{C,AP} = 100\,\text{mA}$.

(b) $I_{C,AP} = 180\,\text{mA}$.

Abbildung 5.14 Simulierte Kompressionskennlinien für markante R_{RF}

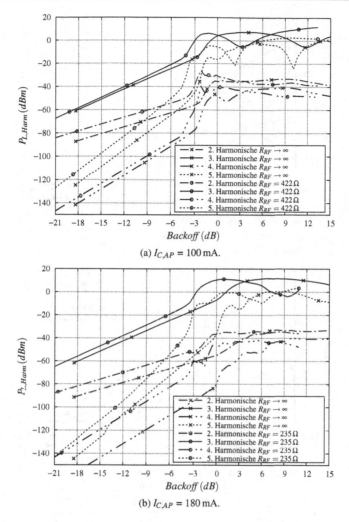

(a) $I_{C,AP} = 100\,\text{mA}$.

(b) $I_{C,AP} = 180\,\text{mA}$.

Abbildung 5.15 Simulierter Verlauf der Harmonischen für markante R_{RF} im *Backoff*

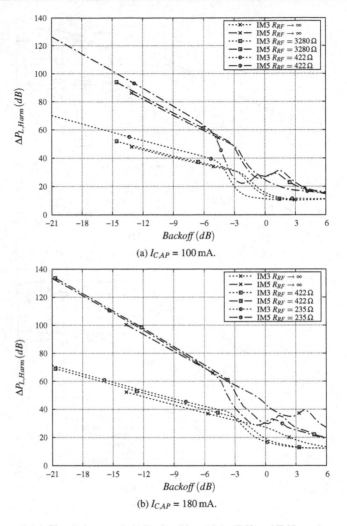

(a) $I_{C,AP} = 100\,\text{mA}$.

(b) $I_{C,AP} = 180\,\text{mA}$.

Abbildung 5.16 Simulationsergebnis für den Abstand der IM3 und IM5 zur Ausgangsleistung der Grundfrequenz im *Backoff* für verschiedene R_{RF}

Backoff. Zugleich beginnt die starke Expansion des Kollektorstroms $I_{C,AP}$, wie oben beschrieben. Dies ist ein deutliches Zeichen dafür, dass die gewählte Stromspiegeltopologie ungünstig für die Linearität ist. Eine Alternative wird in Abschnitt 6.2 vorgeschlagen. Zwar zeichnet der Kompressionsverlauf der Verstärkung (Abbildung 5.14) ein sehr lineares Bild für den Schleifenwiderstand von 422 Ω, jedoch wird dieses vom Wachstum der Harmonischen höherer Ordnung stark eingetrübt. Hier wird die in Abschnitt 2.1.5 rechnerisch hergeleitete Eigenschaft des Verstärkers mit einer Rückführung deutlich. Diese zeigt, dass durch eine Parallelgegenkopplung Intermodulationsprodukte in Form von Harmonischen ausgebildet werden, die sich den Harmonischen aus der Nichtlinearität überlagern.

Eine weitere Betrachtung der Linearität liefern die Intermodulationsprodukte bei einer eingangsseitigen Zweitonanregung. In einer Reihe von Simulationen werden dazu zwei Sinussignale vom Signalgenerator produziert. Die erste Frequenz verbleibt bei 2,6 GHz, die zweite wird auf 2,65 GHz eingestellt. Hier können ähnliche Effekte beobachtet werden, wie bei den Simulationen mit einer Eintonanregung. Je kleiner der Widerstandswert für R_{RF} wird, desto früher kommt es, bezogen auf den 1 dB-Kompressionspunkt, zum steilen Anstieg der Intermodulationsprodukte. Grafisch dargestellt sind die Ergebnisse der Simulation für den PA_{100mA} und den PA_{180mA} in Abbildung 5.16. Für einen aussagekräftigen Vergleich werden die Abstände der Intermodulationsprodukte 3. Ordnung (IM3) und 5. Ordnung (IM5) zur Harmonischen im *Backoff*-Bereich gegenübergestellt. Dabei verringern sich die Abstände der IM3 zu Beginn mit 2 dB pro Dekade, bei den IM5 mit 4 dB pro Dekade. Für den PA_{100mA} zeigt sich, dass ein Widerstandswert von 422 Ω für R_{RF} zwar bereits zu einem Sprung der Intermodulationsprodukte bei 5 dB im *Backoff* führt, links daneben jedoch diese, im Vergleich zur offenen Schleife, einen um ca. 6,5 dB größeren Abstand zum Grundton besitzen. Das äußert sich letztlich auch im Abstand zwischen $P_{L,1dBCP}$ und dem OIP3, welcher bei 13,1 dB und damit um 1,8 dB höher liegt als bei der simulierten offenen Schleife. Beim PA_{180mA} mit offener Schleife verringern sich die Abstände der IM3 und IM5 zur Harmonischen gleichmäßig bis zum 1 dB-Kompressionspunkt. Erst dort kommt es zu einem geringfügig steileren Abfall. Die Abstände der Intermodulationsprodukte zur Harmonischen liegen bei einer offenen Schleife und kleinen Werten für $P_{G,v}$ jedoch auch hier unter denen der Verstärker mit einem geringen Widerstandswert in der Rückkopplung. Mit einem R_{RF} von 422 Ω hebt sich dieser Vorteil der Gegenkopplung bei 2 dB auf. Mit einem R_{RF} von 235 Ω kommt es bereits bei etwa 3 dB im *Backoff* zu diesem Effekt. Ab diesem Punkt sind die IM3- bzw. IM5-Abstände bei offener Schleife größer.

Es bleibt zunächst festzuhalten, dass eine Rückführung einen positiven Einfluss auf die Linearität bringt. Das gilt insbesondere bei niedrigen Generatorleistungen. Nahe dem 1 dB-Kompressionspunkt wachsen die Intermodulationsprodukte in der

Simulation stark an und die Abstände der IM3 und IM5 zur Harmonischen fallen unter die Abstände bei den Verstärkern ohne Rückführung. Auffällig zeigt sich dabei die beschriebene Stromexpansion, die mit kleiner werdendem Widerstandswert der Rückführung und mit kleiner werdendem Arbeitspunktstrom relativ zunimmt. Hier zeigt sich ein Zusammenhang zwischen Stromexpansion und dem Wachstum der Harmonischen höherer Ordnung in der Eintonsimulation sowie der Intermodulationprodukte in der Zweitonsimulation. Je stärker und sprunghafter diese Expansion ausfällt, desto früher und in ähnlicher Weise verstärken sich die Störungen. Die Linearität bezogen auf den Grundton kann durch eine starke Rückführung bis knapp vor den 1 dB-Kompressionspunkt verbessert werden. Das spricht dafür, dass die Rückführung frequenzselektiv für niedrige Frequenzen wirkt.

Prinzipiell bildet sich durch den Rückführungswiderstand und die Kapazität an der Basis ein Tiefpass. Das führt zu der Annahme, dass die geringere Gegenkopplung zu einer höheren Verstärkung der höheren Frequenzanteile führt. Eine parallele Kapazität zum Widerstand der Rückführung könnte ebenfalls die Verstärkung der höheren Frequenzanteile dämpfen und hier für eine Verbesserung der Linearität sorgen. Dabei muss jedoch beachtet werden, dass dies ebenfalls eine Erhöhung der Schleifenverstärkung und eine Änderung im Phasenverhalten hervorruft. Eine solche Kapazität muss zusammen mit der in Abschnitt 2.5 beschriebenen Stabilitätsuntersuchungen betrachtet werden. Ungeeignete Werte für diese Kapazität können zu einem instabilen Verhalten führen.

Ein weiterer Ansatz zur Verbesserung des *Backoff*-Verhaltens kann eine Reduzierung der ohmschen Last des Leistungsverstärkers sein, um der hohen Stromexpansion entgegenzuwirken. Diese Stromexpansion lässt sich jedoch nicht sicher vorhersagen. Sicher ist nur, dass die Erhöhung mit sinkendem Rückführungswiderstand zunimmt. Dies kann bei der Dimensionierung des Verstärkers einfließen. Dazu empfiehlt es sich den Expansionskoeffizienten aus Gleichung 3.30 entsprechend der Rückführung anzupassen. Eine Änderung der ohmschen Last zeigt rechnerisch eine geringe Änderung der übrigen Bauteilwerte an beiden Toren, sodass ein bereits dimensionierter Verstärker ohne weitere Bauteilberechnungen simulativ bei verschiedenen Lastwiderständen optimiert werden könnte. Einzig das ausgangsseitige Anpassnetzwerk auf die 50 Ω Systemimpedanz muss in dem Fall beachtet werden.

Die letzte Untersuchung dieses Abschnitts befasst sich mit dem Frequenzverhalten des gegengekoppelten Leistungsverstärkers im Leistungsbereich. Dazu wird eine Reihe von Leistungssimulationen (pss-Simulationen) für verschiedene Werte von R_{RF} und unterschiedliche Frequenzen im Bereich von 1,5 bis 4,5 GHz durchgeführt. In diesem Fall wird ausgangsseitig auf ein Transformationsnetzwerk verzichtet und stattdessen wird die Ausgangslast direkt auf die errechneten Werte eingestellt. Damit soll der tatsächliche Einfluss der Gegenkopplung untersucht werden, denn, je nach Richtung der Transformation, kommen unterschiedliche Topologien des Transformationsnetzwerks am Ausgang zum Einsatz. Diese erschweren einen direkten Vergleich.

Die frequenzabhängigen Verläufe der Simulationsergebnisse sind in den Abbildungen 5.17 und 5.18 festgehalten. Die bei der Kleinsignalsimulation gewonnen Erkenntnisse zum Verlauf der Kleinsignalverstärkung können bestätigt werden. Je kleiner der Widerstandswert für R_{RF} ist, desto flacher ist der Verlauf der Verstärkung über die Frequenz. Die Bandbreite erhöht sich deutlich. Während das Maximum der Verstärkung ohne Gegenkopplung bei der Designfrequenz von 2,6 GHz liegt, verschiebt es sich bei kleineren Werten für R_{RF} zu höheren Frequenzen hin. Die 3 dB-Bandbreite vergrößert sich dabei. Einen großen Einfluss zeigt auch der Arbeitspunktstrom $I_{C,AP}$. Deutlich größer zeigt sich die Bandbreite des PA_{180mA}, der bereits ohne Gegenkopplung eine 3 dB-Verstärkungsbandbreite von ca. 2 GHz gegenüber 1,2 GHz beim PA_{100mA} aufweist. Bei Schleifenwiderständen von 422 Ω erreicht der PA_{100mA} eine mehr als doppelt so große 3 dB-Bandbreite von etwa 2,6 GHz, beginnend bei ungefähr 1,95 GHz. Das Maximum der Verstärkung liegt mit rund 23 dB bei 3,3 GHz etwa 1 dB über der Verstärkung bei 2,6 GHz. Für den PA_{180mA} liegen die Grenzen der Bandbreite bereits außerhalb des Simulationsbereichs. Eine maximale Verstärkung von etwa 24,4 dB bei 3,5 GHz steht einer Verstärkung von 23,9 dB bei 2,6 GHz gegenüber. Bei 1,5 GHz wird noch um 21,8 dB, bei 4,5 GHz um 23,2 dB verstärkt. Bei einer groben Approximation anhand des Kurvenverlaufs liegt die untere Grenze der Bandbreite bei 1,35 GHz, die obere Grenze bei 5,1 bis 5,3 GHz. Das entspräche einer Bandbreite von rund 3,75 bis 3,95 GHz, d. h. einer nahezu doppelten Bandbreite gegenüber der offenen Schleife.

Einer weiteren Betrachtung werden die Leistungsverstärker in Hinblick auf die Frequenzabhängigkeit des 1 dB-Kompressionspunkts, im Folgenden Großsignalbandbreite genannt, unterzogen. Die Großsignalbandbreite wird für einen Vergleich ebenfalls mit den Grenzen von 3 dB Leistungsabfall gegenüber dem Maximalwert im Frequenzverlauf festgelegt. Der PA_{100mA} zeigt in Abbildung 5.17a für R_{RF} = 422 Ω gegenüber der offenen Schleife eine geringfügige Steigerung der Großsignalbandbreite. Der Frequenzverlauf für den 1 dB-Kompressionspunkt bei offener Schleife zeigt einen unerklärlichen Einbruch bei 2 GHz. An Hand weiterer Messungen kann dieser Einbruch als ein Fehler der Simulation angesehen werden. Der eigentliche Verlauf der Kurve dürfte ähnlich aussehen wie der Kurvenverlauf für R_{RF} = 422 Ω. Unter dieser Berücksichtigung beruht die Bandbreitenvergrößerung im Wesentlichen auf dem Gewinn rechts vom Maximum. Bei einem Abfall um 3 dB vom Maximum ergibt sich so eine Steigerung von ca. 400 MHz von einer Bandbreite von geschätzt 1,1 GHz bei offener Schleife auf 1,5 GHz für R_{RF} = 422 Ω.

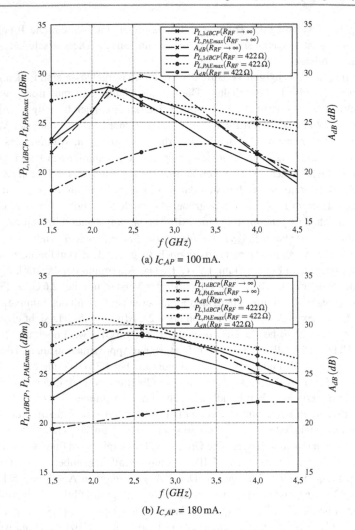

(a) $I_{C,AP} = 100\,\text{mA}$.

(b) $I_{C,AP} = 180\,\text{mA}$.

Abbildung 5.17 Ergebnisse der frequenzabhängigen Großsignalsimulation

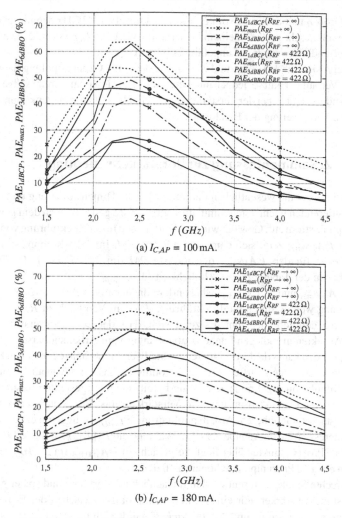

(a) $I_{C,AP} = 100\,\text{mA}$.

(b) $I_{C,AP} = 180\,\text{mA}$.

Abbildung 5.18 Ergebnisse der frequenzabhängigen Großsignalsimulation

Die Großsignalbandbreite vom PA_{180mA} ist mit etwa 2,2 GHz bereits bei offener Schleife schon sehr groß. Bei einem Widerstandswert für R_{RF} von 422 Ω verringert sich die Bandbreite sogar auf ungefähr 2 GHz.

Es zeigt sich für PA_{100mA} und PA_{180mA}, dass eine Gegenkopplung hauptsächlich den Verlauf der Kurve, jedoch nur wenig die Großsignalbandbreite selbst, beeinflusst. Anders sieht es bei der Verstärkung aus. Hier bewirkt die Gegenkopplung eine deutliche Verbesserung der Bandbreite.

5.2.3   Zusammenfassung zur Verstärkerauslegung

Tabelle 5.5 listet die wesentlichen Parameter für die Dimensionierung und die daraus resultierenden wichtigsten Simulationsergebnisse getrennt nach dem gewählten Arbeitspunktstrom auf. Gewählt wird ein Widerstand in der Rückführung von 422 Ω. Für den PA_{180mA} zeigt sich damit die höchste PAE im 1 dB-Kompressionspunkt PAE_{1dBCP}, für den PA_{100mA} die höchste PAE im 3 dB-*Backoff* PAE_{3dBBO}. Erkennbar in der Tabelle ist die Ähnlichkeit für $L_{C,opt}$, $L_{EIN,p}$ und $C_{EIN,s}$ zwischen PA_{100mA} und PA_{180mA}. Insbesondere die negativen Realwerte ($R_{RF,11,opt}$) am Eingang werden durch die Rückführung R_{RF} im Vergleich zu $R_{RF,11,opt}$ aus Tabelle 5.3 deutlich entspannt. Es zeigt sich, dass der Leistungsverstärker unter diesen Aspekten grundlegend nahezu unabhängig vom Arbeitspunktstrom dimensioniert werden kann, da die ermittelten Bauteilwerte innerhalb der eigenen Herstellungstoleranzen liegen dürften. Einzig die ohmsche Last ist davon ausgenommen.

Die Simulationsergebnisse zeigen die bereits oben vorgestellten Resultate. Bei kleinerem Arbeitspunktstrom liegt die Verstärkung fast 3 dB unter der vom Leistungsverstärker mit höherem Arbeitspunktstrom. $P_{L,1dBCP}$ liegt um circa 1 dB darunter. Interessant ist die Angabe der *PAE*. Während die PAE_{1dBCP} für den PA_{180mA} um etwa 5 Prozentpunkte höher liegt, zeigt sich am PA_{100mA} im *Backoff* von 3 dB eine um etwa 12 Prozentpunkte höhere Effizienz.

Die rechte Spalte repräsentiert den tatsächlich entworfenen und später gefertigten Leistungsverstärker. Für einen guten Kompromiss zwischen der Effizienz im 1 dB-Kompressionspunkt und der im *Backoff* wurde sich für einen Wert von 380 Ω als Rückführungswiderstand entschieden. Da es sich bei diesem Verstärker um eine später zu messende Schaltung handelt, werden hier weitgehend realistische Bedingungen angenommen. Dazu zählen neben der Transistorfeldextraktion, die ebenfalls für die anderen beiden Leistungsverstärker vollzogen wurde, auch die Extraktion des Rückführungs-*Layouts* und die aus einer EM-Simulation dimensionierten Spulen. Diese Spulen bieten einen Serienwiderstand und eine reale Kopplung. Letzteres ist insbesondere für L_C entscheidend, da es sich hierbei um eine Spule mit

Tabelle 5.5 Zusammengefasste Simulationsergebnisse für den einfachen Leistungsverstärker mit Parallelgegenkopplung

	PA_{100mA}	PA_{180mA}	*gefertigt*
U_{CC}		5,8 V	6 V
$I_{C, AP}$	100 mA	180 mA	170 mA
m_{Wahl}		192	
R_{m2}		20 Ω	
$R_{EIN, s}$		4 Ω	
C_{RF}		10 pF	
R_{RF}		422 Ω	380 Ω
$R_{TF, opt}$	62,3 Ω	34,8 Ω	39,8 Ω
R_{opt}	75,8 Ω	37,4 Ω	50 Ω
$L_{C, opt}$	1,80 nH	1,76 nH	1,72 nH
$R_{LC,opt}$		0 Ω	2 Ω
$R_{RF,11,opt}$	−3,78 Ω	−4,03 Ω	−3,58 Ω
$L_{RF,11,opt}$	682 pH	576 pH	564 pH
$L_{EIN,p}$	1,27 nH	1,28 nH	1,24 nH
$C_{EIN,s}$	3,69 pF	3,75 pF	3,77 pF
A_{dB}	21 dB	23,9 dB	23 dB
$P_{L,1dBCP}$	27,7 dBm	28,7 dBm	29,1 dBm
$P_{G,v,1dBCP}$	6,7 dBm	5,8 dBm	5,9 dBm
PAE_{1dBCP}	44 %	49,3 %	42 %
PAE_{max}	49,2 %	51,5 %	43,5 %
PAE_{3dBBO}	45,6 %	33,4 %	28,6 %

Mittelabgriff handelt. Der grob ermittelte Spulenwiderstand von $L_{C,opt}$ liegt durch die Güte von etwa 13 bei ungefähr 2 Ω pro Pfad. Bei diesem Widerstand fällt bei halbem Arbeitspunktstrom von 85 mA bereits eine statische Spannung von 0,17 V über der Spule ab. Daher liegt die Versorgungsspannung etwas höher. Die unter diesen Verhältnissen simulierten Werte für die Ausgangsleistung und damit für die *PAE* liegen dadurch deutlich unter den unter idealen Bedingungen ermittelten Werten. Dennoch zeigt sich eine Effizienz PAE_{1dBCP} von 42 %. Im *Backoff* von 3 dB bleiben noch fast 29 %.

Für den Simulationsvergleich sind alle drei Leistungsverstärker mit einem Transformationsnetzwerk auf die Systemimpedanz von 50 Ω ausgestattet, damit die Ergebnisse untereinander vergleichbar sind. In der realisierten Schaltung entfällt das Anpassnetzwerk. Dort liegt die errechnete optimale ohmsche Last bereits selbst bei

50 Ω. Für die Verstärker PA_{100mA} und PA_{180mA} zeigen sich, wie bereits erwähnt, hinsichtlich der optimalen Werte für die Bauteile am Eingang sowie am Ausgang nur geringe Abweichungen zueinander. Es zeigt sich, dass der endgültige Leistungsverstärker ein Kompromiss aus beiden Varianten sein kann. Der optimale Arbeitspunktstrom kann dann im Anschluss gefunden werden. Dann aber muss auf ein zusätzliches Transformationsnetzwerk verzichtet werden.

5.2.4   Leistungsverstärkerentwurf mit einfacher Rückführung

Gemäß den in Abschnitt 5.2.1 gewählten Parametern für die Transistoranzahl und der in Abschnitt 5.2.3 ermittelten optimalen Rückführung für die Gegenkopplung mit den daraus resultierenden Bauteilwerten für Eingangs- bzw. Ausgangsnetzwerk wird ein erster Chip entworfen. Dazu wird zunächst ein kompaktes Transistorfeld erstellt. Dieses ist, wie in Abschnitt 5.2.1 näher erläutert, ähnlich einem Schachbrettmuster (Abbildung 5.3) aufgebaut. Dabei wechseln sich Transistorblöcke für die Verstärkung des invertierenden und nicht-invertierenden Signals ab. Ziel ist, es eine möglichst gleichmäßig thermische Kopplung beider Signalpfade zu erreichen, sodass die Unterschiede in der Verstärkung und der Phasenverschiebung minimal

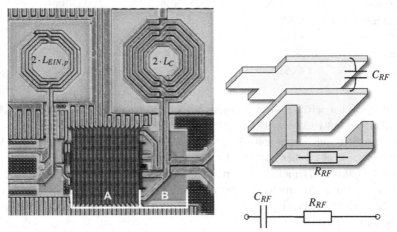

(a) Chip-Foto mit Aufteilung der wesentlichen Funktionsgruppen [PTT+15].

(b) 3D-Aufbau des RC-Glieds der Rückführung für die Gegenkopplung [PTT+15].

Abbildung 5.19 Entwurf des Leistungsverstärkers mit einfacher Rückführung für die Gegenkopplung

bleiben. Die Signalleitungen sind in mehreren Bahnen durch das Transistorfeld gezogen, wobei alle HF-Signale mit Ausnahme der Spulenanbindung horizontal, alle DC-Signale vertikal verlaufen. So werden möglichst verlustarme, vermaschte Verbindungen erreicht. Abbildung 5.19a zeigt dazu das entworfene *Layout*. Rechts vom Transistorfeld befindet sich die Rückführung für die Gegenkopplung (B). Diese führt die positiven bzw. negativen Eingangs- und Ausgangssignale zusammen. Zwischen dem Eingangs- und dem Ausgangssignal wird dann je ein RC-Glied eingebunden. Im *Layout* gut erkennbar ist die große Kapazität C_{RF} als gleichmäßige Fläche unter der Metallstruktur (B). Unter dieser Fläche liegt der Widerstand R_{RF}. Dazu zeigt Abbildung 5.19b das dreidimensionale Schema der Rückführung.

Am linken Rand der *Layout*-Fotografie (Abbildung 5.19a) befindet sich das Eingangsanpassnetzwerk mit der linksseitig angeordneten kleineren Spule $2 \cdot L_{EIN,p}$. Die Spule $2 \cdot L_C$ auf der rechten Seite ist für die Gleichstromspeisung und die Blindleistungskompensation sowie für die Transformation auf $50\,\Omega$ zuständig.

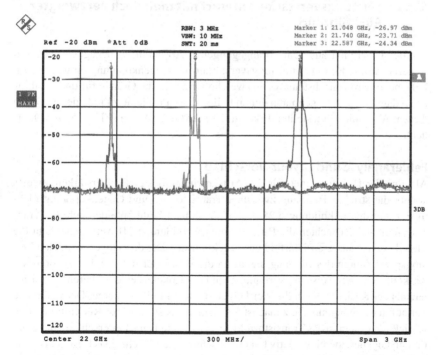

Abbildung 5.20 Einstellbarer Frequenzbereich des gemessenen instabilen Verstärkers

Der produzierte Verstärker-IC mit einfacher Rückführung konnte hinsichtlich Kleinsignalparametern und Leistungswerten nicht vermessen werden, da es bereits bei der Einstellung des Arbeitspunktes zu einem Aufschwingen des Bauteils kam. Abbildung 5.20 zeigt das Schwingverhalten im Spektrogramm. Durch die Änderung von Versorgungsspannung, Kaskode-Spannung und Kollektorstrom lässt sich die Frequenz im Bereich 21 bis 22,5 GHz verändern. Bei einer Erhöhung des Kollektorstroms von Null aufwärts schwingt der Verstärker bei ca. 21,7 GHz an. Gründe für das Auftreten der Schwingung waren anfänglich nicht zu finden. Auch in nachträglichen Simulationen fanden sich keine Indizien. Der Schaltkreis wurde ein weiteres Mal in *Cadence*® direkt extrahiert und hinsichtlich K-Faktor untersucht. Ebenfalls wurde die Schleifenverstärkung und die Phasenreserve analysiert. Es konnte mit keiner Simulation ein Verdacht auf Instabilität vermutet werden.

Das Verhalten dieses ersten Verstärkerentwurfs bildete die Grundlage für die in Abschnitt 2.5 entwickelte Erweiterung der Stabilitätsuntersuchung.

5.2.5 Leistungsverstärkerentwurf mit mehrfach verzweigter Rückführung

Um der Instabilität aus dem vorangegangenen Abschnitt zu begegnen, wird ein weiterer Ansatz für einen Leistungsverstärker mit Gegenkopplung entworfen. Im Folgenden wird zunächst analysiert, welche Ursachen die Gründe für die Instabilität sind und welche Gegenmaßnahmen helfen diese Probleme zu reduzieren. Die in diesem Abschnitt vorgestellten Erkenntnisse sind in Teilen in [PTT+15] veröffentlicht.

Fehleranalyse und *Layout*-Vorschlag

Als eine der Hauptursachen für das Aufschwingen des ersten Verstärkerentwurfs konnte die strikte Trennung zwischen Transistorfeld und Gegenkopplung identifiziert werden (Abbildung 5.21a). Auf der linken Seite befindet sich das Transistorfeld, auf der rechten die Rückführung. Abbildung 5.21b veranschaulicht die Metallstruktur aus Transistorfeld und Rückführung. Die drei langen schmalen Leitungspaare führen das Eingangssignal an die Basen der unteren Transistoren der Kaskode. Mit dem Ausgang verbunden sind die Kollektoren der oberen Transistoren aus der Kaskode durch die vier langen breiteren Leitungspaare. Der räumliche Verlauf der Leitungen, d. h. zunächst aus dem Transistorfeld zur Rückführung und schließlich wieder in das Transistorfeld zurück, erzeugt eine Leiterschleife mit einer für den Gigahertzbereich relativ hohen umschlossenen Fläche. Das Resultat ist eine Serieninduktivität in der Rückführung. Die Größe der erzeugten Induktivität lässt

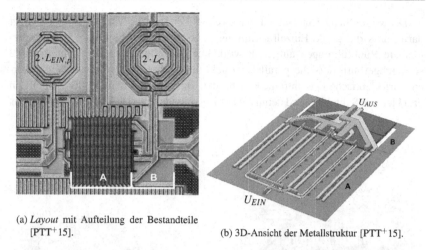

(a) *Layout* mit Aufteilung der Bestandteile [PTT⁺15].

(b) 3D-Ansicht der Metallstruktur [PTT⁺15].

Abbildung 5.21 Identifizierung der *Layout*-Probleme am Leistungsverstärker mit einfacher Rückführung

sich jedoch schlecht abschätzen. Einen weiteren Schwachpunkt bilden die langen Leitungen selbst. Die Wellenlänge der Frequenz von 21 GHz, bei der der erste Verstärkerentwurf zu schwingen beginnt, liegt bei circa 14 mm. Eine Leitungslänge von 100 μm verursacht bereits eine Phasenverschiebung von rund 2,5 Grad. Große Leitungslängen reduzieren die Phasenreserve und können die Instabilität zusätzlich begünstigen.

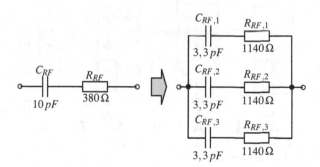

Abbildung 5.22 Aufteilung der einfachen Rückführung in eine äquivalente dreifache Rückführung [PTT+15]

Der wesentliche Unterschied der zweiten Version zur Vorgängerversion liegt darin, dass die große Einzelrückführung, entsprechend Abbildung 5.22, in drei kleinere Rückführungen aufgeteilt wird. Die Aufteilung der Rückführung wird so durchgeführt, dass die parallelen Rückführungen eine zum ersten Verstärkerentwurf identische Gesamtimpedanz besitzt. Bei einer Aufteilung der Schleife in drei kleinere Schleifen wird demnach der Einzelwiderstand je Rückführung um das

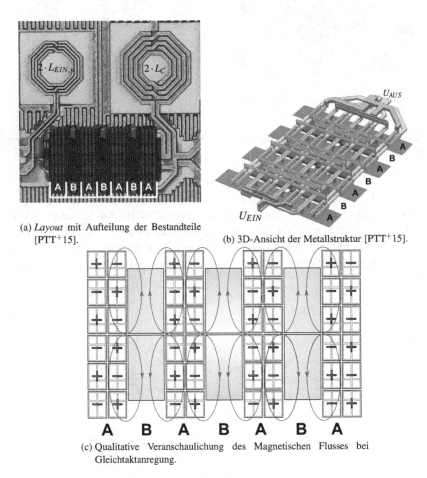

(a) *Layout* mit Aufteilung der Bestandteile [PTT$^+$15].

(b) 3D-Ansicht der Metallstruktur [PTT$^+$15].

(c) Qualitative Veranschaulichung des Magnetischen Flusses bei Gleichtaktanregung.

Abbildung 5.23 Verändertes *Design* zum einfachen Leistungsverstärker mit dreifach verzweigter Rückführung

Dreifache erhöht, während die Einzelkapazität mit Drei geteilt wird. Die Aufteilung wird durch das Auseinanderziehen des Transistorfelds in vier Teile ermöglicht. Die dabei entstandenen Zwischenräume bieten den Platz für die drei Rückführungen (Abbildung 5.23a). Die Chipgröße ändert sich dadurch kaum. Allerdings müssen die Leitungsführungen der Spulen etwas modifiziert werden.

Bei einer Mehrfachverzweigung der Rückführung und die Trennung des Transistorfelds verringert sich die Fläche der einzelnen Schleifen enorm. Zudem werden aus einer einzigen großen Schleife mehrfach parallel zueinander liegende Schleifen. Durch die Parallelisierung werden die Induktivitäten qualitativ mit der Anzahl der Schleifen dividiert. Durch die Aufteilung des Transistorfelds nach rechts und nach links ausgehend von den Rückführungen und den damit verbundenen Stromflussrichtungen bilden sich gegenläufige Schleifen mit ebenso gegenläufigen Magnetfeldern aus (Abbildung 5.23c). Es kommt zu einer Schwächung des magnetischen Flusses und somit weiter zu einer Reduzierung der parasitären Induktivität. Ein weiterer Vorteil der Auffächerung des Transistorfelds dürfte die Reduzierung eines thermischen *Hotspots* im Kern des Transistorfelds sein.

Für ein Aufschwingen muss das Barkhausen-Kriterium erfüllt sein: Dazu muss eine Schleifenverstärkung von mehr als 0 dB bei einer Phasendifferenz von insgesamt 360 Grad oder jedem Vielfachen davon vorliegen. Die Induktivität in der

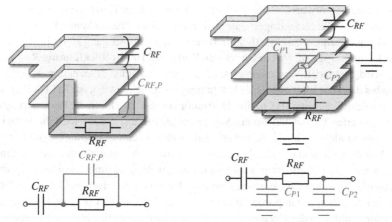

(a) Leistungsverstärker mit einfacher Rückführung [PTT⁺15].

(b) Leistungsverstärker mit dreifach geteilter Rückführung [PTT⁺15].

Abbildung 5.24 Gegenüberstellung der dreidimensionalen Lagenstruktur der einzelnen Rückführungen mit den parasitären Kapazitäten

Rückführung allein genügt nicht, um die Bedingung zu erfüllen. Aus Platzgründen liegt der Widerstand R_{RF} unter der Kapazität C_{RF}. Das ist möglich, da sich die beiden Bauteile auf unterschiedlichen Lagen befinden. Durch die Überlappung der unteren Metalllage der Kapazität und der Lage für den flächigen Widerstand kommt es jedoch zu einer geringen parasitären Kapazität $C_{RF,P}$ parallel zum Widerstand. Der große Kapazitätswert für C_{RF} und der Widerstandswert von R_{RF} führen zu einer großen übereinander liegenden Fläche. Daraus errechnet sich grob eine Kapazität von 35 bis 40 fF. Eine Veranschaulichung bietet Abbildung 5.24a. Bei dem Leistungsverstärker mit mehrfachverzweigter Rückführung wird darauf geachtet, diese Kapazität durch eine auf Masse gelegte Zwischenmetalllage abzuschirmen. Erkauft wird dies mit zusätzlichen parasitären Kapazitäten gegen Masse entlang der Fläche des Widerstands. Als Ersatzkapazitäten C_{P1} und C_{P2} können diese vor bzw. nach dem Schleifenwiderstand wie in Abbildung 5.24b angesehen werden. Bei hohen Frequenzen wird der Betrag der Impedanz von C_{RF} vernachlässigbar klein und die eben genannten Kapazitäten wirken direkt an der Basis bzw. am Kollektor vom Leistungsverstärker. Zusätzliche Parasitäten an der Basis und am Kollektor können durch die vor- bzw. nachgeschalteten Netzwerke kompensiert werden. Einziger Nachteil ist eine Reduzierung der Bandbreite.

Werden die parasitäre Spule und die parasitäre Kapazität in den ursprünglichen Schaltplan für einen einfachen gegengekoppelten Kaskodeleistungsverstärker eingefügt, ergeben sich die Schaltbilder in Abbildung 5.25. Im Fall des ersten Verstärkerentwurfs bilden die Spule $L_{RF,P}$ und der Kondensator $C_{RF,P}$ einen Serienschwingkreis niedriger Güte, jedoch mit einer Phasendrehung von 180° für bestimmte Frequenzen zusätzlich zur Invertierung vom Ausgang zum Eingang. Wird das Dämpfungsglied, welches durch den Widerstand in der Rückführung R_{RF} gebildet wird, durch den Verstärker selbst ausgeglichen, kommt es zu einem Aufschwingen bis der Verstärker arbeitspunktabhängig im Gleichgewicht ist. In [TSG12] wird eine solche Schaltung als Colpitts-Oszillator vorgestellt. Durch die Reduzierung der identifizierten Parasitäten auf ein Minimum (Abbildung 5.25b) wird die Schwingbedingung nicht mehr erfüllt und es ergibt sich ein echter Leistungsverstärker.

Um dies nicht nur in der Messung, sondern auch simulativ nachzuvollziehen, werden die Metallstrukturen zusammen mit den Rückführungen beider Leistungsverstärker aus dem *Cadence®-Layout* extrahiert. Die extrahierten Daten werden in einen EM-Simulator importiert und anschließend simuliert. Das Simulationsergebnis wird zurück in das *Cadence®*, anstelle dessen eigener Extraktion, eingebunden. Anschließend lässt sich der Leistungsverstärker auf dessen Stabilität gemäß den Abschnitten 2.4 und 2.5 hin untersuchen. Hier hilft das in Abschnitt 2.5.5 beschriebene *Skill*-Skript den aufwendigen Prozess automatisiert abzuarbeiten.

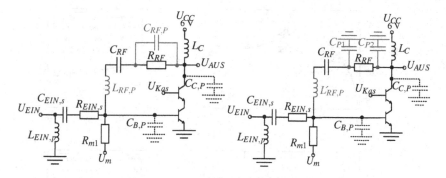

(a) Leistungsverstärker mit einfacher Rückführung [PTT⁺15].

(b) Leistungsverstärker mit dreifach geteilter Rückführung [PTT⁺15].

Abbildung 5.25 Resultierende Schaltpläne

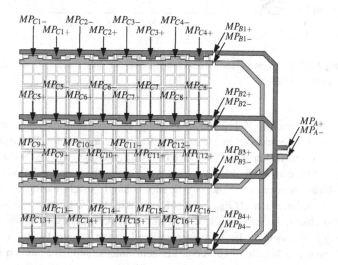

Abbildung 5.26 Anordnung der Messpunkte (MP) im EM-simulierten *Layout* für differentielle Stabilitätssimulationen an unterschiedlichen Positionen: A) Einfache Auftrennung an zusammengeführter Rückführung, B) Vierfach geteilte Rückführung, C) 16-fache Auftrennung an jedem Via zum Kollektoranschluss der darunter liegenden Transistoren

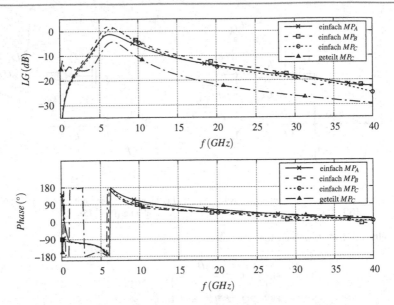

Abbildung 5.27 Simulierte Stabilitätsuntersuchungen der entstandenen Leistungsverstärker bei Gegentaktanregung

Am Verstärker ohne Mehrfachverzweigung der Rückführung wird die Rück-
führung an drei verschiedenen Messpunkten aufgetrennt, um die Richtigkeit der
Simulation zu verifizieren. Die Positionen der Auftrennungen zeigt Abbildung 5.26.
Die erste Schleifentrennung (MP_{An}) lässt sich unmittelbar vor der Anbindung der
RC-Kombination erreichen. Eine zweite Möglichkeit besteht darin die vier Leitungspaare aufzutrennen (MP_{Bn}). Die Messpunkte MP_{Cn} trennen die Schleifen
an den Durchkontaktierungen, die die Kollektoren der Transistoren anbinden. In
Abbildung 5.26 entspricht das 16 differentiellen Leitungspaaren. Da die ersten beiden Varianten von Verstärker zu Verstärker sehr unterschiedlich ausfallen können,
liefert Variante Drei eine zumeist allgemeingültige Lösung für die Simulation. Nur
mit der Schleifenauftrennung an den Kollektoren der Transistoren ist eine Schleifenanalyse des Verstärkers mit räumlich geteilter Rückführung möglich. Dort werden
die Messpunkte analog zu Abbildung 5.26 angeordnet.

Die verschiedenen Auftrennungen liefern dem EM-Simulator unterschiedliche
Bedingungen. Besondere Abweichungen treten beim Stromfluss auf, dessen Weg
innerhalb der Metallstruktur klar definiert ist. Der Rückfluss außerhalb der Metallstruktur ist jedoch abhängig vom Simulator und kann bei den drei Varianten kleine

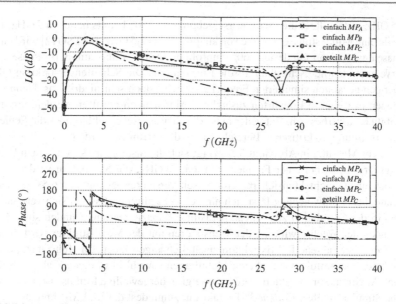

Abbildung 5.28 Simulierte Stabilitätsuntersuchungen der entstandenen Leistungsverstärker bei Gegentaktanregung

Unterschiede erzeugen. Schlussendlich führt dies zu Abweichungen zwischen den Stabilitätssimulationen der verschiedenen Ansätze, sowohl bei der Gleichtakt- (Abbildung 5.27) als auch der Gegentaktuntersuchung (Abbildung 5.28). Eine qualitative Aussage lässt sich dennoch treffen.

Besonders bei der Gleichtaktuntersuchung (Abbildung 5.27) zeigt sich für den ersten Leistungsverstärker eine Schwachstelle im Bereich von 6,5 GHz. Hier liegt die Schleifenverstärkung der Varianten B und C deutlich über 0 dB bei einer Schleifenphase von 180°. Die Schleifenverstärkung von Variante A liegt knapp darunter. Der Verstärker mit verzweigter Rückführung besitzt einen ähnlichen Phasengang, die Schleifenverstärkung bei 180° Phasenverschiebung liegt jedoch deutlich unter denen der anderen drei Simulationsergebnisse.

Für die Gegentaktsimulation zeigt sich bei allen Simulationen ein stabiles Verhalten, wenngleich die Schleifenverstärkung des Leistungsverstärkers mit einfacher Rückführung für alle Varianten bei einer Phasendrehung von 180° nur knapp unter 0 dB liegt. Eine etwas höhere Schleifenverstärkung könnte den Verstärker sonst bei circa 3,5 GHz instabil werden lassen. Der Leistungsverstärker mit geteilter Rückführung besitzt eine Schleifenverstärkung von knapp über 0 dB zwischen 2,5 und

3,5 GHz, jedoch liegt die Phasenverschiebung um 180° bereits bei etwa 2 GHz. Es bleibt eine Mindestphasenreserve von knapp 30° bei 2,5 GHz. In [TSG12] wird eine Phasenreserve von mindestens 60° empfohlen. Damit ist die simulierte Phasenreserve noch deutlich schlechter als die Empfehlung. Die Schleifenverstärkung fällt über den gesamten simulierten Frequenzbereich jedoch sehr niedrig aus. Dennoch müssen in weiteren Entwürfen zusätzliche Maßnahmen ergriffen werden, um die Stabilität zu verbessern. Entweder muss die Phasenreserve erhöht oder die Schleifenverstärkung im kritischen Bereich unter 0 dB verringert werden.

In der Messung in Abschnitt 5.2.4 zeigt sich die Instabilität des einfachen Leistungsverstärkers bei einer Frequenz von ca. 21 GHz, die Simulation verdeutlicht jedoch eine Gleichtaktunsicherheit für diesen Verstärker bei ungefähr 6,5 GHz. Der Grund dieser Abweichung lässt sich nur schwer ermitteln. Es lässt sich vermuten, dass in der Simulation zusätzliche parasitäre Kapazitäten eingebunden sind. Aus Gründen der Wechselwirkung der Transistoren mit der Metallstruktur wird die in $Cadence^{®}$ enthaltene RC-Extraktion zusätzlich angewendet. Das führt dazu, dass die beiden stromführenden oberen Metalllagen sowohl in $Cadence^{®}$ als auch für den EM-Simulator extrahiert werden. Wie groß der jeweilige Einfluss ist, kann nur eine Simulation ohne $Cadence^{®}$-Extraktion, zumindest der im EM-Simulator enthalten oberen beiden Metalllagen, zeigen. Eine weitere Vermutung ist, dass bei der Messung nur die zweite Oberwelle in Erscheinung tritt, die Grundfrequenz in dem Fall jedoch nicht ausgekoppelt wird.

Messungen des *Layout*-Vorschlags

Der stabile Verstärker wird verschiedenen Messungen unterzogen. Dessen Ergebnisse werden im Folgenden vorgestellt und bewertet.

Die Kleinsignalwerte in Abbildung 5.29 zeigen eine gute eingangsseitige Anpassung über einen weiten Frequenzbereich. Zwischen 2 und 3,8 GHz liegt der Wert für S_{11} nicht höher als -9,5 dB. Am Ausgang verschiebt sich die Anpassung hin zu einer höheren Frequenz. Das ist bereits aus der Simulation (Abbildung 5.6) bekannt. Die Vorwärts-Transmission (S_{21}) zeigt einen sehr flachen Verlauf über den Frequenzbereich, ein Anzeichen dafür, dass der Leistungsverstärker eine hohe Bandbreite liefert. Die echte Verstärkungsbandbreite zeigt die anschließende Großsignalmessung. Abbildung 5.29 bezieht sich auf den Verstärker mit einem eingestellten Arbeitspunktstrom von 180 mA. Insgesamt ähneln sich die simulierten (Abbildung 5.6) und die gemessenen Kleinsignalergebnisse. Es zeigt sich bei der Messung jedoch, dass die Zielfrequenz nicht ganz erreicht werden konnte. Auch das Minimum für S_{11} fällt in der Messung wesentlich weniger stark ausgeprägt aus als bei der Simulation. Jedoch zeigt sich eine gute und wesentlich breitere Eingangsanpassung mit Werten um -10 dB und niedriger. Die Bandbreite von S_{21} ist in beiden Fällen sehr

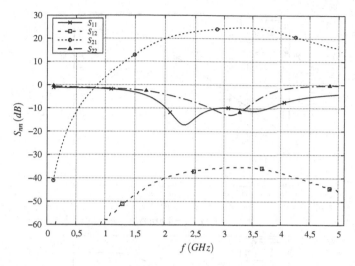

Abbildung 5.29 Gemessene Differentielle S-Parameter für $U_{Kas} = 1,5\,V$ und $I_{C,AP} = 180\,mA$

hoch. Die höhere Bandbreite in der Simulation ist auf den niedrigeren Widerstand in der Rückführung zurückzuführen. Die Messergebnisse bei einem Arbeitspunktstrom von 100 mA sind ähnlich. Aus diesem Grund wird diese Messung hier nicht dargestellt.

Bei den Leistungsmessungen (Abbildung 5.30) der Verstärker PA_{100mA} und PA_{180mA} können verschiedene Beobachtungen aus der Simulation bestätigt werden. Eine davon ist der sehr gerade Verlauf der Verstärkung bevor es dann kurz vor dem 1 dB-Kompressionspunkt zu einem starken Abfall kommt. Das zeigt, dass die Rückführung einen positiven Effekt auf die Verstärkung hat. Die Größe der Verstärkung liegt ebenfalls in der simulierten Größenordnung. Bei einem Arbeitspunktstrom $I_{C,AP}$ von 100 mA liegt die Verstärkung in der Simulation und in der Messung bei 21,2 dB, bei $I_{C,AP}$ von 180 mA circa 2 dB höher. Auch die Stromexpansion liegt im Bereich der simulierten Werte. Im 1 dB-Kompressionspunkt ist die Stromexpansion für beide Einstellungen des Arbeitspunktstroms in der Simulation um jeweils circa 30 mA höher gegenüber der Messung. Der 1 dB-Kompressionspunkt wird in beiden Messungen bei deutlich niedrigeren Generatorleistungen erreicht. Qualitativ zeigt sich auch eine geringere Effizienz im 1 dB-Kompressionspunkt beim höheren Ruhearbeitspunktstrom $I_{C,AP}$. Die Großsignalmessung zeigt gegenüber der Simulation ein deutlich schlechteres Verhalten. Das ist nicht völlig unerklärlich.

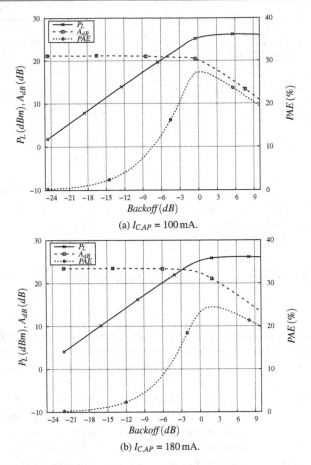

(a) $I_{C,AP} = 100\,\text{mA}$.

(b) $I_{C,AP} = 180\,\text{mA}$.

Abbildung 5.30 Gemessener Großsignalverlauf in Abhängigkeit von $P_{G,v}$

Schließlich wurde die Simulation zwar mit dem extrahierten Transistorfeld, jedoch mit ideal angenommenen Spulen, sowohl am Eingang als auch am Ausgang, durchgeführt. Im Vordergrund der Untersuchung stand die Wirkung der Gegenkopplung und die Stabilisierung des Leistungsverstärkers allein durch das Verstärker-*Layout*. Unter Hinzunahme realer Spulen und angesichts der starken Stromexpansion bis zum 1 dB-Kompressionspunkt verlieren sich rechnerisch jedoch gerade einmal circa vier bis fünf Prozentpunkte. Während der Messung zeigte sich zusätzlich immer auch eine Ungenauigkeit durch die Kontaktwiderstände der Messspitzen. Kleinste

Erschütterung des *Waverprobers* genügten, um den Kontaktwiderstand negativ zu beeinflussen. Es musste sehr darauf geachtet werden, dass die einmal erreichten guten Übergangswiderstände während der gesamten Messung unverändert blieben. Schnell verliert sich so sonst im 1 dB-Kompressionspunkt, sowohl an den DC- als auch an den HF-Spitzen, ausgangsseitig bis zu einem dB an Ausgangsleistung, was zu einem Verlust der Effizienz von sechs bis sieben Prozentpunkten führen kann. Selbst dann bleibt jedoch eine deutliche Abweichung zur Simulation.

Die realen Spulen und die starke Stromexpansion des Leistungsverstärkers führen nicht nur zu einer direkten Effizienzminderung durch die im Widerstand umgesetzte Leistung, sondern ebenso zu einer weiteren Wechselwirkung: Die hohe Stromexpansion sorgt dafür, dass bei höheren Ausgangsleistungen der Spannungsabfall über der Spule stark ansteigt. Das reduziert nicht nur die erreichbare Ausgangsleistung, sondern komprimiert ebenfalls zunehmend die Verstärkung, was zu einem früheren Erreichen des 1 dB-Kompressionspunkts führt. In der Messung verringert sich die Verstärkung um 1 dB bei einer Generatorleistung von interpolierten 2,8 dBm. Das wiederum bewirkt, dass die Stromexpansion im 1 dB-Kompressionspunkt geringer ausfällt. Bei einer Generatorleistung von ca. 6 dBm erreicht auch der gemessene Leistungsverstärker eine mittlere Stromaufnahme von ca. 260 bis 270 mA und liegt damit im Bereich der simulierten Werte.

[Fri11] hat den Verstärker so eingestellt, dass eine Stromexpansion von mehr als 50 % über dem Arbeitspunktstrom nicht auftreten soll. Der Leistungsverstärker mit Gegenkopplung übersteigt diese Expansion bei Weitem. Dies ist ein deutliches Zeichen für ein Problem bei der Wechselwirkung zwischen Stromspiegel und Rückführung. Darauf wird in Abschnitt 5.2.2 näher eingegangen.

Mit Hilfe von Messungen der Leistungswerte bei verschiedenen Frequenzen zeigt sich ein interessantes Verhalten des Leistungsverstärkers (Abbildung 5.31). Die Verstärkung, gemessen bei -20 dBm Generatorleistung, liefert eine sehr hohe 3 dB-Bandbreite von 1,6 GHz für den PA_{180mA} und 1,8 GHz für den PA_{100mA}. Dabei liegt die höchste Verstärkung, die gleichzeitig der Bezugspunkt für die Bandbreite ist, bei höheren Frequenzen als der *Design*-Frequenz. Dagegen findet sich die höchste gemessene Ausgangsleistung am 1 dB-Kompressionspunkt unter der Frequenz von 2,6 GHz. Gleiches gilt für die Effizienz. Für den PA_{100mA} zeigt sich eine maximale Ausgangsleistung am 1 dB-Kompressionspunkt von 26,3 dBm bei einer Frequenz von 2,3 GHz. Die Effizienz an diesem Punkt beträgt etwa 32,7 % und liegt damit bei fast sechs Prozentpunkten über der *PAE* bei 2,6 GHz (27,3 %). Ähnlich zeigt sich dieser Effekt bei einem $I_{C,AP}$ von 180 mA. Die Großsignalbandbreite wird ausgehend von der maximalen Ausgangsleistung im 1 dB-Kompressionspunkt bei einem Abfall von 3 dB hervorgehoben. Hier liegt der Leistungsverstärker für beide Arbeitspunkteinstellungen bei identischen Werten. So erreichen beide Varianten

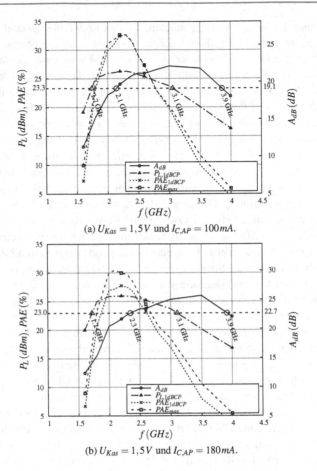

(a) $U_{Kas} = 1,5\,V$ und $I_{C,AP} = 100\,mA$.

(b) $U_{Kas} = 1,5\,V$ und $I_{C,AP} = 180\,mA$.

Abbildung 5.31 Messung von Leistungswerten abgetragen über die Frequenz

eine Bandbreite von 1,4 GHz beginnend bei 1,7 GHz und endend bei 3,1 GHz. Auffällig ist hierbei die deutlich niedrigere Mittelfrequenz gegenüber der Verstärkungsbandbreite. Effektiv betrachtet, kann hier nur die Schnittmenge beider Bandbreiten als nutzbare Bandbreite gesehen werden. Auch in diesem Fall ist der abdeckbare Frequenzbereich noch sehr groß. Für eine $I_{C,AP}$ von 100 mA liegt dieser dann noch bei 1 GHz (2,1 bis 3,1 GHz), für 180 mA bei 800 MHz (2,3 bis 3,1 GHz). Qualitativ entspricht das den simulierten Eigenschaften.

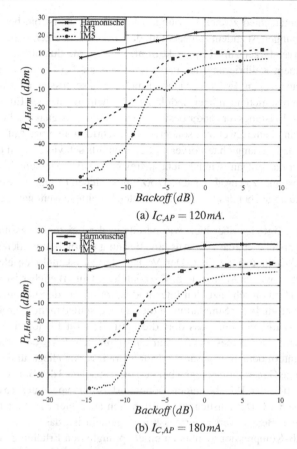

(a) $I_{C,AP} = 120\,mA$.

(b) $I_{C,AP} = 180\,mA$.

Abbildung 5.32 Messergebnisse für die Intermodulationsprodukte 3. und 5. Ordnung im *Backoff*

Eine letzte Messung zeigt das Verhalten des gefertigten Leistungsverstärkers für einen Arbeitspunktstrom von 120 mA (PA_{120mA}) und 180 mA (PA_{180mA}) bei einer Zweitonanregung mit einem Frequenzabstand zwischen den beiden Harmonischen von 2 MHz. Der Abstand in der Simulation liegt mit 50 MHz deutlich darüber, wurde jedoch dort gewählt, um überschaubare Simulationszeiten und -daten zu erreichen. Der abweichende Arbeitspunktstrom von 120 mA ist der Qualität der Messergebnisse geschuldet. Die 100 mA-Variante zeigte sich bei der Auswertung als unbrauchbar. Für einen qualitativen Vergleich jedoch genügt es einen deutlichen Unterschied zweier Messungen im Arbeitspunktstrom heranzuziehen. Bei den Messungen ist zudem zu beachten, dass neben dem eigentlichen Verstärker auch ein Vorverstärker zum Einsatz kommt. Die Intermodulationserscheinungen werden in einem Kalibrierungsdurchlauf am Vorverstärker ermittelt und von den Messreihen abgezogen. Es ist hier jedoch nicht ausgeschlossen, dass die aus dem Vorverstärker resultierenden Intermodulationserscheinungen einen Einfluss auf den zu messenden Leistungsverstärker besitzen. Das Eingangssignal des Leistungsverstärkers ist dann keine Zweiton-, sondern eine Mehrtonanregung. Auf der anderen Seite wäre eine Messung ohne Vorverstärker ebenfalls schwierig, weil die Generatorleistung für das Eingangssignal nicht ausreicht, um eine Messung bis zum 1 dB-Kompressionspunkt zu gewährleisten. Trotz eines solchen Kompromisses kann eine qualitative Aussage über das Verstärkerverhalten bei einer Zweitonanregung getroffen werden.

Insgesamt zeigt sich aber hier, wie bereits in der Leistungsmessung mit Eintonanregung ersichtlich, dass die Ausgangsleistung deutlich unter den simulierten Werten aus Abschnitt 5.2.2 liegt. Der Verlauf der Messkennlinien ähnelt jedoch den simulierten, wie in Abbildung 5.32 ersichtlich. Gut erkennbar ist der größere Abstand der Harmonischen zu den Intermodulationsprodukten bei einem höheren Arbeitspunktstrom. In der Simulation ist dieser Unterschied nicht so groß. Das kann darauf zurückzuführen sein, dass dort die optimale Last für jeden Arbeitspunkt eingestellt wird. Der gemessene Verstärker ist für den PA_{180mA} optimiert. Der Anstieg der Intermodulationsprodukte dritten Grades (IM3) liegt für den PA_{180mA} für sehr geringe Generatorleistungen bei den theoretischen 3 dB. Bei dem PA_{120mA} liegt der Anstieg der IM3 bei einer Generatorleistung von unter 15 dBm etwas unterhalb von 3 dB. Der Anstieg sinkt anfänglich auch hier bei steigenden Generatorleistungen. Beiden Verstärkermessungen gemein ist, dass es vor dem Erreichen des 1 dB-Kompressionspunkts zu einer sprunghaften Erhöhung des Anstiegs der Intermodulationsprodukte kommt. Auch hier gibt es Ähnlichkeiten zur Simulation. Beim Arbeitspunktstrom von 180 mA liegt dieser Sprung näher vor dem 1 dB-Kompressionspunkt als beim geringeren Arbeitspunktstrom. Der ermittelte OIP3 für den PA_{180mA} liegt bei ungefähr 42 dBm. Das ist gegenüber der Simulation auf einem ähnlichen Niveau. Die Aussage dessen ist jedoch durch die früher eintretende Kompression stark beschränkt. Den OIP3 hier als eine Aussage für die Linearität zu verwenden, wird zusätzlich durch den IM3-Sprung vor dem 1 dB-Kompressionspunkt stark in Zweifel gezogen. Diese Erkenntnis ist bereits durch die Intermodulationsimulationen aus Abschnitt 5.2.2 bekannt. Durch den geringeren Anstieg der IM3 bei dem PA_{120mA} ist eine OIP3 hier sehr uneindeutig. Daher wird hier darauf verzichtet eine belastbare Aussage zu treffen.

Für die Intermodulationsprodukte fünfter Ordnung (IM5) ist nur eine qualitative Aussage möglich, da bei niedrigen Generatorleistungen kein eindeutiger Anstieg ermittelt werden kann. Ein Wert für den OIP5 ergibt sich aus diesem Grund nicht. Es kann jedoch festgestellt werden, dass der messbare Verlauf auch hier eine deutliche Ähnlichkeit zu den Simulationsergebnissen aufweist. Vor dem 1 dB-Kompressionspunkt gibt es einen deutlichen Sprung der IM5 in y-Richtung. Am Ende des sprunghaften Anstiegs ergibt sich ein kleines lokales Minimum bevor der Anstieg fortgesetzt wird.

5.3 Gegengekoppelte Leistungsverstärker mit Transistorstapelung

Der in Abschnitt 5.3.1 diskutierte gestapelte Leistungsverstärker wird im Folgenden als Ausgangsstufe eines Gesamtverstärkerkonzepts vorgestellt. Zusätzlich zur Ausgangsstufe bietet dieser Ansatz einen Vorverstärker bzw. Eingangsverstärker (EV), dessen Ziel es ist, die Verstärkungsbandbreite und die Großsignalbandbreite besser aufeinander abzustimmen. Zwischen dem Vorverstärker und der Ausgangsstufe befindet sich eine Totem-Pole-Treiberstufe (TP), um den Ausgang des Vorverstärkers zu entlasten. Ebenfalls hinzugekommen ist eine integrierte automatische Basisspannungseinstellung für die Basisspannung U_{B3} des oberen Transistors, in Abbildung 5.33 als PID gekennzeichnet. Diese stellt eine besondere Herausforderung dar, da diese Spannung im Bereich der Betriebsspannung U_{CC} liegen kann. Der Regler ist so aufgebaut, dass die zulässigen Spannungen an allen Transistoren die maximalen Grenzwerte nicht überschreiten.

Im Folgenden werden diese vier Schaltungsbestandteile näher vorgestellt und die Gesamtschaltung hinsichtlich ihrer Eigenschaften messtechnisch diskutiert. Dazu wurde ein wissenschaftlicher Beitrag auf der *IEEE*-Konferenz PRIME veröffentlicht ([PWE15]). Eine Fotografie des *Chips* mit der Kennzeichnung der genannten Schaltungsteile zeigt Abbildung 5.33.

Abbildung 5.33 Chip-Foto des gestapelten Leistungsverstärkers mit Gegenkopplung und PID-Regelung der Basisspannung des gestapelten Transistors [PWE15]

5.3.1 Aufbau des Transistorfelds

Auf gleiche Weise wie in Abschnitt 5.2.1 erfolgt die Dimensionierung des Transistorfelds für einen zusätzlich aufgestapelten Transistor. Grundlage für die Verstärkerauslegung des transistorgestapelten Leistungsverstärkers ist die Kaskodezelle des einfachen Leistungsverstärkers. So kann das *Design* im Wesentlichen wiederverwendet werden. Hinzugefügt wird an die Kaskodezelle der aufgestapelte Transistor T_3 (Abbildung 5.34a). Damit eine symmetrische Spannungsaussteuerung der Transistoren T_2 und T_3 gewährleistet werden kann, müssen beide vom selben Typ, hier $npnVs$, sein. So ist sichergestellt, dass das Verhalten bei unterschiedlichen Arbeitspunkten und Gesamtaussteuerungen weitgehend identisch ist. Abbildung 5.34 zeigt die neue Anordnung der Verstärkerzelle. Diese ist Teil eines als Schachbrettmuster angeordneten Transistorfelds, wie es auch bereits für den Leistungsverstärker in Abbildung 5.3 skizziert wird. Die Anzahl der unteren, d. h. der $npnVp$-Transistoren (T_1), ist mit 192 beibehalten worden. Für die simulative Untersuchung, in der geprüft wird, in welchem Maße sich die Gegenkopplung auf die Verstärkerparameter auswirkt, wird auch hier der Stromspiegel aus Abbildung 5.4 eingesetzt. Der Arbeits-

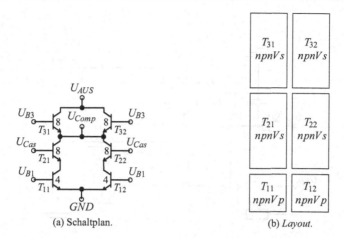

(a) Schaltplan.   (b) *Layout.*

Abbildung 5.34 Verstärkerzelle des transistorgestapelten Leistungsverstärkers

punkt des oberen Transistors (T_3) wird durch eine Gleichspannung U_{B3} an der Basis eingestellt. Zur korrekten AC-Aussteuerung ist zudem eine RC-Kombination erforderlich. Dies verdeutlicht Abbildung 5.35. Durch den Widerstand R_{B3} hängt die Spannung U'_{B3} jedoch vom durch den Stromspiegel eingestellten Arbeitspunktstrom I_C und dem damit gekoppelten Basisstrom I_{B3} ab. I_C und U'_{B3} müssen demnach immer miteinander abgestimmt eingestellt werden. In Abschnitt 5.3.4 wird eine Schaltung vorgestellt, die eine automatische Anpassung von U'_{B3} unabhängig vom gewählten Arbeitspunktstrom ermöglicht. Für die Simulation in Abschnitt 5.3.2 wird diese Schaltung bereits genutzt. Durch die automatische Anpassung können viele verschiedene Simulationen durchgeführt werden, ohne eine manuelle Anpassung der Basisspannung des oberen Transistors vornehmen zu müssen.

Prinzipiell gestaltet sich der weitere Ablauf genauso wie beim einfachen Kaskode-Leistungsverstärker aus dem vorangegangenen Abschnitt. Es kommen hier jedoch, wie im Wesentlichen in Abbildung 3.14 gezeigt wird, eine Reihe an Freiheitsgraden hinzu, die im Optimierungsprozess einfließen. Um die Anzahl der bevorstehenden Simulationen einzuschränken, wurden bestimmte Rückführungen von Anfang an ausgeschlossen. Dazu zählen $\underline{Y}_{RF,13}$, $\underline{Y}_{RF,23}$ und $\underline{Y}_{RF,24}$. Realisiert wurde zunächst ein gestapelter Leistungsverstärker mit den Rückführungen $\underline{Y}_{RF,12}$, $\underline{Y}_{RF,34}$ und $\underline{Y}_{RF,14}$ (Abbildung 5.35). Das *Design* dazu wird im Abschnitt 5.3.4 ausführlich beschrieben. Mit der Messung und einer späteren Nachsimulation wurde festgestellt, dass $\underline{Y}_{RF,12}$ keinen nennenswerten Einfluss auf die Optimierung

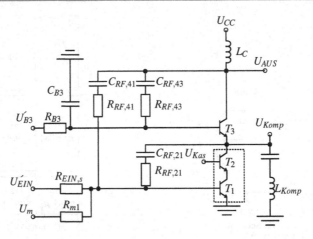

Abbildung 5.35 Beispiel des transistorgestapelten Leistungsverstärkers mit drei Parallel-rückführungen

liefert. Die Einsparung von $\underline{Y}_{RF,12}$ reduziert den Platzbedarf im *Layout* und damit verbunden den Aufwand der *Layout*-Erstellung für zukünftige Entwürfe.

5.3.2 Auswirkung der Gegenkopplung auf Verstärkerkennwerte und daraus resultierende Optimierungsmöglichkeiten

Der Entwurf des gestapelten Leistungsverstärkers wird in Abschnitt 5.3.1 beschrieben. Abschnitt 3.3.4 in Kombination mit Abschnitt 3.3.3 liefert dazu die Optimierungsgrundlagen. Die Freiheitsgrade durch die in Abbildung 3.14 dargestellten möglichen Rückführungen führen zu einem großen Simulationsaufwand. Hier zahlt sich die Automation des Simulationsprozesses durch das in Abschnitt 3.3.5 vorgestellte *Skill*-Skript besonders stark aus. Zu einer enormen Einsparung an Simulationen führt die Einschränkung von Kombinationsmöglichkeiten der Rückführungen. Im Skript werden die gewählten Kombinationen der Rückführungen mit verschiedenen Werten nacheinander abgearbeitet. Zu Beginn werden, simultan zu Abschnitt 5.2.2, die optimalen *Design*-Parameter des gestapelten Leistungsverstärkers ohne Rückführung simulativ ermittelt und anschließend analytisch mit den Rückführungskombinationen gemäß Abschnitt 3.3.4 erweitert. Das Großsignalverhalten über einen vorgegebenen Generatorleistungsbereich wird für verschiedene R_{RF} und jeweils über einen Frequenzbereich von 1,5 bis 4,5 GHz

Tabelle 5.6 Betriebsparameter und errechnete optimale Werte bei offener Schleife für den gestapelten Leistungsverstärker mit Parallelgegenkopplung für verschiedene Arbeitspunktströme

	PA_{100mA}	PA_{180mA}
Mittenfrequenz	2.6 GHz	2.6 GHz
Versorgungsspannung U_{CC}	7,8 V	7,8 V
Kaskodespannung U_{Kas}	1,5 V	1,5 V
Arbeitspunktstrom $I_{C,AP}$	100 mA	180 mA
max. Stromexpansion x	2,0	1,5
zusätzlicher Serienwiderstand am Eingang $R_{EIN,s}$	15 Ω	15 Ω
Optimale Last an der Transferstromquelle R_{TF}	36,5 Ω	27,4 Ω
Ohmsche Last $R_{L,opt}$	71,1 Ω	51,9 Ω
Induktive Last $L_{C,opt}$	2,36 nH	2,33 nH
opt. Paralleleingangswiderstand $R_{RF,11,opt}$ **ohne** $R_{EIN,s}$	−8,5 Ω	−7,7 Ω
opt. Paralleleingangsinduktivität $L_{RF,11,opt}$ **ohne** $R_{EIN,s}$	683 pH	537 pH
Serienwiderstand $R_{B3,opt}$	1794 Ω	1405 Ω
Parallelkapazität $C_{B3,opt}$	541 fF	565 fF
Basisspannung $U_{B3,opt}$	5,028 V	4,998 V

durchgeführt. Zum Abschluss wird die Linearität mit Hilfe einer Zweitonsimulation bewertet.

Die Ergebnisse für die offenen Rückführungen finden sich in Tabelle 5.6 wieder. Eine Versorgungsspannung U_{CC} von 7,8 V reduziert die Spannung für jeden zur Ausgangsspannung beitragenden Transistor gegenüber der Verstärkervariante ohne aufgestapeltem Transistor. Dies soll die Gefahr eines Durchbruchs zwischen Kollektor und Basis reduzieren. $R_{EIN,s}$ ist niedriger gewählt worden, um bei gleicher Verstärkung ebenfalls einen größeren Widerstandswert in der Schleife einzubauen. Dies reduziert die Verluste über den Schleifenwiderstand. Der in Tabelle 5.6 angegebene Wert für R_{TF} bezieht sich auf den ermittelten Transferwiderstand innerhalb der Transistoren. Die Gleichaufteilung der Spannungen im Arbeitspunkt ist für beide Transistoren identisch. Um dies zu gewährleisten, wird die angegebene Basisspannung U_{B3} über eine Regelung (Abschnitt 5.3.4) eingestellt. Der Wert für U_{B3} ändert sich entsprechend des vorgegebenen Arbeitspunkts bei der Hinzunahme eines Schleifennetzwerks nicht. R_{B3} ist jedoch veränderlich. Durch den Widerstand R_{B3} und den nichtlinearen Basisstrom von T_3 müsste die Spannung U_{B3} vor jeder Simulation und später bei der gefertigten Schaltung aufwändig manuell so eingestellt werden, dass beide zur Ausgangsspannung beitragenden Transistoren bestmöglich ausbalanciert sind. In der Simulation kann das geprüft werden, an der gefertigten Schaltung ist das nicht mehr möglich. Jede Änderung des Arbeitspunktstroms, der Versorgungsspannung und in der Simulation des Werts von R_{B3} fordert eine Justierung von U'_{B3}. Die Regelung für die Basisspannung am oberen Transistor erweist sich als sehr präzise. Die Spannungsabweichung in der Simulation liegt bei wenigen Millivolt. Damit ist eine genügend feine Toleranz erreicht worden.

Die optimale Last wird, gemäß den Beobachtungen aus dem ungestapelten Leistungsverstärker mit Gegenkopplung, mit Hilfe einer höheren angenommenen Stromexpansion kalkuliert. Gewählt wird eine Annahme von 200 % für den PA_{100mA} und 150 % für den PA_{180mA}.

Bei einem Leistungsverstärker mit einem aufgestapelten Transistor können zwischen den vier Toren gemäß Abschnitt 3.3.4 sechs verschiedene Rückführungen einzeln gewählt oder miteinander kombiniert werden. Hinzu kommen die parallelen Lasten zu den Toren, die ebenfalls von ihrer Dimensionierung frei gewählt werden können.

Auf Grund der zeitaufwändigen Großsignalsimulationen (Einton, Zweiton) beschränkt sich die Auswahl der Rückführungen auf die Widerstände $R_{RF,14}$ und $R_{RF,34}$. Wie bereits in Abschnitt 5.3.1 erklärt, liefert die Rückführung $R_{RF,12}$ einen nicht nennenswerten Beitrag zum Verstärkerverhalten. Unter der Annahme, dass für beide Rückführungen eine identische Anzahl N an Widerstandswerten simuliert wird, ergibt das eine Anzahl von N^2 Kombinationsmöglichkeiten. Hier ist die Auflösung der Widerstandswerte sorgfältig zu wählen. Empirische Untersuchungen führen zu einem guten Kompromiss zwischen Auflösung und Simulationszeit. Im Skript werden so neun verschiedene Widerstandswerte für $R_{RF,14}$ und fünf Widerstandswerte für $R_{RF,34}$ eingesetzt, nacheinander dimensioniert und schließlich mittels Klein- und Großsignalsimulationen charakterisiert.

Die Ergebnisse der Simulationen von Abbildung 5.36 bestätigen die Richtigkeit der theoretischen Betrachtungen zur optimalen Berechnung der Bauteilparameter an transistorgestapelten Leistungsverstärkern bei einer kleinen Aussteuerung. In der U-I-Kennlinie an der inneren Transferstromquelle (Abbildung 5.36a) zeigt sich eine saubere, fast geschlossene Schleife, was für eine vernachlässigbare Blindleistung spricht. Ebenfalls zu erkennen ist, dass die Schleifen von T_2 und T_3 nahezu übereinander liegen. Der identische Anstieg zeigt, dass die Lastaufteilung gleichmäßig ist. Die beiden Enden der Kennlinien beweisen eine gleichmäßige Spannungsaussteuerung. Dies ist in der transienten Darstellung (Abbildung 5.36b) noch besser erkennbar. Das Skript hat vollautomatisch aus den Ergebnissen der AC-Simulationen die richtigen Werte der verbleibenden Bauteile abhängig vom rein analytisch aufgesetzten Koppelnetzwerk korrekt errechnet.

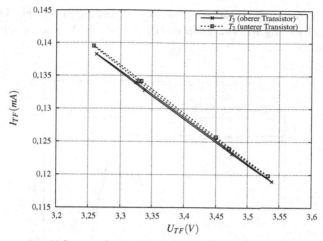

(a) Strom-zu-Spannungsverlauf an der Transferstromquelle.

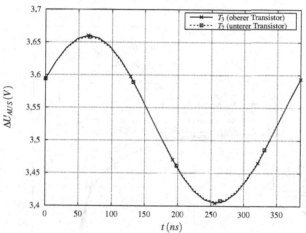

(b) Transienter Verlauf der Spannungsdifferenzen von T_2 und T_3.

Abbildung 5.36 Simulationsergebnisse für das Verhalten an der inneren Transferstromquelle mit $I_{C,AP} = 100\,\text{mA}$, $R_{RF,14} = 724\,\Omega$, $R_{RF,34} = 5000\,\Omega$, $R_{RF,12} = $ offen, $P_{G,v} = -20\,\text{dBm}$

Folgende Aussagen lassen sich gemäß den Abbildungen 5.37 bis 5.40 direkt aus den Beobachtungen des ungestapelten Leistungsverstärkers aus Abschnitt 5.2.2 übernehmen:

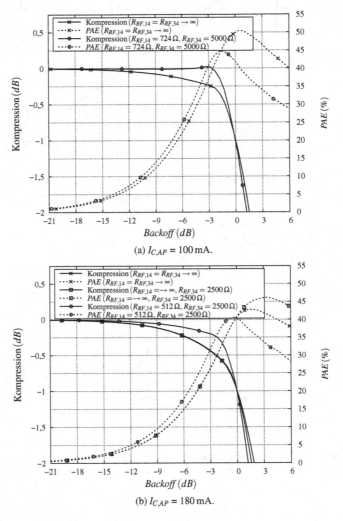

(a) $I_{C,AP} = 100\,\text{mA}$.

(b) $I_{C,AP} = 180\,\text{mA}$.

Abbildung 5.37 Simulierte Kennlinien für die Kompression der Verstärkung und der *PAE* im *Backoff* für verschiedene R_{RF}

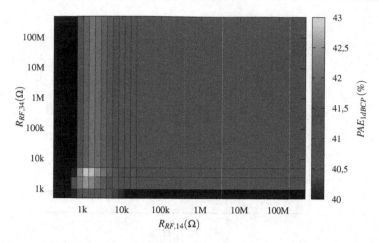

Abbildung 5.38 *Heatmap*-Darstellung der simulierten *PAE* im 1 dB-Kompressionspunkt für $I_{C,AP} = 180\,\text{mA}$

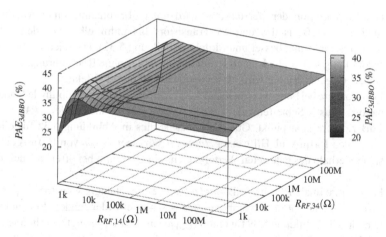

Abbildung 5.39 Dreidimensionale Darstellung der simulierten *PAE* bei 3 dB *Backoff* für $I_{C,AP} = 100\,\text{mA}$

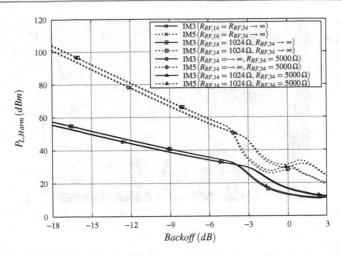

Abbildung 5.40 Simulationsergebnisse für die Abstände der Intermodulationsprodukte zur Harmonischen im *Backoff* für verschiedene R_{RF} für $I_{C,AP} = 100\,\text{mA}$

1. Die Kompression der Verstärkung wird unter Hinzunahme einer Rückführung auf die Basis des unteren Transistors bis unmittelbar vor den 1 dB-Kompressionspunkt besser unterdrückt (Abbildung 5.37). Dann jedoch fällt die Verstärkung steiler ab als beim Leistungsverstärker ohne Rückführung. Je stärker die Gegenkopplung wird, desto deutlicher ist dieser Effekt.

2. Insbesondere bei höheren Arbeitspunktströmen ergibt sich eine optimale Kombination aus Schleifenwiderständen für eine maximale *PAE* im 1 dB-Kompressionspunkt. Gut erkennbar ist dies in Abbildung 5.38 für einen $I_{C,AP}$ von 180 mA mit Hilfe einer *Heatmap*. Für einen $I_{C,AP}$ von 100 mA ergibt sich innerhalb des getesteten Wertebereichs ein Optimum bei offenen Rückführungen.

3. Für die maximale *PAE* im 3 dB-*Backoff* gibt es unabhängig vom Arbeitspunktstrom stets eine optimale Kombination aus Schleifenwiderständen. Beispielhaft wird dies in Abbildung 5.39 für einen $I_{C,AP}$ von 100 mA gezeigt. Ähnlich schaut die 3D-Darstellung für den Leistungsverstärker mit einem $I_{C,AP}$ von 180 mA aus.

4. Höhere Arbeitspunktströme führen zu einer besseren Linearität in Bezug auf den Abstand der Intermodulationsprodukte zu den Harmonischen und demzufolge dem OIP3 selbst.

5. Die Zweitonsimulation (Abbildung 5.40) zeigt, dass eine Rückführung auf die Basis des unteren Transistors (hier nur $R_{RF,14}$) den Abstand zwischen den Intermodulationsprodukten und den Harmonischen bei niedrigen Generatorleistungen erhöht. Das verbessert zunächst den Wert für den OIP3.

6. Ein kleinerer Rückführungswiderstand $R_{RF,14}$ sorgt jedoch auch für einen vom *Backoff* der Generatorleistung ausgehenden früheren Einbruch des Abstands zwischen den Intermodulationsprodukten und den Harmonischen. Dies führt unmittelbar nach diesem Einbruch zu einer deutlich schlechteren Linearität (Abbildung 5.40).

7. Der vom *Backoff* der Generatorleistung ausgehende frühere Einbruch des Abstands zwischen den Intermodulationsprodukten und den Harmonischen lässt, wie bereits auch beim Leistungsverstärker ohne Transistorstapelung beobachtet, vermuten, dass die Rückführung auf die Basis des unteren Transistors einen problematischen Einfluss auf den Stromspiegel besitzt.

Die Begründungen zu den oben genannten 7 Punkten werden ausführlich in Abschnitt 5.2.2 diskutiert.

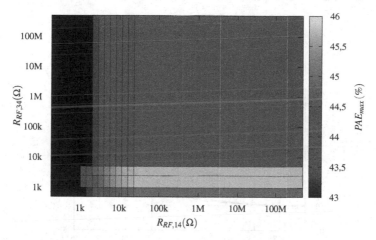

Abbildung 5.41 *Heatmap*-Darstellung der simulierten PAE_{max} für $I_{C,AP} = 180\,\text{mA}$

Durch die Transistorstapelung werden weitere Beobachtungen ergänzt. Eine Variation von $R_{RF,34}$ liefert nur geringe Änderungen für den Strom im 1 dB-Kompressionspunkt und die Verstärkung. Die maximale Effizienz und die *PAE* im 1 dB-Kompressionspunkt nehmen bei kleinen Werten für $R_{RF,34}$ grundsätzlich um einige Prozentpunkte ab. Eine kleine Ausnahme verdeutlichen die Abbildungen 5.39 und 5.41. Diese zeigen für den PA_{180mA} bei einem $R_{RF,34}$ mit einem Wert im Bereich von 2500 und 5000 Ω eine geringfügige Verbesserung für PAE_{max} und PAE_{1dBCP} im gesamten Simulationsraum. Für PAE_{max} ist dieser Effekt in Abbildung 5.37b etwas deutlicher erkennbar. Die Kennlinienverläufe für „$R_{RF,14} = R_{RF,34} = \infty$" und „$R_{RF,14} = \infty$, $R_{RF,34} = 2500$ Ω" gehen ungefähr im 1 dB-Kompressionspunkt (*Backoff* = 0 dB) ineinander über. Rechts davon zeigt sich eine deutliche Steigerung der *PAE*. Im für den Betrieb interessanten Bereich links vom 1 dB-Kompressionspunkt ist jedoch $R_{RF,14}$ maßgeblich für den Verlauf der *PAE* verantwortlich.

Im Bezug auf die Linearität zeigt $R_{RF,34}$ in der Zweitonsimulation (Abbildung 5.40) einen nur sehr kleinen Einfluss bei beiden Einstellungen für den Arbeitspunktstrom. Durch einen geringfügig steileren Abfall der Kurve für den Abstand zwischen IM3 und Grundton reduziert sich der OIP3 um einige Zehntel Dezibel. Das ist aber als vernachlässigbar zu bewerten. $R_{RF,14}$ zeigt dagegen einen deutlichen Einfluss durch den früheren Einbruch der Abstände zwischen der Harmonischen und den Intermodulationsprodukten.

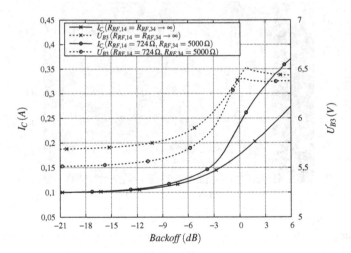

Abbildung 5.42 Simulationsergebnisse für den Anstieg von U'_{B3} und I_C im *Backoff* für verschiedene R_{RF} bei einem $I_{C,AP} = 100$ mA

Der in Abschnitt 5.3 beschriebene Leistungsverstärker ist noch mit der Rückführung $R_{RF,12}$ ausgestattet. Die finale Theorie zur „Erweiterung auf transistorgestapelte Leistungsverstärker mit Gegenkopplung" aus Abschnitt 3.3.4 und die vollständige in Abschnitt 3.3.5 beschriebene Umsetzung in einem *Skill*-Skript entstand erst nach der Fertigung und Messung dieses Leistungsverstärkers. Er lieferte jedoch wichtige Erkenntnisse, um die Theorie ausbauen zu können. In der Vielzahl der Simulationen zeigte sich der Einfluss von $R_{RF,12}$ (Abbildung 5.35) als minimal. Wie bereits in Abschnitt 3.3.4 festgestellt, beeinflusst eine Kopplung zwischen zwei Toren nur die beiden Tore selbst. Im Falle von $R_{RF,12}$ bedeutet dies einen direkten Einfluss auf die Basis von T_1 und den Punkt zwischen den Transistoren 2 und 3 (U_{Komp}). $R_{RF,12}$ reduziert als zusätzliche Last an der Kaskode die *PAE*, hat jedoch hinsichtlich Linearität, Verstärkung und Ausgangsleistung keine nennenswerten positiven Auswirkungen. Einzig die Auslegungswerte an der Basis von T_1 entspannen sich. Wie auch $R_{RF,14}$ erhöht $R_{RF,12}$ den optimalen Parallelwiderstand $R_{RF,11}$ von circa $-8\,\Omega$ auf über $-4\,\Omega$. Eine Transformation auf $50\,\Omega$ wird dadurch vereinfacht. Dem gegenüber steht die erheblich konsumierte *Chip*-Fläche für $R_{RF,12}$ zusammen mit $C_{RF,12}$. Daher wird für eine überarbeitete Version des transistorgestapelten Leistungsverstärkers kein $R_{RF,12}$ empfohlen.

Die Funktionalität der Einstellschaltung für U_{B3} zeigt sich für den PA_{100mA} in Abbildung 5.42. Sobald I_C zu steigen beginnt, folgt U'_{B3} ebenfalls mit einem Anstieg. Der Spannungsunterschied zwischen dem Ruhezustand und der maximalen Spannungsaussteuerung liegt bei circa einem Volt. Es wird deutlich, dass der zusätzliche Spannungsabfall über R_{B3} dadurch ausgeglichen wird. Die Schaltung stellt somit nicht nur U'_{B3} für den initialen Arbeitspunktstrom ein, sondern verhindert eine frühzeitige Asymmetrie der Aussteuerungen der Transistoren T_2 und T_3. Für den PA_{180mA} sieht das Simulationsergebnis ähnlich aus.

5.3.3 Zusammenfassung zur Verstärkerauslegung

Tabelle 5.7 zeigt die optimalen ermittelten Bauteilwerte und die wichtigsten Simulationsergebnisse. Für die Rückführung sind die beiden Widerstandswerte $R_{RF,14}$ mit $1448\,\Omega$ und $R_{RF,34}$ für $5000\,\Omega$ gewählt worden. Im gesamten Simulationsraum zeigen diese Werte den besten Kompromiss für beide Vergleichsverstärker PA_{100mA} und PA_{180mA}. Die in der Spalte „gefertigt" vorgestellten Ergebnisse beziehen sich auf die Simulationsergebnisse des in Abschnitt 5.3.4 erläuterten Verstärkers. Nach dessen Fertigung und Messung sind viele Erkenntnisse in die Optimierung und Fehlerbereinigung des *Design*-Algorithmus eingeflossen. Ebenfalls ist das Skript (Abschnitt 3.3.5) erst nach dessen Messung für eine vollständig

Tabelle 5.7 Zusammengefasste Simulationsergebnisse für den Leistungsverstärker mit Transistorstapelung und Parallelgegenkopplung

	PA_{100mA}	PA_{180mA}	*gefertigt (nur Endstufe)*
U_{CC}		7,8 V	
$I_{C,AP}$	100 mA	180 mA	100 mA
m_{Wahl}		192	
R_{m2}		20 Ω	
$R_{EIN,s}$		15 Ω	10 Ω
R_{TF}	2 x 36,6 Ω	2 x 27,4 Ω	2 x 36,6 Ω
$R_{RF,12}$		–	760 Ω
$R_{RF,14}$		1448 Ω	1520 Ω
$R_{RF,34}$		5000 Ω	760 Ω
$R_{L,opt}$	75,4 Ω	54,2 Ω	50 Ω
$L_{C,opt}$	2,36 nH	2,33 nH	1,9 nH
$R_{LC,opt}$		0 Ω	
$C_{AUS,s}$	∞	∞	1 pF
L_{Komp}	1,94 nH	1,9 nH	1,7 nH
$R_{B3,opt}$	1312,7 Ω	1092,4 Ω	1000 Ω
$C_{B3,opt}$	541 fF	565 fF	50 fF
$L_{EIN,p}$	2,45 nH	2,38 nH	Vorverstärker
$C_{EIN,s}$	2,74 pF	2,75 pF	Vorverstärker
G_{dB}	21,5 dB	23,1 dB	39,3 dB
$P_{L,1dBCP}$	28,8 dBm	29,3 dBm	27,4 dBm
$P_{G,v,1dBCP}$	8,3 dBm	7,2 dBm	−10,7 dBm
$P_{L,PAEmax}$	28,4 dBm	29,5 dBm	26,5 dBm
$P_{G,v,PAEmax}$	7,4 dBm	7,6 dBm	−13 dBm
PAE_{1dBCP}	47,2 %	43,1 %	27,2 %
PAE_{max}	47,7 %	43,8 %	37,4 %
PAE_{3dBBO}	39,8 %	29,5 %	34,6 %
$I_{C,1dBCP}$	204 mA	251 mA	255 mA
$PAE_{1dBCP,real}$	39,4 %	33,5 %	22,4 %

automatisierte Dimensionierung transistorgestapelter Leistungsverstärker erweitert worden. Daher ähneln die eingesetzten Werte für $R_{RF,14}$ und $R_{RF,34}$ am gefertigten Leistungsverstärker mit Transistorstapelung dem des einfachen Leistungsverstärkers ohne Stapelung. Es zeigt sich jedoch ein nichtoptimales Verhalten bzgl. der Effizienz. Ebenfalls liegt auch die Verstärkung deutlich niedriger als bei den beiden anderen Verstärkern. Insbesondere der im Vergleich zu den optimierten *Designs* niedrige Widerstandswert für $R_{RF,34}$ wirkt sich negativ aus. Keine Vorteile bietet die Rückführung $R_{RF,12}$ aus Abbildung 5.35.

Nahezu identisch sind, ähnlich dem einfachen Leistungsverstärker mit Rückführung, die Werte für $L_{C,opt}$, $L_{EIN,p}$ und $C_{EIN,s}$. Hinzu kommt die Größe von L_{Komp} und C_{B3}. R_{B3} hingegen ist stark von der Rückführung $R_{RF,34}$ abhängig. Der Widerstand von R_{B3} sinkt mit sinkendem Wert von $R_{RF,34}$.

Die besten Ergebnisse bzgl. der Effizienz zeigt PA_{100mA}. Diese liegt im 1 dB-Kompressionspunkt mit rund vier Prozentpunkten über der des PA_{180mA} und sogar mit mehr als etwa 20 Prozentpunkten über der des gefertigten Leistungsverstärkers. Die Ausgangsleistung ist für den PA_{100mA} gegenüber dem PA_{180mA} nur 0,5 dB geringer, jedoch um 1,4 dB höher als beim gefertigten Verstärker.

Für einen besseren Vergleich sind in der Tabelle keine Verluste in den Spulen berücksichtigt worden. Der Wert für die Induktivität ändert sich jedoch auch bei für integrierten Spulen üblichen schlechten Güten nur in geringem Maße. Die relative Änderung liegt dann bei:

$$E_{LC} = \frac{L_{C,ideal}}{L_{C,real}} - 1 = \frac{1}{Q^2} \tag{5.6}$$

Die Herleitung findet sich im Nachtrag (C) des elektronischen Zusatzmaterials. Bei einer Spulengüte von 13 liegt die Abweichung der realen zur idealen Induktivität bei ungefähr +0,6 %. Die Toleranzen von der EM-Simulation bis zur Herstellung dürften hier bei Weitem überwiegen. Bei einer Induktivität von 2,3 nH, der Güte von 13 und der *Design*-Frequenz von 2,6 GHz kommt jedoch ein Serienwiderstand von fast 3 Ω dazu. Der Leistungsumsatz an Widerständen geht quadratisch zum Strom ein. Eine Abschätzung der über dem Serienwiderstand der Spule $L_{C,opt}$ umgesetzten Leistung liefert eine grobe Aussage über die zusätzliche Verlustleistung. Ausgehend von der Ausgangsleistung an der Last, kann dieser Verlust errechnet werden:

$$\underline{P}_{L,ges} = \underline{U}_L^2 \cdot \underline{Y}_L = P_L \cdot R_L \cdot \underline{Y}_L$$

$$\underline{Y}_L = \frac{1}{\omega L_{C,real}\left(\frac{1}{Q} + Q\right)} + \frac{1}{R_L} + j \cdot \underbrace{\left(\omega C_T - \frac{1}{\omega L_{C,real}\left(\frac{1}{Q^2} + 1\right)} \right)}_{\overset{!}{=}0}$$

$$P_{L,ges} = P_L \cdot \left(\frac{R_L}{\omega L_{C,real}\left(\frac{1}{Q} + Q\right)} + 1 \right)$$

$$\frac{P_L}{P_{L,ges}} = \frac{\omega L_{C,real}\left(\frac{1}{Q} + Q\right)}{R_L + \omega L_{C,real}\left(\frac{1}{Q} + Q\right)} \tag{5.7}$$

Abhängig von der Güte und der Last kommt es zu einer Reduzierung der an der Last umgesetzten Leistung. Bei einer Spulengüte von 13 bedeutet das entsprechend Tabelle 5.7 eine Leistungsreduzierung für den PA_{180mA} von circa 10 % und für den PA_{100mA} von circa 13 %. Die Reduzierung der Ausgangsleistung bei sonst gleichbleibenden Bedingungen reduziert die *PAE* um etwa 4,3 Prozentpunkte am PA_{180mA} und etwa 6,1 Prozentpunkte am PA_{100mA}.

Weiterhin kommt es zu einem Fehler der errechneten optimalen Last:

$$E_{R_L} = \frac{R_{L,ideal}}{R_{L,real}} - 1 = -R_{L,ideal} \cdot \frac{1}{\omega L_{C,real}\left(\frac{1}{Q} + Q\right)} \tag{5.8}$$

Heraus kommt eine optimale Last von 60,6 Ω für den PA_{180mA} und 88,4 Ω für den PA_{100mA}. Damit sind die ideal errechneten Widerstandswerte um 10,6 % bzw. 14,7 % gegenüber den realen Werten zu klein.

Drei Aspekte sind bei dieser Abschätzung zusätzlich zu berücksichtigen:

1. Durch den Verlust in der Spule und der abweichenden idealen Last kommt es zu einer früher eintretenden Kompression. Dadurch reduziert sich $P_{L,1dBCP}$.
2. Durch die Reduzierung von $P_{L,1dBCP}$ ergäbe sich, geschuldet dem starken Anstieg des Stroms kurz vor Erreichen des 1 dB-Kompressionspunkts, ein deutlich geringerer Wert für $I_{C,1dBCP}$.
3. Der Verlust über der Spule reduziert zudem die Verstärkung.
4. Die Rechnung beinhaltet nicht die zusätzlichen Verluste über L_{Komp}.

Diese vier Punkte ließen sich für eine genaue Betrachtung nur durch die Simulation einbeziehen. Die Ergebnisse der Abschätzung sind in der letzten Zeile von Tabelle 5.7 notiert. Gerade die verschiedenen Ströme im 1 dB-Kompressionspunkt verschärfen den Vergleich der Effizienzen zueinander.

Für die Simulation wird jeder Leistungsverstärker mit einem eingangsseitigen Transformationsnetzwerk auf die Systemimpedanz von 50 Ω ausgestattet. Am Ausgang wird das Transformationsnetzwerk nur für die Kleinsignalsimulation hinzugefügt, sonst entfällt dieses und die Last wird gemäß den ermittelten Werten eingestellt. Dies soll den direkten Vergleich, insbesondere den Einfluss der Rückführung, gewährleisten. In der realisierten Schaltung entfällt das Anpassnetzwerk. Durch die für alle drei vorgestellten Varianten nahezu identischen Werte für $L_{C,opt}$ entscheidet insbesondere der Arbeitspunktstrom $I_{C,AP}$ über den optimalen Lastwiderstand. Allein der vom Arbeitspunktstrom abhängige Wert für R_{B3} nimmt hier eine sensible Rolle ein. Für eine erneute Fertigung würde der PA_{100mA} bevorzugt.

5.3.4 Schaltung des gestapelten Leistungsverstärkers

Ausgangsstufe der Verstärkerkette

Die Ausgangsstufe (Abbildung 5.43) stellt den Leistungsteil des Verstärkers dar. Eine Reihe von Erkenntnissen sind aus dem einfachen gegengekoppelten Leistungsverstärker in das *Layout* des gestapelten Leistungsverstärkers aus Abschnitt 5.2.5 eingeflossen. Dazu zählen die Vermaschung des Transistorfelds, die Aufsplittung der Rückführung sowie die Schirmung von Kapazität und Widerstand in den Einzelrückführungen.

In der transistorgestapelten Version werden drei Gegenkoppelnetzwerke eingebunden. Das betrifft eine Gesamtrückführung vom Kollektor des oberen Transistors T_3 auf die Basis des unteren Transistors T_1. Diese Rückführung soll eine Linearisierung über den gesamten Ausgangsverstärker erreichen, während die Rückführungen vom Kollektor von T_3 auf die Basis von T_3 sowie vom Kollektor von T_2 auf die Basis von T_2 zu einer Gleichaufteilung der Einzellasten zwischen den einzelnen Stufen führen sollen.

Eine besondere Herausforderung liefert die schwer abschätzbare Streukapazität in der Gegenkoppelschleife vom Ausgang U_{AUS} zur Basis des oberen Transistors T_3. Wie sich an Experimenten an einer Vorgängerversion (Abschnitt 5.2.5) nachweisen ließ, bilden sich an den großen MIM-Kapazitäten große, auf Masse liegende Streukapazitäten aus. Befindet sich die Kapazität C_{RF} direkt an der Basis von T_3, liegt deren massebezogene parasitäre Kapazität parallel zu C_{B3}. Die daraus resultierende Gesamtkapazität an der Basis von T_3 liegt weit über der berechneten

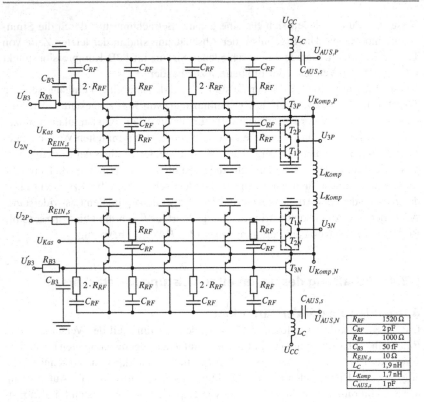

Abbildung 5.43 Schaltung des gestapelten Leistungsverstärkers mit Parallelgegenkopplung als Ausgangsstufe [PWE15]

Sollkapazität von C_{B3}. Das führt zu einer ungleichmäßigen Aussteuerung von T_2 und T_3 und zu einer Phasenverschiebung zwischen den Aussteuerungen, was zu einer deutlichen Verschlechterung der Effizienz führt. Dieser Punkt kann in Simulationen verifiziert werden. Diesen Problemen der Streukapazitäten wurde dadurch begegnet, dass, wie in Abbildung 5.43 zu sehen, die Reihenfolge der Elemente im Gegenkoppelnetzwerk umgekehrt wird. Lag der Schleifenwiderstand R_{RF} zuvor am Kollektor und die Schleifenkapazität C_{RF} an der Basis des oberen Transistors, wird nun R_{RF} an die Basis und C_{RF} an den Kollektor gelegt. Dieser Ansatz bedeutet zwar eine Anpassung von L_C, die schwer abzuschätzenden Streukapazitäten lassen sich an der Stelle jedoch deutlich besser kompensieren, da diese gegenüber der Ausgangskapazität, verursacht durch die Kollektor-Masse-Kapazität, einen geringen Zusatzbeitrag liefern. Etwas verringert ist C_{B3} dennoch, um dem Einfluss der verbliebenen Streukapazitäten entgegenzuwirken.

Eingangsverstärker (EV)

In der in Abschnitt 5.2.5 gezeigten Verstärkerschaltung für einen einfachen Leistungsverstärker mit Parallelgegenkopplung ist ein großer Unterschied zwischen der Verstärkungsbandbreite und der Bandbreite über der Ausgangsleistung im 1 dB-Kompressionspunkt zu beobachten (Abbildung 5.31). Für Eingangsverstärker in Empfängerschaltungen genügt die Angabe der Verstärkung als bandbreitenbestimmend. Leistungsverstärker jedoch müssen hinsichtlich Verstärkung und Ausgangsleistung im 1 dB-Kompressionspunkt bewertet werden. Beide Bandbreiten für sich sind für den vorgestellten Leistungsverstärker zwar sehr groß, jedoch stellt nur die Schnittmenge der beiden Bandbreiten einen sinnvollen Gesamtbandbreitenwert dar. Die Erkenntnis ist bereits im Abschnitt 5.2.5 ausführlich behandelt worden.

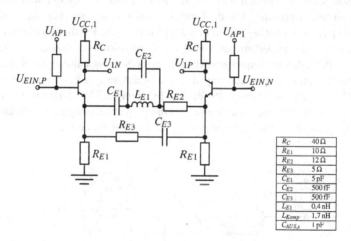

R_C	40 Ω
R_{E1}	10 Ω
R_{E2}	12 Ω
R_{E3}	5 Ω
C_{E1}	5 pF
C_{E2}	500 fF
C_{E3}	500 fF
L_{E1}	0,4 nH
L_{Komp}	1,7 nH
$C_{AUS,s}$	1 pF

Abbildung 5.44 Eingangsverstärker mit Bandbreitenangleichung von Verstärkung und Ausgangsleistung über den 1 dB-Kompressionspunkt [PWE15]

Die Leistung im 1 dB-Kompressionspunkt ist ausschließlich ausgangsseitig beeinflussbar. Dazu kann ein duales Lasttransformationsnetzwerk verwendet werden. Da auf der einen Seite der gegengekoppelte Leistungsverstärker bereits eine gute Bandbreite über der Ausgangsleistung im 1 dB-Kompressionspunkt bietet und ein duales Transformationsnetzwerk zusätzliche Verluste bringt, wird hier die Modifikation der Verstärkung untersucht. Dazu wird ein zusätzlicher Vorverstärker vorgestellt, der über ein frequenzabhängiges serielles Gegenkoppelnetzwerk verfügt. Dieses Netzwerk sorgt für eine höhere Verstärkung bei niedrigeren und höheren Frequenzen, während die maximale Verstärkung im Frequenzbereich etwas gedämpft wird. Die Effizienz wird dabei nur wenig beeinflusst.

Abbildung 5.44 zeigt das Schaltbild des Vorverstärkers. Wie schon die vorherigen Verstärkerversionen ist auch dieser Eingangsverstärker pseudodifferentiell aufgebaut. In jedem Verstärkerpfad stehen 32 Transistoren des Typs $npnVp$ für die Verstärkung zur Verfügung. Der Arbeitspunkt wird durch einen äquivalenten Stromspiegel eingestellt. Der Widerstand R_{E1} am Emitter erfüllt hierbei eine breitbandige Eingangsanpassung. R_C ist dreimal größer als R_{E1}. Dies entspricht circa der Spannungsverstärkung bei Gleichspannung und im Gleichtakt. Bei höheren Frequenzen und nur im Gegentakt wirkt zusätzlich das Netzwerk bestehend aus C_{E1}, C_{E2}, C_{E3}, L_{E1}, R_{E2} und R_{E3}. Die Serienschaltung aus C_{E1} und L_{E1} ist so dimensioniert, dass ein Kurzschluss bei circa 1,3 GHz entsteht und die Verstärkung an der Stelle erhöht wird. Durch den Widerstand R_{E2} wird die Güte des Serienschwingkreises soweit heruntergesetzt, dass die Erhöhung der Verstärkung über einen größeren Bereich erreicht wird. C_{E2} parallel zu L_{E1} bildet einen Parallelschwingkreis, der eine Erhöhung der Impedanz bei etwa 2,8 GHz bewirkt und damit die Verstärkung reduziert. Bei höheren Frequenzen wirkt dann die Serienschaltung der Kapazitäten C_{E1} und C_{E2} und reduziert die Impedanz bei gleichzeitiger Erhöhung der Verstärkung. C_{E2} und R_{E3} sorgt ebenfalls für eine Erhöhung der Verstärkung ab Frequenz oberhalb von 3 GHz. Auf diese Weise soll die frequenzabhängige Verstärkung des Leistungsverstärkers den Bedürfnissen besser angepasst werden.

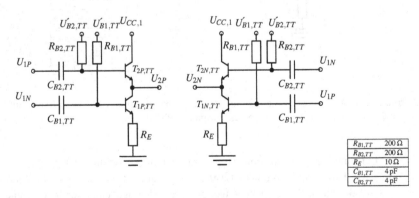

$R_{B1,TT}$	200 Ω
$R_{B2,TT}$	200 Ω
R_E	10 Ω
$C_{B1,TT}$	4 pF
$C_{B2,TT}$	4 pF

Abbildung 5.45 Struktur des Totem-Pole-Treibers zwischen Eingangsverstärker und Ausgangsstufe [PWE15]

Totem-Pole-Treiber (TP)

Eine Totem-Pole-Treiberstufe (Abbildung 5.45), bestehend aus zweimal 64 $npnVp$-Transistoren pro Verstärkerpfad, ist notwendig, um nach der Vorverstärkung die notwendige Eingangsleistung für den nachgeschalteten Leistungsverstärker bereitzustellen. Durch den Treiber wird ebenfalls der Eingangsverstärker weniger belastet, was diesen erst bei höheren Leistungen in die Kompression führt.

Kombinierter Stromspiegel für Treiber- und Totem-Pole-Stufe

Die Hinzunahme der Totem-Pole-Stufe fordert eine veränderte Stromspiegeltopologie. Zum einen muss der Arbeitspunkt des Totem-Pole-Treibers selbst eingestellt werden, zum anderen lässt sich bei einer geschickten Kombination eine Gleichspannungsentkopplung zwischen Totem-Pole und Ausgangsverstärker vermeiden. Die abgeänderte Schaltung wird durch Abbildung 5.46 illustriert. Zum einfachen Stromspiegel aus Abbildung 5.4 kommt ein Abbild des Totem-Pole-Transistorpaares. Auch hier gilt es alle Spiegelverhältnisse genau einzuhalten. Dazu zählen die Kaskode ($T_{m1,PA}$ und $T_{m2,PA}$ zu T_{1N} und T_{2N} bzw. T_{1P} und T_{2P}) und der Totem-Pole ($T_{m1,TP}$ und $T_{m2,TP}$ zu $T_{1N,TP}$ und $T_{2N,TP}$ bzw. $T_{1P,TP}$ und $T_{2P,TP}$).

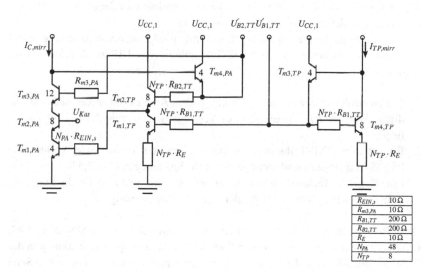

$R_{EIN,s}$	$10\,\Omega$
$R_{m3,PA}$	$10\,\Omega$
$R_{B1,TT}$	$200\,\Omega$
$R_{B2,TT}$	$200\,\Omega$
R_E	$10\,\Omega$
N_{PA}	48
N_{TP}	8

Abbildung 5.46 Schaltung des kombinierten Stromspiegels

PID-Regler zur automatischen Basisspannungseinstellung des oberen Transistors

Der Arbeitspunkt des oberen Transistors T_3 in Abbildung 5.43 wird durch die Basisspannung U'_{B3} eingestellt. Im HF-Bereich sorgt ein abgestimmtes Tiefpassfilter, bestehend aus R_{B3} und C_{B3} an der Basis von T_3 für eine mit T_2 gleichgroße Aussteuerung. Änderungen der Versorgungsspannung und des Arbeitspunktstroms und damit des Basisstroms von T_3 haben direkten Einfluss auf die Arbeitspunkte des oberen und des unteren Transistors. Ziel ist es identische Arbeitspunkte in den aufeinandergestapelten Transistoren einzuhalten. Dies kann erreicht werden, wenn manuell eine entsprechende Änderung von U'_{B3} erfolgt. Eine manuelle Einstellung benötigt eine Abschätzung des Spannungsabfalls über R_{B3}, indem der effektive Basisstrom ermittelt wird. Anhand des Stroms und der Versorgungsspannung kann damit die notwendige Spannung U'_{B3} errechnet werden. Das ist in Laborumgebung kein Problem, ist jedoch in der Praxis schwer umsetzbar. Ein Ungleichgewicht der gestapelten Transistoren ergibt sich auch bei eintretender Sättigung der Transistoren. Durch diesen Vorgang erhöht sich der Effektivstrom und damit ebenfalls der Spannungsabfall über R_{B3}, wobei T_2 stärker in die Sättigung getrieben wird als T_3. In dieser Arbeit wird eine interne PID-Regelung vorgestellt, die die Spannungsabfälle über den einzelnen gestapelten Transistoren vergleicht und daran gegebenenfalls eine Korrektur der Basisspannung U'_{B3} vornimmt.

Eine Regelung der Basisspannung U'_{B3} führt zu folgenden Voraussetzungen und basierend auf der genutzten BiCMOS-Technologie von IHP zu definierten Einschränkungen:

1. Der zu erreichende Wert für U'_{B3} kann je nach Arbeitspunktstrom und notwendigem Wert für R_{B3} im Bereich der Versorgungsspannung der Leistungsstufe liegen.
2. Es gibt keine PNP-Transistoren in der verwendeten Technologie. Vorhandene PMOS-Transistoren sind nicht geeignet für Spannungen über 2,5 V.
3. Eine Regelung funktioniert nur, wenn der Differenzverstärker für die Regelung selbst unabhängig von der Höhe der Versorgungsspannung ist.

Diese Punkte führen zur Schaltung eines Differenzverstärkers aus Abbildung 5.47. Differenzverstärker ohne Stromspiegel an der Versorgungsspannung können in der Regel nur mit Widerständen an dessen Stelle aufgebaut werden. Auf der einen Seite bieten diese eine sehr hohe Bandbreite und sind geeignet für hohe Frequenzen, jedoch ist die Verstärkung gering und die Ausgänge dürfen nicht belastet werden. Schon das Treiben eines Bipolartransistors kann zu einer Asymmetrie in den Verstärkerzweigen führen.

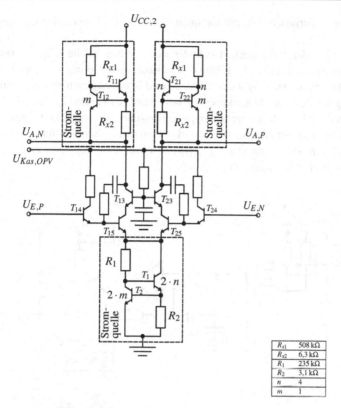

R_{x1}	508 kΩ
R_{x2}	6,3 kΩ
R_1	235 kΩ
R_2	3,1 kΩ
n	4
m	1

Abbildung 5.47 Differenzverstärker als Teil des zweistufigen PID-Reglers [PWE15]

Eine gute Spannungsverstärkung wird durch basisspannungsabhängige Stromquellen an der Versorgungsspannung und am Fußpunkt des Differenzverstärkers aus Abbildung 5.47 erreicht. Dabei sind diese drei Stromquellen thermisch gut miteinander gekoppelt, um ein möglichst stabiles Verhältnis zu erreichen. Die Fußpunktstromquelle ist etwas größer dimensioniert und kann etwas mehr Strom führen als die Summe der beiden oberen Stromquellen, da sich die zusätzlichen Basisströme der Transistoren T_{13}, T_{15}, T_{23}, T_{25} (Abbildung 5.47) auf den Strom aus den oberen Stromquellen aufsummieren. Darüber hinaus ist die leichte Erhöhung des Fußpunktstroms für einen sicheren Betrieb notwendig. Die drei Stromquellen stellen eher Strombegrenzungsschaltungen dar. In [TSG12] findet sich die Bezeichnung „U_{BE}-Referenzstromquelle". Der differentielle Aufbau sorgt bei Aussteuerung für eine annähernde Gleichverteilung der Ströme auf die differentiellen Pfade. Bei einer guten thermischen Kopplung spielt die Höhe des Stroms eine untergeordnete Rolle.

Zwischen den Stromquellen befindet sich der eigentliche Differenzverstärker. Die Transistoren T_{14} bzw. T_{24} bilden eine in Kollektorschaltung vorgesetzte Treiberstufe. Das erhöht den Eingangswiderstand und liefert zugleich eine erste Stromverstärkung für die folgende Kaskodestufe bestehend aus T_{15} und T_{13} bzw. T_{25} und T_{23}. Die durch ein RC-Glied gegengekoppelte Kaskodestufe verstärkt die gewünschten unteren Frequenzanteile. So sollen starke Transienten herausgefiltert werden. Die notwendige Kaskodespannung $U_{Kas,OPV}$ wird auf dem *Chip* durch einen einfachen Spannungsteiler bereitgestellt.

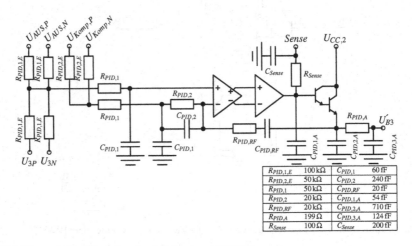

$R_{PID,1,E}$	100 kΩ	$C_{PID,1}$	60 fF
$R_{PID,2,E}$	50 kΩ	$C_{PID,2}$	240 fF
$R_{PID,1}$	50 kΩ	$C_{PID,RF}$	20 fF
$R_{PID,2}$	20 kΩ	$C_{PID,1,A}$	54 fF
$R_{PID,RF}$	20 kΩ	$C_{PID,2,A}$	710 fF
$R_{PID,A}$	199 Ω	$C_{PID,3,A}$	124 fF
R_{Sense}	100 Ω	C_{Sense}	200 fF

Abbildung 5.48 Schaltplan des PID Reglers [PWE15]

Für eine ausreichend hohe Gesamtverstärkung werden zwei der beschriebenen Differenzverstärker nacheinander geschaltet. In Abbildung 5.48 wird dies verdeutlicht. Als Ausgangstreiber kommt eine npn-Darlington-Schaltung zum Einsatz. Das Ausgangssignal wird zudem durch ein Pi-Filter von hohen Frequenzanteilen bereinigt.

Die zu vergleichenden Eingangssignale entsprechen den Ausgangsspannungen der Ausgangsstufe. Für die korrekte Einstellung von U'_{B3} interessieren ausschließlich die Gleichspannungssignale $U_{AUS,N}$, $U_{AUS,P}$, $U_{Komp,N}$, $U_{Komp,P}$ sowie U_{3N} und U_{3P} (Abbildung 5.43). Ziel ist es die Spannung U'_{B3} so einzustellen, dass das Potential, das exakt mittig zwischen $U_{AUS,N}$ und U_{3N} sowie zwischen $U_{AUS,P}$

und U_{3P} liegt, identisch zu $U_{Komp,N}$ sowie $U_{Komp,P}$ eingestellt wird. Um das sich überlagernde Wechselspannungssignal ohne großen Aufwand herauszufiltern, werden die jeweiligen Paare komplementär miteinander verschaltet. So löschen sich die positive und negative Halbwelle des Wechselspannungssignals gegenseitig aus. Die Widerstände sind sehr hoch dimensioniert. Dadurch wird ein minimaler Einfluss auf die Ausgangswerte der Ausgangsstufe erreicht. Gleichzeitig genügt im Anschluss eine geringe Kapazität, um auch noch eine gute Filterung der Wechselspannungssignale beim Erreichen des nichtlinearen Verhaltens der Ausgangsstufe sicherzustellen. Ein zu großer Widerstandswert ist jedoch nicht ratsam, da die Spannungswerte durch den endlichen Eingangswiderstand des Differenzverstärkers verfälscht werden.

Dem in Abbildung 5.48 ersichtliche Signalknoten *„Sense"*, der auf eine von außen erreichbare Kontaktfläche verdrahtet ist, kommen drei wesentliche Aufgaben zu:

- Primär dient er als Kompensationspunkt, an dem mit Hilfe einer ausreichend hohen externen Kapazität die Regelgeschwindigkeit reduziert wird, um eine potentielle Instabilität des PID-Reglers zu verhindern.
- Ebenfalls kann dieses Signal zur Überprüfung der korrekten Arbeitsweise des PID-Reglers verwendet werden.
- Durch das Anlegen einer Gleichspannung kann der PID-Regler ggf. übergangen werden.

Tabelle 5.8 Gewählte Arbeitspunkteinstellungen für die Simulation

U_{CC}	7 V
$U_{CC,1}$	3 V
$U_{CC,2}$	8 V
$I_{IA,mirr}$	1,5 mA
$I_{TP,mirr}$	1 mA
$I_{C,mirr}$	0,4 mA
I_C	50 mA
U_{Kas}	1,5 V

5.3.5 Simulation

Die Simulationsergebnisse des gefertigten Leistungsverstärkers sind zum Zeitpunkt der Entstehung noch empirisch durchgeführt worden. Dem Optimierungsskript aus

Abschnitt 3.3.5 wurden die Funktionen für die Transistorstapelung erst nach der Messung hinzugefügt. Weite Teile dieses Skripts wurden seitdem stark überarbeitet. Weiterhin muss berücksichtigt werden, dass das Skript schlussendlich ausschließlich für einstufige, parallelgegengekoppelte, transistorgestapelte Leistungsverstärker gedacht ist. Der gefertigte Verstärker besteht aus drei Stufen, von denen nur die Endstufe Teil des Optimierungsskripts ist. Eine Optimierung der Ausgangswerte der Totem-Pole-Stufe und der Eingangswerte der Endstufe müssen in dem Fall getrennt voneinander durchgeführt werden. Dazu müssen die optimalen Ausgangswerte an der Totem-Pole-Stufe ermittelt werden, welche dann als Grundlage zur Errechnung der optimalen Anpassung an der Eingangsseite der Endstufe dienen. Zusätzlich führt die Kombination von Totem-Pole-Treiber und Endstufe ohne DC-Entkopplung zu einer veränderten Stromspiegeltopologie (Abschnitt 5.3.4). Diese hat ebenfalls einen entscheidenden Einfluss auf die optimalen Simulationsergebnisse, wie Abschnitt 6.2 („Fehlerbetrachtung sowie Optimierungs- und Erweiterungsmöglichkeiten") demonstriert. Dieser Zusammenhang kann im aktuellen Skript nicht behandelt werden.

Folgende Aspekt werden auf den nächsten Seiten näher betrachtet:

- Untersuchung der Funktionsweise des PID-Reglers aus Abschnitt 5.3.4 zur Arbeitspunkteinstellung am aufgestapelten Transistor
- Untersuchung der breitbandigen Eingangsanpassung durch den Eingangsverstärker aus Abschnitt 5.3.4
- Untersuchung der Verstärkungsbandbreite aufgrund des Netzwerks an Kapazitäten und Widerständen als Seriengegenkopplung am Eingangsverstärker
- Allgemeine Untersuchungen am Leistungsverstärker (Ausgangsleistung, Effizienz, Verstärkung, Großsignalbandbreite) mit idealen Spulen (ohne Serienwiderstand) sowie realen Spulen (mit Serienwiderstand).

Die Arbeitspunkteinstellungen werden in Tabelle 5.8 zusammengefasst. Die Versorgungsspannung der Endstufe ist etwas niedriger gewählt worden als in den generellen Simulationen aus Abschnitt 5.3.2. Die Entscheidung liegt darin begründet dem Verstärker in der späteren Messung etwas mehr Sicherheit gegen einen Spannungsdurchbruch bei nicht optimal symmetrischer Ansteuerung von T_2 und T_3 zu geben. Die weiteren Parameter entsprechen den Simulationen aus Abschnitt 5.3.2.

Aus den Diagrammen der Abbildungen 5.49 bis 5.51 wird eine korrekte Funktionsweise des PID-Reglers ersichtlich. Dafür werden der Arbeitspunkt $I_{C,AP}$ für einen Verstärkerpfad, der Serienwiderstand R_{B3} an der Basis von T_3 und die Versorgungsspannung U_{CC} variiert. In allen drei Fällen ist eine Gleichaufteilung der Kollektor-Emitter-Spannungen von T_2 und T_3 nur durch die korrekte Einstellung der

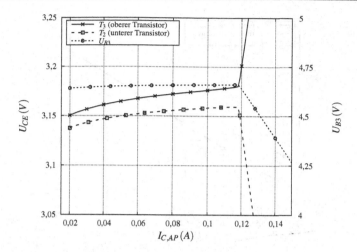

Abbildung 5.49 Simulationsergebnisse für die Spannungsaufteilung zwischen T_2 und T_3 bei variablem $I_{C,AP}$ für einen Verstärkerpfad bei $R_{B3} = 1\,\text{k}\Omega$ und $U_{CC} = 7\,\text{V}$

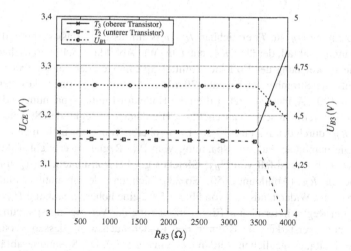

Abbildung 5.50 Simulationsergebnisse für die Spannungsaufteilung zwischen T_2 und T_3 bei variablem R_{B3} bei $I_{C,AP} = 50\,\text{mA}$ und $U_{CC} = 7\,\text{V}$

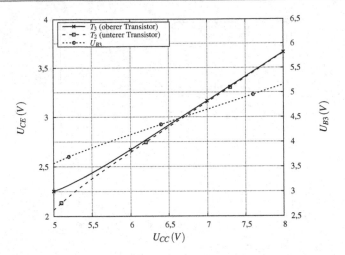

Abbildung 5.51 Simulationsergebnisse für die Spannungsaufteilung zwischen T_2 und T_3 bei variablem U_{CC} bei $I_{C,AP} = 50\,\text{mA}$ und $R_{B3} = 1\,\text{k}\Omega$

Basisspannung U_{B3} an T_3 erreichbar. $I_{C,AP}$ beeinflusst den Basisstrom und somit den Spannungsabfall, der über R_{B3} entsteht. Wie Abbildung 5.49 veranschaulicht, liegt die Abweichung der Kollektor-Emitter-Spannungen der beiden Transistoren im simulierten Strombereich bei unter 20 mV. Erst, wenn die Stromstärke einen Wert von circa 120 mA überschreitet, driften die Kollektor-Emitter-Spannungen der beiden Transistoren sehr schnell auseinander. Hier kann der Regler den Spannungsabfall an R_{B3} durch den hohen Basisstrom am oberen Transistor nicht mehr ausgleichen. Die maximale Ausgangsspannung vom PID-Regler ist erreicht. Erkennbar ist dies durch den Abfall von U_{B3}. Gleiches gilt bei konstantem $I_{C,AP}$ und veränderlichem R_{B3} (Abbildung 5.50). So zeigt sich, dass der Spannungsabfall über R_{B3} ab einem Widerstandswert von über 3,5 kΩ eine höhere Spannung U'_{B3} benötigt als der Regler liefern kann. Eine Veränderung der Versorgungsspannung U_{CC} des Leistungsverstärkers muss durch den Regler, auch wenn dessen Versorgung konstant bleibt, ausgeglichen werden (Abbildung 5.51). Die Spannungsabfälle am Operationsverstärker limitieren jedoch den Spannungsbereich nach unten. Deutlich wird dies im Diagramm ab einem U_{CC} von unter 5,5 V. Dann beginnen sich die Kollektor-Emitter-Spannungen von T_2 und T_3 voneinander zu entfernen. Über 5,5 V demonstriert der Regler eine sehr präzise Balancierung der Spannungen.

Die Simulationsergebnisse der S-Parameter aus Abbildung 5.52 zeigen vier interessante Aspekte:

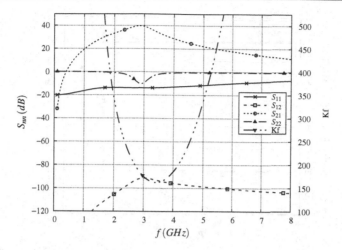

Abbildung 5.52 Ergebnis der Kleinsignalsimulation für den gefertigten transistorgestapelten Leistungsverstärker

- Durch die drei Verstärkerstufen zeigt sich ein sehr hoher Wert für S_{21} von 38,5 dB bei einer Frequenz von 2,6 GHz. Der höchste Wert liegt mit 39,6 dB bei einer Frequenz von etwa 2,8 GHz. Vom höchsten Wert ausgehend, erreicht der Verstärker eine Kleinsignalbandbreite von ungefähr 900 MHz. Hier zeigen sich die Einschränkungen durch die Frequenzabhängigkeiten entlang der drei Verstärkerstufen.
- Die Dimensionierung des Eingangsverstärkers zeigt eingangsseitig eine sehr breitbandige Anpassung. Bis circa 5,5 GHz liegt der Wert für S_{11} unter −10 dB.
- Ausgangsseitig ist die Anpassung sehr schwach ausgeprägt. Die Anpassung am Ausgang ist für die effizienteste Leistungsübertragung auf die Last von 50 Ω ausgelegt, was nicht zwingend der Kleinsignalanpassung entspricht.
- Die drei Verstärkerstufen sorgen für eine sehr geringe Rückwirkung vom Ausgang zum Eingang auch bei der Parallelgegenkopplung der Ausgangsstufe. Der höchste im Simulationsbereich erreichte Wert beträgt −90 dB.

Die Ergebnisse der Großsignalsimulationen (Abbildungen 5.53 und 5.54) bestätigen die hohe Verstärkung, die sich aus dem S_{21} ableiten lässt. Zur Überprüfung des Effizienzverlustes ist der Leistungsverstärker einmal ohne (Abbildung 5.53) und einmal mit Spulenserienwiderstand (Abbildung 5.54) simuliert worden. Die maximal erreichte Effizienz der Ausgangsstufe zeigt sich am ideal angenommenen Verstärker

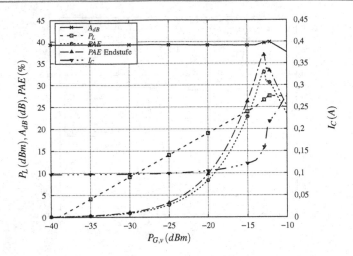

Abbildung 5.53 Ergebnis der Großsignalsimulation für den gefertigten transistorgestapelten Leistungsverstärker unter der Annahme verlustfreier Spulen

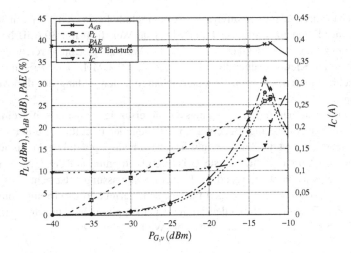

Abbildung 5.54 Ergebnis der Großsignalsimulation für den gefertigten transistorgestapelten Leistungsverstärker bei Verwendung von Speisespulen L_C mit einer Güte von 13

bei ungefähr 37 %, was bereits deutlich unter den im Abschnitt 5.3.2 simulierten Effizienzwerten liegt. Dies lässt sich auf die eingangs beschriebenen Unsicherheiten bei der manuellen Dimensionierung zurückführen. Unter Hinzunahme des Serien-

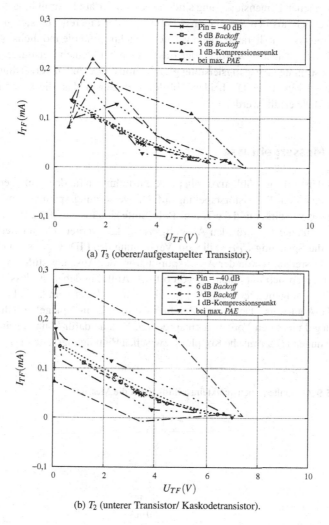

(a) T_3 (oberer/aufgestapelter Transistor).

(b) T_2 (unterer Transistor/ Kaskodetransistor).

Abbildung 5.55 Simulierter Strom-zu-Spannungsverlauf an den Transferstromquellen von T_2 und T_3

widerstands fällt die Effizienz um etwa 5,5 Prozentpunkte auf unter 32 % ab. Das bestätigt etwa die Aussage zur rechnerischen Abschätzung des Effizienzverlustes aus Abschnitt 5.3.3. Die Gesamteffizienz aller drei Verstärkerstufen liegt nochmals um circa vier Prozentpunkte niedriger.

Zur manuellen Dimensionierung sind die Kurvenverläufe (Abbildung 5.55a und 5.55b), die sich aus den Simulationsergebnissen der inneren Transferquellen der Transistoren ergeben, herangezogen worden. Wichtig sind die möglichst geschlossene Schleife, identische Anstiege der Lastkurven bei kleinen Leistungen und die ab einer bestimmten Ausgangsleistung gleichzeitig eintretenden Verzerrungen nahe der x- bzw. der y-Achse. Die beiden Abbildungen zeigen, dass diese Bedingungen in gutem Maße erfüllt werden.

5.3.6 Messergebnisse

Tabelle 5.9 listet die gewählten Arbeitspunkteinstellungen für den gemessenen Leistungsverstärker mit Transistorstapelung auf. Die Versorgungsspannungen $U_{CC,1}$ für den Eingangsverstärker und die Totem-Pole-Stufe sind fest auf 3 V gelegt. Als Versorgungsspannung U_{CC} für den Ausgangsverstärker werden 7 V angelegt. Etwas höher ist die Spannung $U_{CC,2}$, die zur Versorgung des PID-Reglers genutzt wird. Für die Messreihen wurde der Arbeitspunktstrom der Ausgangsstufe variiert. Die beste PAE ergab sich mit einem I_C von 60 mA. Auffällig dabei ist, dass der in den Stromspiegel eingeprägte Strom $I_{C,mirr}$ eine Abweichung vom kalkulierten Wert von 1,25 mA aufweist. Das ist ein Zeichen dafür, dass die Spiegelverhältnisse am Stromspiegel nicht den Vorgaben entsprechen. Gründe dafür können sein, dass es eine ungenügende thermische Kopplung zwischen Einprägungsseite für $I_{C,mirr}$, der

Tabelle 5.9 Gewählte Arbeitspunkteinstellungen für die Messung

U_{CC}	7 V
$U_{CC,1}$	3 V
$U_{CC,2}$	8 V
$I_{IA,mirr}$	1,5 mA
$I_{TP,mirr}$	1 mA
$I_{C,mirr}$	0,4 mA
I_C	60 mA
I_{Kas}	1,5 V

Totem-Pole- und der Ausgangsstufe gibt. Leitungswiderstände und Toleranzen an den Widerständen $N_{PA} \cdot R_{EIN,s}$, $N_{TP} \cdot R_{B1,TT}$ und $N_{TP} \cdot R_{B2,TT}$ (Abbildung 5.46) sowie dem Widerstandswert $R_{EIN,s}$ der Ausgangsstufe (Abbildung 5.43) und den Widerständen $R_{B1,TT}$ und $R_{B2,TT}$ der Totem-Pole-Stufe (Abbildung 5.45) führen ebenfalls zu Abweichungen des gewünschten Spiegelverhältnisses des Stroms. Valide Messungen sind durch dieses Problem dennoch möglich.

Abbildung 5.56 zeigt das Verhalten von Verstärkung, Ausgangsleistung und Basisspannung von T_3 sowie die Effizienz mit und ohne automatischer Spannungsanpassung bei einer Frequenz von 2,6 GHz. Für die Messung mit automatischer Spannungsanpassung wird U_{B3} indirekt mit Hilfe des *Sense*-Pins (Abbildung 5.48) überwacht. Ebenfalls ermöglicht dieser Anschluss, durch das Anlegen eines externen Kondensators, eine Regelkompensation einzufügen, um ggf. eine Instabilität zu verhindern. Für eine Vergleichsmessung wird der *Sense*-Pin direkt als Spannungseinspeisung für U_{B3} genutzt. Die Spannung am *Sense*-Pin ist aufgrund des Transistorpaars in einer Darlington-Konstellation um ca. 1,5 V höher als U_{B3}'.

Die Funktionsweise der Spannungsregelung für U_{B3} lässt sich nicht direkt untersuchen. Durch den *Sense*-Pin ist jedoch ein Rückschluss auf die Spannungsaufteilung zwischen T_1 und T_2 qualitativ möglich. Bei einem Kollektorstrom in jedem Pfad in Höhe der Hälfte des Gesamtversorgungsstroms, d. h. 30 mA, und einer angenommen Stromverstärkung von 190 fällt über R_{B3} (1 kΩ) eine Spannung von circa 0,1 V

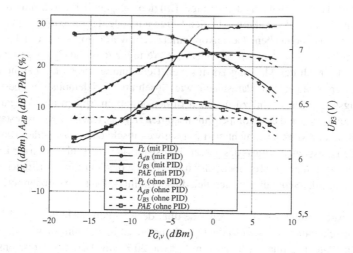

Abbildung 5.56 Großsignalmessung mit und ohne aktivierter Basisspannungsanpassung des aufgestapelten Transistors [PWE15]

ab. Abzüglich von etwa 0,8 V Basis-Emitter-Spannung liegt am Kollektor von T_2 die Spannung U_{Komp} von ungefähr $U'_{B3} - 0,8\,V$ an. U'_{B3} liegt durch die Darlington-Schaltung 1,5 V unter der Spannung am *Sense*-Pin. Im Arbeitspunkt befindet sich die Spannung gemäß Abbildung 5.56 bei etwa 6 V. U_{Komp} liegt gemäß den Abschätzungen bei ungefähr 3,7 V. Im Arbeitspunkt liegt zwischen Kollektor und Emitter von T_1 ein Spannungsabfall von circa 0,7 V. Das ergibt eine Kollektor-Emitter-Spannung über T_2 von 3,0 V und bei 7 V Versorgung und circa 0,1 V Spannungsverlust über der Spule L_C einen Spannungsabfall von ebenfalls 3,1 V über Kollektor und Emitter von T_3. Bei einer geringfügigen Verringerung aller angenommenen Spannungsverluste ergibt sich eine exakte Spannungsaufteilung. Die Spannungsregelung ist damit in erster Genauigkeit gegeben.

Das Diagramm zeigt eine leichte Verbesserung der Ausgangsleistung und der PAE bei der Verwendung der Regelung anstelle einer Festspannung ab der eintretenden Spannungssättigung des Verstärkers, wo sich durch die Signalverzerrung eine höhere mittlere Spannung ausbildet. Dies deutet darauf hin, dass T_2, durch die abnehmende Basisspannung von T_3 und daraus resultierend der abnehmenden Versorgungsspannung von T_2, früher beginnt zu sättigen. Die automatische Regelung verhilft den aufeinandergestapelten Transistoren zu einer gleichzeitigen Sättigung. Mit Hilfe der Regelung können bei einer Frequenz von 2,6 GHz am 1 dB-Kompressionspunkt eine Effizienz von 12 %, eine Ausgangsleistung von 22,4 dBm und eine Verstärkung von 27,6 dB gemessen werden. Die geringe Ausgangsleistung und damit verbunden die geringe Effizienz gegenüber der Simulation aus Abschnitt 5.3.5 sind vor allem auf einen Berechnungsfehler im *Skill*-Skript zurückzuführen. Das vorgegebene Gegenkoppelnetzwerk wurde doppelt parallel verrechnet. Damit unterscheiden sich besonders die Werte für R_{B3} und C_{B3} gegenüber den Werten der nach der Messung korrigierten Berechnung. Probleme bereiten auch die schwer extrahierbaren Parasitäten, wie Abschnitt 5.2.5 demonstriert, besonders ausgangsseitig. Dies führt zu ungenau dimensionierten Spulen am Ausgang des Verstärkers (L_C) und den Kompensationsspulen (L_{Komp}) zwischen den gestapelten Transistoren. Zusätzliche, nicht oder nur schwer abschätzbare parasitäre Kapazitäten gegen Masse an der Basis des oberen Transistors (T_3) verschlechtern die Balance der Transistoren und führen ebenfalls zu einer Verschlechterung der Effizienz. Eine Optimierung der Schaltung hinsichtlich dieser Einflüsse kann die Effizienz erheblich steigern.

Die Auswertung der Messergebnisse über der Frequenz (Abbildung 5.57) zeigt eine Verschiebung der angestrebten maximalen Effizienz hin zu kleineren Frequenzen. Die maximale Effizienz mit etwa 20 % im 1 dB-Kompressionspunkt konnte demnach bei ca. 2,2 GHz erzielt werden. Dies bestätigt die bereits oben angeführten Ungenauigkeiten bei der Dimensionierung der Spulen an der Aus-

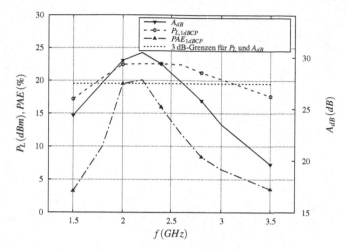

Abbildung 5.57 Großsignalmessung über der Frequenz [PWE15]

gangsstufe sowie der RC-Kombination an der Basis von T_3. Für die Verstärkung wird eine 3 dB-Bandbreite von etwa 800 MHz im Frequenzbereich von 1,8 bis 2,6 GHz erreicht. 1,4 GHz beträgt die Bandbreite für die Ausgangsleistung am 1 dB-Kompressionspunkt beginnend bei 1,7 GHz. Durch eine weitere Optimierung der Seriengegenkopplung am Eingangsverstärker kann die Verstärkungsbandbreite weiter vergrößert werden.

Abbildung 5.7: ...

Bewertung der entworfenen Leistungsverstärker

6

6.1 Vergleich mit anderen Arbeiten

Tabelle 6.1 zeigt verschiedene Leistungsverstärker verschiedener Ansätze aus den Jahren zwischen 2010 und 2021 als Gegenüberstellung der beiden in dieser Arbeit entworfenen Verstärker aus Abschnitt 5.2.5 und 5.3.4. Zusammenfassend liefert ein Vergleich mit anderen Arbeiten einen Überblick über den Fortschritt der erreichten Neuerungen. Angesichts der doch deutlich schlechter ausfallenden Messwerte für Ausgangsleistung und Effizienz beider Leistungsverstärker dieser Dissertationsschrift sind diese eher als Referenz mit Optimierungspotential zu verstehen Tabelle 6.1.

Einzig die Bandbreiten sind allen anderen Verstärkern in der Tabelle überlegen. Dies gilt sowohl für den einfachen Verstärker mit Gegenkopplung als auch für den zusätzlich transistorgestapelten. Beide zeigen eine sehr hohe Verstärkungsbandbreite mit etwa 1 GHz und eine Großsignalbandbreite mit deutlich über 1 GHz.

Die Tabelle zeigt zusätzlich für die Verstärker aus dieser Arbeit die besten gemessenen Werte außerhalb der Zielfrequenz. Diese Werte sind deutlich höher, reichen jedoch ebenfalls nicht an die Verstärkerkennwerte der anderen Arbeiten heran. Hier muss in zukünftigen *Designs* noch eine deutliche Verbesserung erzielt werden. Im nächsten Abschnitt wird auf mögliche Optimierungen näher eingegangen.

R. Paulo, *Untersuchung an Leistungsverstärkern mit Gegenkopplung*,
https://doi.org/10.1007/978-3-658-41749-9_6

Tabelle 6.1 Vergleich der beiden entworfenen Leistungsverstärker aus Abschnitt 5.2.5 und Abschnitt 5.3.4 mit anderen Arbeiten

Ref.	[FR15]	[MRY+21]	[LMK11]	[FWE12]	[JLL+10]	Abschnitt 5.2.5	Abschnitt 5.3.4
Frequenz (GHz)	2,5	1,7	1,8	2,0	1,95	2,6	2,6
Bandbreite (GHz)	>1,9–2,6 ($P_{L,PAEmax}$)	0,4–2,8 (S21)	>1,4–2,0 ($P_{L,PAEmax}$)	1,7–2,5 (S21)	–	1,7–3,1 ($P_{L,1dBCP}$) 2,1–>3,9 (A_{dB})	1,8–>3 ($P_{L,1dBCP}$) 1,7–2,7 (A_{dB})
U_{CC} (V)	2,5	3,3	3,4	7,8	3,4	6	6.8
A_{dB} (dB)	11	16,5 (max.)	25	23,8	26	21,2 (20,3 bei 2,3 GHz)	27,6 (30,5 bei 2,2 GHz)
$P_{L,1dBCP}$ (dBm)	27,4	22,4 (bei 1,7 GHz)	≈27[2]	26,2	≈25,5[3]	25,4 (26,3 bei 2,3 GHz)	22,4 (22,5 bei 2,2 GHz)
PAE_{1dBCP} (%)	≈40[1]	35,1 (bei 1,7 GHz)	≈45[2]	34	≈45[3]	27,3 (32,7 bei 2,3 GHz)	11,9 (20,6 bei 2,2 GHz)
Technologie	180nm SOI	180nm CMOS	65nm CMOS	250nm BiCMOS	180nm CMOS	250nm BiCMOS	250nm BiCMOS
Topologie	Harmonic Trapping	Vorverzerrung	Gestapelte Kaskode	Gestapelt	Rückkopplung zur Arbeitspunktänderung	Gegenkopplung	Gestapelt mit Gegenkopplung
Fläche (mm²)	1,84 (0,98x1,88)	1,69 (1,3x1,3)	–	1,0 (1,0x1,0)	0,83 (1,6x0,52)	1,0 (0,95x1,05)	1,6 (1,2x1,3)

[1] abgelesen aus Abb. 7 von [FR15]
[2] abgelesen aus Abb. 5 von [LMK11]
[3] abgelesen aus Abb. 4 von [JLL+10]

6.2 Fehlerbetrachtung sowie Optimierungs- und Erweiterungsmöglichkeiten

Dieser Punkt betrachtet unterschiedliche Aspekte zukünftiger Verbesserungen. Einer davon ist die Betrachtung der gefertigten Leistungsverstärker. Hier lassen sich durch ein überarbeitetes *Design* für den einfachen Leistungsverstärker mit Parallelgegenkopplung aus Abschnitt 5.2.5 und dem transistorgestapelten Leistungsverstärker mit Parallelgegenkopplung aus Abschnitt 5.3.4 deutlich bessere Messergebnisse hinsichtlich Ausgangsleistung, Effizienz und Linearität erzielen. Die Ergebnisse vom einfachen Leistungsverstärker sind hinsichtlich der Effizienz bereits sehr gut, jedoch liegt das Optimum der Effizienz circa 300 MHz unter der Zielfrequenz. Auch die Versorgungsspannung sollte im nächsten Entwurf niedriger gewählt und die Optimierung darauf ausgelegt werden. In praktisch nutzbaren Schaltungen ist ein gewisser Puffer sinnvoll, um einen frühzeitigen Ausfall des Verstärkers zu verhindern. Die gewählten Werte für die Rückführung sind für niedrigere Arbeitspunktströme höher. Das muss ebenfalls in das nächste *Design* einfließen. Dies gilt jedoch insbesondere für den transistorgestapelten Leistungsverstärker. Dessen enorm schlechte Messergebnisse lassen sich jedoch maßgeblich auf die fehlerhafte Berechnung zurückführen. Dieser Fehler im Berechnungsskript wurde jedoch erst nach der Messung gefunden. Die Folge daraus waren falsch dimensionierte Spulen für den Versorgungsstrom und die Kompensation zwischen den gestapelten Transistoren und die falsche Kombination aus Widerstand und Kapazität an der Basis des oberen Transistors.

Neben der reinen Optimierung der Verstärker können in zukünftigen Arbeiten auch weitere Untersuchungen angestellt werden. Durch das Berechnungsskript (Abschnitt 3.3.5) ist eine Dimensionierung des Verstärkers unter Hinzunahme verschiedener Rückkoppelnetzwerke mit wenig Aufwand möglich. So können verschiedene Kombinationen passiver Bauelemente dazu verwendet werden, gezielte Filterwirkungen für die Verstärkung unterschiedlicher Frequenzen zu erreichen. Damit ließe sich z.B. eine bessere Bandbreite für die Verstärkung erzielen. Hohe Frequenzen, z. B. unerwünschte Harmonische, könnten durch eine Filterkombination deutlich stärker unterdrückt werden. Durch den Effekt der *PAE*-Optimierung per Rückführung könnten Verstärker mit besseren Effizienzwerten über einen größeren Frequenzbereich aufgebaut werden. Das gilt ebenfalls für die Ausgangsleistung. Wichtig ist hierbei die Stabilitätsveränderungen durch das Netzwerk aus verschiedenen Elementen zu berücksichtigen. In Abschnitt 5.2.5 wird gezeigt, welche Auswirkungen bereits parasitäre Elemente haben können. Gerade die Kombination aus Spulen und Kapazitäten kann kritisch sein und bedarf in jedem Fall einer genauen Stabilitätsuntersuchung.

Um die Dimensionierung besser der real entstehenden Schaltung anzupassen, muss schlussendlich das Rückkoppelnetzwerk in extrahierter Form in die Berechnung einfließen. Die wird im Skript nicht automatisch angeboten und muss manuell vorgegeben werden. Erst dann werden auch die anderen Bauelemente für die zu fertigende Schaltung korrekt berechnet.

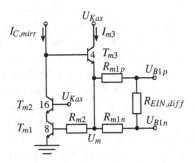

Abbildung 6.1 Einstellseite des Stromspiegels zur Arbeitspunkteinstellung mit veränderter Widerstandsanordnung auf der Leistungsseite

Eine ebenfalls aufgezeigte Schwäche betrifft das *Design* des gewählten Stromspiegels entsprechend Abbildung 5.4. Eine Minimaluntersuchung mit einem modifizierten Stromspiegel zeigt den großen Einfluss auf das Ausgangsverhalten des Leistungsverstärkers. Getestet wird die Änderung am ungestapelten Leistungsverstärker aus Abschnitt 5.2. Dazu wird der Stromspiegel aus Abbildung 6.1 mit einem fünffachen Wert für R_{m1n}, R_{m1p} und R_{m2} und gleichzeitig einem zusätzlichen Widerstand $R_{EIN,diff}$ zwischen U_{B1n} und U_{B1p} ausgestattet. $R_{EIN,diff}$ sorgt als Parallelwiderstand zu R_{m1n} und R_{m1p} am Eingang des Verstärkers für nahezu gleiche Impedanzverhältnisse wie am detailliert untersuchten Verstärker aus Abschnitt 5.2. Aus der Sicht des Leistungsteils hat sich im Ruhezustand fast nichts verändert. Die durch das Skript ermittelten optimalen Werte für die Verstärker bei offener Schleife mit den beiden unterschiedlichen Stromspiegeln werden in Tabelle 6.2 gegenübergestellt. Die vorgegebenen Arbeitspunkteinstellungen sind für den Vergleich identisch, genauso wie die durch die Stromspiegel beeinflussten optimalen Werte am Eingang. Abbildung 6.2 zeigt die Ergebnisse der Großsignalsimulation für den Leistungsverstärker mit offener Schleife und mit ausgewählten Rückführungen. Tabelle 6.3 fasst die Ausgangswerte der Simulation zusammen.

Es zeigt sich ein deutlich schlechterer Wert der *PAE* für den Verstärker mit offener Schleife. Hier entspricht der ermittelte Werte für den 1 dB-Kompressionspunkt nicht

Tabelle 6.2 Eingangsparameter für einen Leistungsverstärker mit offener Schleife unter Verwendung der unterschiedlichen Stromspiegeltopologien mit veränderter Widerstandsanordnung am Stromspiegel

	1. Stromspiegel	2. Stromspiegel
Mittenfrequenz	2.6 GHz	
U_{CC}	5,8 V	
$I_{C,AP}$	100 mA	
U_{Kas}	1,5 V	
Anzahl für $T1$	192	
$R_{EINS,s}$	4 Ω	
R_{m1n}, R_{m1p}	20 Ω	100 Ω
R_{m2}	960 Ω	4800 Ω
$R_{EIN,diff}$	∞	50 Ω
R_{TF}	62,3 Ω	62,3 Ω
$R_{RF,11,opt}$ ohne $R_{EINS,s}$	−15,3 Ω	−15,4 Ω
$L_{RF,11,opt}$ ohne $R_{EINS,s}$	680 pH	680 pH
$L_{EIN,p}$	1,46 nH	1,46 nH
$C_{EINS,s}$	5,03 pF	5,06 pF

ganz den eigentlichen Werten, da die exakte Ausgangsverstärkung nicht ermittelt werden kann. Dazu müsste der Verstärker nochmals mit noch geringeren Anfangsgeneratorleistungen simuliert werden. Der 1 dB-Kompressionspunkt läge tatsächlich noch niedriger und damit ebenfalls der Wert für die *PAE*. Für eine Abschätzung und einen Vergleich genügt dieses Simulationsergebnis jedoch. Eine Auswertung des Strom-zu-Spannungsverlaufs (Abbildung 6.3a) verdeutlicht, dass die Last am Verstärker mit offener Schleife nicht optimal gewählt wurde. Der Verstärker beginnt bereits am Minimalstrom an der Transferstromquelle des Transistors zu verzerren, während er am anderen Ende der Aussteuerung noch weit entfernt ist von der Spannungssättigung. Grund dafür ist die bei der Dimensionierung hohe angenommene Stromexpansion, wie sie für den Verstärker unter Verwendung der ursprünglichen Stromspiegeltopologie, ebenfalls in Abbildung 6.3a abgetragen, auftritt. Dazu ist der Stromexpansionsfaktor aus Gleichung 3.12 für beide Simulationen mit 1,5 angenommen worden. Eine niedrigere Stromexpansion erfordert einen geringeren Betrag des negativen Anstiegs der Lastkennlinie. Dies lässt sich durch eine Verringerung des Expansionsfaktors erreichen. Damit dürften sich die Werte für die Ausgangsleistung und die Effizienzen deutlich verbessern.

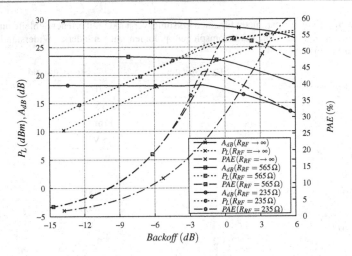

Abbildung 6.2 Simulierte Kennlinien für A_{dB}, P_L und PAE im *Backoff* bei einem $I_{C,AP}$ von 100 mA für einen Leistungsverstärker mit verändertem Stromspiegel

Tabelle 6.3 Betriebsparameter für einen einfachen Leistungsverstärker mit Parallelgegenkopplung bei verändertem Stromspiegel (Vergleich mit Tabelle 5.4)

R_{RF}	**offen**	**565 Ω**	**235 Ω**
$R_{L,opt}$	64,1 Ω	72,4 Ω	88,5 Ohm
$L_{C,opt}$	1,81 nH	1,8 nH	1,79 nH
$R_{LRF,11,opt}$ ohne $R_{EINS,s}$	−15,4 Ω	−4,7 Ω	−2,4 Ω
$L_{RF,11,opt}$ ohne $R_{EINS,s}$	680 pH	692 pH	614 pH
$L_{EIN,p}$	1,46 nH	1,34 nH	1,16 nH
$C_{EINS,s}$	5,06 pF	3,67 pF	3,83 pF
A_{dB}	29,7 dB	23,5 dB	18,2 dB
$P_{L,1dBCP}$	23 dBm	26,2 dBm	26,1 dBm
$P_{L,PAEmax}$	27,2 dBm	26,5 dBm	25,6 dBm
PAE_{1dBCP}	30,9 %	54 %	42,4 %
PAE_{3dBBO}	18,2 %	34,2 %	35,9 %
PAE_{max}	62,1 %	54,8 %	44,1 %
$I_{C,1dBCP}$	112 mA	131 mA	164 mA
$\frac{i_{C1dBCP}}{i_{C,AP}}$	112 %	131 %	164 %

Die Effizienzwerte der Verstärker mit den Rückführungswiderständen von 565 Ω bzw. 235 Ω sind sehr hoch. Hier zeigt sich ebenfalls der Einfluss des Expansionsfaktors, der mit dem Wert von 1,5 deutlich näher an der tatsächlichen Expansion liegt. Zum Vergleich wird der Strom-zu-Spannungsverlauf für den Verstärker mit einem R_{RF} von 565 Ω in Abbildung 6.3b gezeigt. Zukünftige Arbeiten könnten sich mit der Optimierung dieses Faktors beschäftigen und gegebenenfalls einen Zusammenhang zwischen diesem, der Topologie des Stromspiegels und der Bauteilwerte der Rückführung erarbeiten.

Die Kennlinien für den Stromanstieg der drei gewählten Rückführungen im Vergleich zueinander zeigt Abbildung 6.4. Es zeigt sich auch hier eine deutlich höhere Stromexpansion bei geringeren Werten von R_{RF} gegenüber von Abbildung 5.13a.

Eine Untersuchung der Intermodulationsprodukte (Abbildung 6.5) zeigt deutlich, dass die niedrigeren Stromexpansionswerte einen positiven Einfluss auf deren Kennlinienverlauf bewirken. Zum einen verbessert sich der Abstand der IM3 und IM5 zur Harmonischen, zum anderen tritt der Abfall dieser Abstände später auf. Setzt dieser Sprung in der Kennlinie aus Abbildung 5.16a für den Verstärker mit offener Schleife bei 3 dB im *Backoff* ein, passiert dies bei verändertem Stromspiegel erst bei einem R_{RF} von 565 Ω.

Zusammenfassend kann gesagt werden, dass höhere Werte für R_{m1n} und R_{m1p} eine hohe Stromexpansion besser unterdrücken. Bei kleinen Widerstandswerten erzeugen die positiven und negativen Verstärkerpfade bei einsetzender Sättigung eine deutliche Beeinflussung des Stromspiegels, was wiederum den entgegengesetzten Verstärkerpfad beeinflusst. Zum anderen wird dieser Effekt durch die Signalrückführungen auf den Eingang verstärkt. Durch einen größeren Wert für R_{m1n} bzw. R_{m1p} werden der Stromspiegel von der Leistungsseite und die Verstärkerpfade zueinander besser entkoppelt. Dieser Vergleich ist in der aktuellen Fassung als Orientierung zu verstehen und erhebt bei Weitem nicht den Anspruch auf Vollständigkeit. Dennoch zeigt sich hier das grundsätzliche Potential, welches der Stromspiegel für die Verstärkeroptimierung bieten kann.

Auch das Optimierungsskript von Abschnitt 3.3.5 kann in einigen Punkten erweitert werden. Derzeit werden Simulationen über einen vorgegebenen Bereich durchgeführt. Interessant wären automatische Optimierungsalgorithmen, die Optimierungen gemäß einem vorgegebenen Fokus durchführen könnten. So könnte zukünftig optional vollautomatisch ein bandbreitenoptimiertes oder ein für eine festgelegte Frequenz *PAE*-optimiertes Rückführungsnetzwerk berechnet werden.

Schlussendlich kann dieses Skript nur dann sinnvoll eingesetzt werden, wenn es in die grafische Oberfläche von *Cadence*® eingebettet wird. Die größte Herausforderung dabei dürfte die Angabe der Messknoten sein. Die meisten Vorgaben aus dem Skript lassen sich dagegen sehr einfach einbinden.

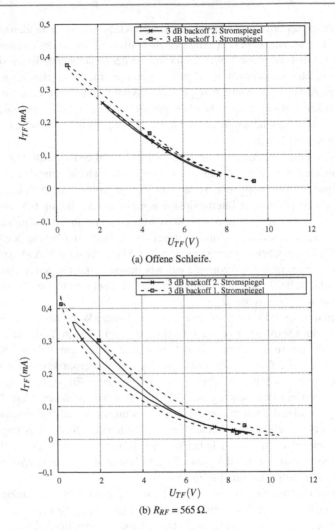

(a) Offene Schleife.

(b) $R_{RF} = 565\,\Omega$.

Abbildung 6.3 Vergleich des simulierten Strom-zu-Spannungsverlaufs an der inneren Transferstromquelle für einen Leistungsverstärker mit ursprünglicher und veränderter Stromspiegeltopologie bei einem $I_{C,AP} = 100\,\text{mA}$ im *Backoff* von 3 dB

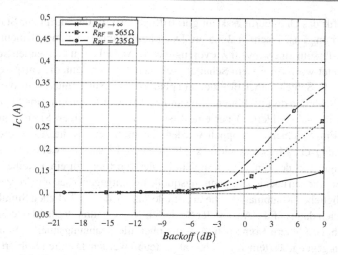

Abbildung 6.4 Simulationsergebnisse für I_C im *Backoff* für unterschiedliche R_{RF} bei eingestelltem $I_{C,AP}$ von 100 mA

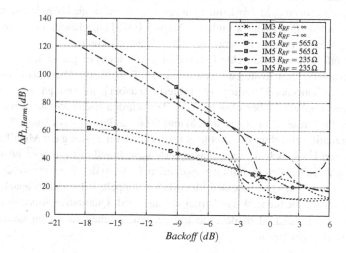

Abbildung 6.5 Simulationsergebnisse für den Abstand der IM3 und IM5 zur Ausgangsleistung der Grundfrequenz im *Backoff* für verschiedene R_{RF} bei einem $I_{C,AP}$ von 100 mA

Was für das Optimierungsskript gilt, trifft ebenso für das Skript zur Stabilitätsuntersuchung aus Abschnitt 2.5.5 zu. Dazu könnte ein Schaltungselement erstellt werden, dass für eine vom Nutzer vorzugebende Anzahl an zu messenden Schleifen eingerichtet wird. An diesem Schaltungselement werden dann die entsprechenden Paare für die Schleifenabgriffe eindeutig platziert. Der Nutzer muss dann die Leitungen der Schleifen dort hinführen. Eine andere Variante wären einzelne Schaltungselement für jede Schleife. Über eine Liste in der zugehörigen Simulation könnten die Einzelelemente gekoppelt werden. Ebenfalls gilt es die Ansteuerung und Auswertung der Messelemente aus Abbildung 2.19 so zu erweitern, dass diese unabhängig von der Einbaurichtung sind. Dies führt ggf. zu einer Reihe weiterer AC-Simulationen über jeder Spannungsquelle mit entgegengesetztem Vorzeichen in jeder möglichen Kombination. Die maximale Anzahl der zusätzlichen Simulationen beläuft sich dann auf die Anzahl der Schleifen zum Quadrat. Redundante Simulationsergebnisse liefern Kombinationen, die über alle Spannungsquellen hinweg mit genau entgegengesetztem Vorzeichen angesteuert werden. Dadurch halbiert sich die Anzahl der Kombinationsmöglichkeiten. Es ist denkbar, dass weitere Redundanzen die Simulationszeit weiter verbessern können. Über die Auswertung der Simulationsergebnisse in einer Matrix kann dann für jedes Element unabhängig entschieden werden, welche Einbaulage korrekt ist. Nach [Mid75] entscheidet das schlechteste gemessene Ergebnis über die korrekte Schleifenverstärkung.

Ebenfalls gilt es die korrekte Extraktion aller relevanten parasitären Parameter näher zu untersuchen. In dieser Arbeit wurde das Transistorfeld bereits in *Cadence*® mit allen vorhandenen Metalllagen extrahiert. Da dabei jedoch nur parasitäre Widerstände und Kapazitäten berücksichtigt werden, wurden zusätzlich die obersten beiden Metalllagen aus dem Transistorfeld und die Rückführungen in *Sonnet*® für eine EM-Simulation eingebunden. Problematisch ist, dass der Bezug der Metalllagen in *Sonnet*® im Unendlichen gegen Masse besteht, während in *Cadence*® ebenso die Einflüsse zwischen den Metalllagen einfließen. Es kann damit gesagt werden, dass der Widerstand der oberen beiden Metalllagen doppelt, jedoch die Kapazität zum Teil auf unterschiedliche Weise berücksichtigt wird. Qualitative Aussagen lassen sich mit Hilfe dieser Methode zwar treffen, realistischen Aussagen kommt dies jedoch noch nicht gleich.

Fazit und Ausblick

Die Arbeit zeigt unterschiedliche Aspekte gegengekoppelter Leistungsverstärker in einer einfachen Kaskodestruktur ohne und mit aufgestapeltem Transistor. Viele Untersuchungen stützen die bereits bekannten Aspekte zur Gegenkopplung. Dazu zählen die Bandbreitenverbesserung und die Verringerung der Verstärkung. Allerdings gibt es auch Eigenschaften der simulierten und gefertigten Verstärker, die nicht direkt auf den Verstärker selbst zurückzuführen sind. Ein besonderer Fokus könnte zukünftig auf dem Zusammenspiel zwischen Stromspiegel und Rückführung liegen.

Interessant ist der Ansatz durch eine gezielte Rückführung die *PAE* im 1 dB-Kompressionspunkt und im *Backoff* zu verbessern. Es zeigt sich zwar, dass die maximale *PAE* durch die Rückführung reduziert wird, jedoch spielt dieser Wert für die lineare Verstärkung eine untergeordnete Rolle. Die verschiedenen Experimente in der Arbeit zeigen, dass für jeden Arbeitspunkt eine optimale Rückführung existiert. Je nach Schwerpunkt kann dieses Optimum für den 1 dB-Kompressionspunkt oder für den *Backoff*-Bereich gefunden werden. Gezeigt wird auch, dass eine Rückführung an allen Toren, an denen diese anliegt, eine Änderung der Impedanzen bewirkt. Am Ausgang kann diese Eigenschaft z. B. zum Einstellen der optimalen Last genutzt werden.

Ein wichtiger Forschungsschwerpunkt dieser Arbeit war die Erweiterung der Stabilitätsuntersuchung ausgehend von den Arbeiten von Middlebrook ([Mid75]). Diese Erweiterung erweist sich als notwendig, sobald eine Rückführung nicht auf einen einzigen Knoten zusammengeführt und dort zur Stabilitätsuntersuchung aufgetrennt werden kann. Schon bei zwei getrennten parallelen Rückführungen ist eine realistische Aussage zur Stabilität nur über den im Abschnitt 2.5 hergeleiteten Ansatz möglich. Gerade im Leistungsverstärker-*Design* ist eine solche Mehrschleifenanalyse äußerst sinnvoll. Durch die immer höher werdenden Frequenzen und die weiterhin notwendigen Ausgangsleistungen werden diese Analysen immer mehr

© Der/die Autor(en), exklusiv lizenziert an Springer Fachmedien Wiesbaden GmbH, 209
ein Teil von Springer Nature 2023
R. Paulo, *Untersuchung an Leistungsverstärkern mit Gegenkopplung*,
https://doi.org/10.1007/978-3-658-41749-9_7

an Bedeutung gewinnen, da hier schon kurze Leitungswege in einem flächenmäßig großen Transistorfeld einen starken Einfluss auf die Stabilität haben. Die Untersuchung lässt neue *Designs* beim *Layout* zu, was der Ausgangspunkt in dieser Arbeit war. Gegenüber einer einfachen Rückführung, die zu einer Schleife mit einer großen umschlossenen Fläche führte, wurde allein durch ein vermaschtes *Layout* ein stabiler Leistungsverstärker erzeugt (Abschnitt 5.2.5). Alle anderen Parameter blieben unverändert. Simulativ entstand ein Verstärker mit identischen Eigenschaften. In der Praxis war jedoch der erste Verstärkerentwurf instabil, der mit vermaschter Rückführung tabil.

In Abschnitt 3.3.4 wurde gezeigt, wie die Transistortransferkennlinienanpassung mit einer Parallelgegenkopplung verbunden werden kann. Allein die Charakterisierung des Transistorfelds genügt, um bei vorgegebener Rückführung die passenden Werte aller Bauelemente an sämtlichen Toren analytisch zu berechnen. Dazu wurde zunächst die Herleitung gezeigt und anschließend eine automatisierte Möglichkeit über ein *Skill*-Skript (Abschnitt 3.3.5) geschaffen, um die optimale Rückführung simulativ zu ermitteln. Im vorliegenden Fall wurde nur der Rückführungswiderstand geändert. Es ist jedoch ebenfalls möglich frequenzabhängige Impedanzen vorzugeben und so die Eigenschaften des Verstärkers unter unterschiedlichen Gesichtspunkten zu optimieren. Dazu kann die Bandbreite zählen, aber auch die *PAE*-Optimierung für verschiedene Frequenzen. Ebenfalls ist es denkbar den Einfluss auf die Lastimpedanz gezielt über die gewünschte Bandbreite hinweg auszunutzen. Unerwünschte Frequenzanteile können gefiltert werden, um so die Linearität und die Störfestigkeit zu verbessern.

Die Stabilitätsuntersuchung bei der Nutzung von Mehrfachschleifen und die automatisierte *Design*-Optimierung könnten eine sinnvolle Erweiterung in einer CAD-Software wie *Cadence*® sein. Durch wenige zusätzliche Schritte lassen sich so Werkzeuge erschaffen, die dem Entwickler mit geringem zeitlichen Aufwand vollständig dimensionierte Verstärker erstellt, auf Wunsch auch mit einer beliebigen Anzahl von aufgestapelten Transistoren. Den Verstärker auf dessen Stabilität bei einer gezielten Rückführung, auch mit der Möglichkeit diese beliebig über das *Layout* zu teilen, untersuchen zu können, schafft neue Anwendungsmöglichkeiten. Solche Anwendungsmöglichkeiten könnten auf *Chip*-Ebene auch und insbesondere bei sehr hohen Frequenzen bis in den Subterrahertzbereich zukünftig an Relevanz zunehmen.

Lebenslauf

Robert Paulo

geb. 1982 in Spremberg

Wissenschaftlicher Werdegang

2011–2022	Promotion an der Technischen Universität Dresden an der Professur für Schaltungstechnik und Netzwerktheorie zum Thema „*Untersuchungen an Leistungsverstärkern mit Gegenkopplung*"
2011–2015	Wissenschaftlicher Mitarbeiter an der Technischen Universität Dresden an der Professur für Schaltungstechnik und Netzwerktheorie; Projektbetreuung von *CoolBaseStations* und *CoolRelay* im *Cluster CoolSilicon*
2009–2011	Wissenschaftlicher Mitarbeiter an der Technischen Universität Chemnitz an der Professur für Schaltkreis- und Systementwurf; Thema: Selbstorganisierende Sensornetzwerke mit *Wakeup*-Empfänger

2008–2009	Praktikum und Tätigkeiten als Hilfswissenschaftlicher am Fraunhofer Institut für Photonische Mikrosysteme (IPMS); Thema: Entwicklung einer Signalauswerteelektronik und einer Energieversorgung für ein Spektroskopiesystem
2008	Diplomarbeit an der Technischen Universität Chemnitz zum Thema „*Entwicklung einer Messeinrichtung für Sensoren in Faserverbunden*"
2003–2009	Studium an der Brandenburgisch Technischen Universität in Cottbus zum Diplom-Ingenieur für Elektrotechnik mit Schwerpunkt Informationstechnik und Elektronik

Beruflicher Werdegang

| seit 2015 | Entwicklungsingenieur für Software und Elektronik, Teamleiter für Hardware, Software und MSR bei der PEWO Energietechnik GmbH in Elsterheide |
| 2009 | Hilfswissenschaftler bei der Saxotec GmbH & Co. KG |

Literatur

[Bie14]   A. Biebl, „Energieeffiziente LTE-Advanced Relay-Station: Cool Relay; Teil-vorhaben: CoolRelay-Management; Schlussbericht," MUGLER AG, Ober-lungwitz, Tech. Rep., 2014, Förderkennzeichen BMBF 16N11812 [neu] – 13N11812 [alt]. – Verbund-Nr. 01096225. [Online]. Available: https://www.tib.eu/en/suchen/id/TIBKAT:837183707/

[Bö98]   T. A. Bös, *Entwurf und Charakterisierung von monolithisch integrierten GaAs – MESFET Klasse AB Leistungsverstärkern*. Zürich: Eidgenössische Techni-sche Hochschule Zürich, 1998.

[Chi35]   H. Chireix, „High Power Outphasing Modulation," in *IRE*, vol. 23, no. 11, November 1935, pp. 1370–1392.

[Cox74]   D. C. Cox, „Linear Amplification with Nonlinear Components," in *IEEE Tran-sactions on Communications*, Dezember 1974, pp. 1942–1945.

[Cri99]   S. C. Cripps, *RF Power Amplifiers for Wireless Communications*, 1. Auflage. Norwood: Artech House, Inc., 1999.

[Cri02]   S. C. Cripps, *Advanced Techniques in RF Power Amplifier Design*, 1. Auflage. Boston London: Artech House, Inc., 2002.

[Doh36]   W. H. Doherty, „A new high efficiency power amplifier for modulated waves," in *IRE*, vol. 24, September 1936, pp. 1163–1182.

[Ell08]   F. Ellinger, *Radio Frequency Integrated Circuits and Technologies*, 2. Auflage. Berlin Heidelberg: Springer, 2008.

[EP13]   F. Ellinger R. Paulo, „CoolBaseStations: Abschlussbericht; Cool silicon: energy efficiency innovations from silicon Saxony; 01.01.2010–30.06.2013," Technische Universität Dresden, Dresden, Tech. Rep., 2013, Förderkennzei-chen BMBF 16N10788 [neu] – 13N10788 [alt]. – Verbund-Nr. 01075760. [Online]. Available: https://www.tib.eu/en/suchen/id/TIBKAT:817643761/

[For]   Flexible EPS200MMW System. FormFactor. [Online]. Available: https://www.formfactor.com/wp-content/uploads/eps200mmw.jpg

[FR15]   B. François P. Reynaert, „Highly linear fully integrated wideband rf pa for lte-advanced in 180-nm soi," *IEEE Transactions on Microwave Theory and Techniques*, vol. 63, no. 2, pp. 649–658, Feb. 2015.

[Fri11]   D. Fritsche, *Entwurf und und Analyse eines Leistungsverstärkers für LTE für Versorgungsspannungen oberhalb der Durchbruchspannung der Transistoren*. Dresden: Technische Universität Dresden, 2011.

© Der/die Herausgeber bzw. der/die Autor(en), exklusiv lizenziert an Springer Fachmedien Wiesbaden GmbH, ein Teil von Springer Nature 2023
R. Paulo, *Untersuchung an Leistungsverstärkern mit Gegenkopplung*,
https://doi.org/10.1007/978-3-658-41749-9

[FWE12]   D. Fritsche, R. Wolf, F. Ellinger, „Analysis and Design of a Stacked Power Amplifier With Very High Bandwidth," vol. 60, no. 10, pp. 3223–3231, August 2012.

[Gol08]   M. Golio, *RF and Microwave Circuits, Measurement, and Modeling*, 2. Auflage. Boca Raton: Taylor and Francis Group, LLC, 2008.

[HB10]   T. He U. Balaji, „A New Doherty Amplifier Design Approach," in *Wireless and Microwave Technology Conference (WAMICON)*, April 2010.

[HBG01]   E. Hering, K. Bressler, J. Gutekunst, *Elektronik für Ingenieure*, 4. Auflage. Berlin Heidelberg: Springer, 2001.

[HDL+14]   C.-W. P. Huang, M. Doherty, L. Lam, A. Quaglietta, M. Johnson, B. Vaillancourt, „A compact 5–6 GHz T/R module based on SiGe BiCMOS and SOI that enhances 256 QAM 802.11ac WLAN radio front-end designs," in *Wireless and Microwave Technology Conference (WAMICON)*, June 2014.

[HE11]   S. Hauptmann F. Ellinger, „Optimized Transistor Output Power-Extending Cripps' Loadline Method to Cascode Stages," *IEEE Trans. Microwave Theory Tech.*, vol. 59, no. 8, pp. 2017–2023, Aug. 2011.

[HHCE11]   M. Hellfeld, S. Hauptmann, C. Carta, F. Ellinger, „Design methodology and characterization of a SiGe BiCMOS power amplifier for 60 GHz wireless communications," in *IEEE MTT-S International Microwave and Optoelectronics Conference (IMOC)*, Okt. 2011.

[HKK48]   D. R. Hamilton, J. K. Knipp, J. B. H. Kuper, *Klystrons and Mircowave Triodes*, 1. Auflage. New York Toronto London: McGraw-Hill Book Company, Inc., 1948.

[HKLA10]   C. Hsia, D. F. Kimball, S. Lanfranco, P. M. Asbeck, „Wideband high efficiency digitally-assisted envelope amplifier with dual switching stages for radio base-station envelope tracking power amplifiers," in *2010 IEEE MTT-S International Microwave Symposium*, May 2010.

[IHP09]   (2009) IHP SGB25 Process Specification Rev. 2.0 (90430) frontenend module V backend modules TM1/TM1TM2. IHP GmbH.

[IHP17]   (2017) SiGe BiCMOS Technologies with RF and Photonic Modules. IHP Solutions GmbH / Leibniz IHP. [Online]. Available: https://www.ihp-microelectronics.com/fileadmin/user_upload/Flyer_MPW_25082021.pdf

[JKK+09]   J. Jeong, D. Kimball, M. Kwak, C. Hsia, P. Draxler, P. Asbeck, „Wideband envelope tracking power amplifier with reduced bandwidth power supply waveform," in *IEEE MTT-S Int. Microwave Symp.*, Juni 2009, pp. 1382–1384.

[JLL+10]   H. Jeon, K.-S. Lee, O. Lee, K. H. An, Y. Yoon, H. Kim, D. H. Lee, J. Lee, C.-H-Lee, J. Laskar, „A 40 Bias Technique for WCDMA Applications," in *IEEE Radio Frequency Integrated Circuits Symposium (RFIC)*, Juni 2010, pp. 561–564.

[Kah52]   L. R. Kahn, „Single-sideband transmission by envelope elimination and restoration," in *IRE*, vol. 40, no. 7, Juli 1952, pp. 803–806.

[KEN10]   D. Kalim, D. Erguvan, R. Negra, „Study on CMOS class-E power amplifiers for LTE applications," in *German Microwave Conf.*, März 2010, pp. 186–189.

[KJH+06]   D. Kimball, J. Jeong, C. Hsia, P. Draxler, S. Lanfranco, W. Nagy, K. Lithicum, L. Larson, P. Asbeck, „High-efficiency envelope-tracking W-CDMA base-station amplifier using GaN HFET," *IEEE Trans. Microwave Theory Tech.*, vol. 54, no. 11, pp. 3848–3856, 2006.

[Kre12]   M. Kreißig, *Entwurf und Analyse eines schaltenden Leistungsverstärkers als Teil einer Khan-Architektur.* Dresden: Technische Universität Dresden, 2012.

[Kre13]   M. Kreißig, *Entwicklung eines LINC-Leistungsverstärkers für LTE und LTE-Advanced.* Dresden: Technische Universität Dresden, 2013.

[LMK11]   S. Leuschner, J.-E. Mueller, H. Klar, „A 1.8GHz Wide-Band Stacked-Cascode CMOS Power Amplifier for WCDMA Applications in 65nm Standard CMOS," in *IEEE Radio Frequency Integrated Circuits Symposium (RFIC)*, Juni 2011, pp. 1–4.

[MBE12]   S. S. Modi, P. T. Balsara, O. E. Eliezer, „Reduced bandwidth class H supply modulation for wideband RF power amplifiers," in *Wireless and Microwave Technology Conference (WAMICON)*, vol. 30, April 2012.

[MGB+07] G. Montoro, P. L. Gilabert, E. Bertran, A. Cesari, D. D. Silveira, „A new digital predictive predistorter for behavioral power amplifier linearization," *IEEE Microwave Wireless Compon. Lett.*, vol. 17, no. 6, pp. 448–450, Juni 2007.

[Mid75]   R. D. Middlebrook, „Measurement of loop gain in feedback systems," *International Journal of Electronics*, 1975.

[MRS14]   P. F. Miaja, A. Rodriguez, J. Sebastian, „Buck-Derived Converters Based on Gallium Nitride Devices for Envelope Tracking Applications," in *IEEE Trans. Power Electronics*, vol. 30, May 2014.

[MRY+21] S. Mariappan, J. Rajendran, Y. M. Yusof, N. M. Noh, B. S. Yarman, „An 0.4–2.8 ghz cmos power amplifier with on-chip broadband-pre-distorter (bpd) achieving 36.1–38.6 % pae and 21 dbm maximum linear output power," *IEEE Access*, vol. 9, pp. 48 831–48 840, März 2021.

[Mü13]   M. Müller, „CoolBaseStations: Verbesserung der Energieeffizienz von Mobilfunk-Basisstationen; Teilvorhaben: Systemintegration; Abschlussbericht; 01.01.2010–30.06.2013," MUGLER AG, Oberlungwitz, Tech. Rep., 2013, Förderkennzeichen BMBF 16N10789 [neu] – 13N10789 [alt]. – Verbund-Nr. 01075760. [Online]. Available: https://www.tib.eu/en/suchen/id/TIBKAT:817737375/

[Per11]   D. Perreault, „A New Power Combining and Outphasing Modulation System for High-Efficiency Power Amplification," in *IEEE Transactions on Cicuits and Systems*, 2011.

[PJP+10] S. Pornpromlikit, J. Jeong, C. D. Presti, A. Scuderi, P. M. Asbeck, „A watt-level stacked-fet linear power amplifier in silicon-on-insulator cmos," *IEEE Transactions on Microwave Theory and Techniques*, vol. 58, no. 1, pp. 57–64, 2010.

[PPE15]   E. A. Perez, R. Paulo, F. Ellinger, „CoolRelay-Phy - Schlüsselkonzepte und -komponenten einer energieeffizienten, physikalischen Schicht für Relay-Stationen bei LTE-Advanced : Sachbericht zum Verwendungsnachweis : Laufzeit des Vorhabens: 01.08.2011–31.03.2014," Technische Universität Dresden, Dresden, Tech. Rep., 2015, Förderkennzeichen BMBF 16N11810. – Verbund-Nummer 01096225. [Online]. Available: https://www.tib.eu/en/suchen/id/TIBKAT:848868331/

[Pro14]   F. Protze, *Entwicklung einer FPGA-basierten Phasenansteuerung für LINC-Leistungsverstärker mit 4-Wege-RCN-Combiner für LTE und LTE-Advanced*. Dresden: Technische Universität Dresden, 2014.

[Raa77]   F. H. Raab, „Idealized Operation of the Class E Tuned Power Amplifier," *Circuits and Systems, IEEE Transactions on*, vol. 24, no. 12, pp. 725–735, Dez. 1977.

[RAC+02]   F. Raab, P. Asbeck, S. Cripps, P. Kenington, Z. Popovic, N. Pothecary, J. Sevic, N. Sokal, „Power amplifiers and transmitters for RF and microwave," *IEEE Trans. Microwave Theory Tech.*, vol. 50, no. 3, pp. 814–826, März 2002.

[RBO+94]   Razavi, B., Ota, Y., Swartz, R.G., „Design techniques for low-voltage high-speed digital bipolar circuits," *Solid-State Circuits, IEEE Journal of*, vol. 29, no. 3, pp. 332–339, März 1994.

[Roh20]   (2020, Juni) R&S®ZVA, R&S®ZVB, R&S®ZVT Operating Manual (download version), Rev. 33 (FW V4.10). Rohde&Schwarz. [Online]. Available: https://www.rohde-schwarz.com/us/manual/r-s-zva-r-s-zvb-r-s-zvt-operating-manual-manuals-gb1_78701-29013.html

[Sch12]   S. Schumann, *Entwurf eines Empfängers für die drahtlose Datenübertragung bei 60 GHz*. Dresden: Technische Universität Dresden, 2012.

[SHH19]   A. Shirsavar, M. Hallworth, F. Hämmerle, „Regelungstechnik – Teil 1 von 6: Stabilität von Netzteilen," *WEKA FACHMEDIEN GmbH, Elektronik*, no. 11, Juni 2019.

[Sob13]   E. Sobotta, *Entwurf und und Analyse eines Leistungsverstärkers mit Transistorstapelung*. Dresden: Technische Universität Dresden, 2013.

[SS75]   N. O. Sokal A. D. Sokal, „Class E-A new class of high-efficiency tuned single-ended switching power amplifiers," *IEEE Journal of Solid-State Circuits*, vol. 10, no. 3, pp. 168–176, Juli 1975.

[Sun94]   L. Sundström, „Chip for linearisation of RF power amplifiers using digital predistortion," *IEEE Electron. Lett.*, vol. 30, no. 14, pp. 1123–1124, Juli 1994.

[TSG12]   U. Tietze, C. Schenk, E. Gamm, *Halbleiter-Schaltungstechnik*, 14. Auflage. Berlin Heidelberg: Springer, 2012.

[UD14]   M. Unger T. Dräger, „Verbundprojekt: Energieeffiziente Relay-Station für LTE-Advanced (CoolRelay): Teilvorhaben: Relay Node Implementation und Demonstration; Schlussbericht," National Instruments Dresden GmbH, Dresden, Tech. Rep., 2014, Förderkennzeichen BMBF 16N11811. – Verbund-Nr. 01096225. [Online]. Available: https://www.tib.eu/en/suchen/id/TIBKAT: 838191355/

[Wika]   5G. Wikimedia Foundation Inc. [Online]. Available: https://de.wikipedia.org/wiki/5Gs

[Wikb]   Global System for Mobile Communications. Wikimedia Foundation Inc. [Online]. Available: https://de.wikipedia.org/wiki/Global_System_for_Mobile_Communications

[Wikc]   Long Term Evolution. Wikimedia Foundation Inc. [Online]. Available: https://de.wikipedia.org/wiki/Long_Term_Evolution

[Wikd]   Universal Mobile Telecommunications System. Wikimedia Foundation Inc. [Online]. Available: https://de.wikipedia.org/wiki/Universal_Mobile_Telecommunications_System

Publikationen

[EFT+13]   F. Ellinger, G. Fettweis, C. Tzschoppe, C. Carta, D. Fritsche, G. Tretter, U. Yodprasit, R. Paulo, A. Richter, A. Strobel, R. Wolf, A. Fehske, C. Isheden, A. Pawlak, M. Schröter, S. Schumann, S. Höppner, D. Walter, H. Eisenreich, R. Schüffny, „Power-Efficient High-Frequency Integrated Circuits and Communication Systems Developed within Cool Silicon Cluster Project," in *SBMO/IEEE MTT-S International Microwave and Optoelectronics Conference (IMOC).*, Rio de Janeiro, Brasilien, 2013.

[EMF+12]   ...F. Ellinger, T. Mikolajik, G. Fettweis, D. Hentschel, S. Kolodinski, H. Warnecke, T. Reppe, C. Tzschoppe, J. Dohl, C. Carta, D. Fritsche, M. Wiatr, S. D. Kronholz, R. P. Mikalo, H. Heinrich, R. Paulo, R. Wolf, J. Hübner, J. Waltsgott, K. Meißner, R. Richter, M. Bausinger, H. Mehlich, M. Hahmann, H. Möller, M. Wiemer, H.-J. Holland, R. Gärtner, S. Schubert, A. Richter, A. Strobel, A. Fehske, S. Cech, U. Aßmann, S. Höppner, D. Walter, H. Eisenreich, R. Schüffny, „Cool Silicon ICT Energy Efficiency Enhancements," in *IEEE International Semiconductor Conference Dresden Grenoble.*, Grenobel, Frankreich, 2012.

[KKP+16]   M. Kreißig, R. Kostack, J. Pliva, R. Paulo, F. Ellinger, „A fully integrated 2.6 GHz cascode class-E PA in 0.25 um CMOS employing new bias network for stacked transistors," in *IEEE MTT-S Latin America Microwave Conference (LAMC).*, Puerto Vallarta, Mexiko, Dez. 2016.

[PDW+12]   R. Paulo, T. Drechsel, R. Wolf, C. Carta, F. Ellinger, „High Efficient Doherty Power Amplifier for Wireless Communication," in *IEEE International Multi-Conference on Systems, Signals and Devices 2012.*, Chemnitz, März 2012.

[PIT+15]   R. Paulo, D. Ihle, C. Tzschoppe, R. Wolf, P. V. Testa, F. Ellinger, „Input Transmission Line Adjustment for Efficiency Enhancement in Doherty Amplifiers," in *SBMO/IEEE MTT-S International Microwave and Optoelectronics Conference (IMOC).*, Porto de Galinhas, Brasilien, 2015.

[PTT+15]   R. Paulo, P. V. Testa, C. Tzschoppe, J. Wagner, F. Ellinger, „Layout Considerations in Power Amplifiers with Negative Parallel Feedback," in *IEEE Wireless and Microwave Technology Conference (WAMICON).*, Cocoa Beach, USA, 2015.

[PWE15]   R. Paulo, J. Wagner, F. Ellinger, „Concept of a Stacked Feedback PA with On-Chip Auto-Adjusted Base Voltage of Upper Transistor," in *11th Conference on Ph.D. Research in Microelectronics and Electronics (PRIME).*, Glasgow, Schottland, Juli 2015.

[PWF+13]   R. Paulo, R. Wolf, D. Fritsche, D. Ihle, M. Kreißig, J. Schulze, C. Tzschoppe, F. Ellinger, „Hocheffiziente Leistungsverstärker für drahtlose Kommunikationssysteme," in *Mikrosystemtechnik-Konferenz.*, Aachen, Okt. 2013.

[TKW+14]   C. Tzschoppe, R. Kostack, J. Wagner, R. Paulo, F. Ellinger, „A 2.4 GHz Fast
            Switchable LNA With Transformer Matching For Wireless Wake-Up Recei-
            vers,“ in *9th European Microwave Integrated Circuits Conference (EuMIC).*,
            Rom, Italien, Okt. 2014.
[TPCE15]   P. Testa, R. Paulo, C. Carta, F. Ellinger, „250 GHz SiGe-BiCMOS Cascaded
            Single-Stage Distributed Amplifier,“ in *IEEE Compound Semiconductor Inte-
            grated Circuit Symposium (CSICs).*, New Orleans, USA, Okt. 2015.

Printed in the United States
by Baker & Taylor Publisher Services